本书获国家自然科学基金项目（11862018）、内蒙古自然科学基金项目（2024LHMS01010）、内蒙古自治区高等学校创新团队发展计划（NMGIRT2323）和内蒙古自治区直属高校基本科研业务费项目（NCYWT23035）资助

具有壁面粗糙度的微通道内电渗流动

长　龙◎著

吉林大学出版社
·长　春·

图书在版编目（CIP）数据

具有壁面粗糙度的微通道内电渗流动 / 长龙著 . 长春：吉林大学出版社，2024. 8. -- ISBN 978-7-5768-3508-3

Ⅰ. O646.1

中国国家版本馆 CIP 数据核字第 20244NA047 号

书　　名：具有壁面粗糙度的微通道内电渗流动
JUYOU BIMIAN CUCAODU DE WEITONGDAO NEI DIANSHEN LIUDONG

作　　者：长　龙
策划编辑：卢　婵
责任编辑：卢　婵
责任校对：刘守秀
装帧设计：三仓学术
出版发行：吉林大学出版社
社　　址：长春市人民大街 4059 号
邮政编码：130021
发行电话：0431-89580036/58
网　　址：http://www.jlup.com.cn
电子邮箱：jldxcbs@sina.com
印　　刷：武汉鑫佳捷印务有限公司
开　　本：787mm × 1092mm　　1/16
印　　张：13.5
字　　数：190 千字
版　　次：2024 年 8 月　第 1 版
印　　次：2024 年 8 月　第 1 次
书　　号：ISBN 978-7-5768-3508-3
定　　价：98.00 元

前　言

随着微流控技术的发展，电渗流（electroosmotic flow，简称 EOF）被广泛应用于化学、生物医学领域，如 DNA（脱氧核糖核酸）分离、细胞分选和微流控芯片中的离子输运、样品分离和混合等方面。EOF 是一种特殊的电动流动现象，它可以在微米或纳米通道中引起流体运动。这种流动现象具有无须外部机械力、能耗低、操作简单等优点。然而，设备的制造过程或其他物质（如大分子）在壁面上的沉淀都会引起微通道的壁面粗糙度，而且在实际问题中，有时为了提高流体系统的混合效率，通道壁面上也可能会人为地设计一些粗糙度。因此，我们需分析微通道壁面粗糙度对流体系统的作用机理，明确其具体影响。在这个背景下，本书致力于深入研究微通道内电渗流动与壁面粗糙度之间的相互关系，并着重探讨了不同条件下的电渗流动特性。

首先，本书绪论部分介绍了选题背景及研究意义，以及国内外的研究进展。预备知识部分则涵盖了双电层理论、电渗流、黏弹性流体简介及其本构方程、聚合物等相关知识，为后续章节的分析和讨论奠定了基础。

然后，本书分别就具有正弦粗糙度的圆柱形微通道内牛顿流体电渗流动、具有正弦粗糙度的平行板微通道中线性黏弹性流体电渗流动、具有正弦粗糙度的导电 – 绝缘流体的电渗流动、具有正弦粗糙度的两层牛顿流体电渗流动和具有三维壁面粗糙度平行板微通道内电渗流动等不同场景下的研究成果展开论述。通过对这些特定情形下电渗流动行为的分析，本书探究了壁面粗糙度对电渗流动性能的影响，并探讨了相应的物理机制和数学模型。

全书共 7 章：第 1 章为绪论；第 2 章为预备知识；第 3 章为具有正弦粗糙度的圆形 / 环形微通道内的电渗（electroosmotic，简称 EO）流动；第 4 章为具有正弦粗糙度的平行板微通道中线性黏弹性流体电渗流动（包括 Maxwell 流体和 Jeffrey 流体）；第 5 章为具有正弦粗糙度的导电 – 绝缘流体的电渗流动；第 6 章为具有正弦粗糙度的两层牛顿流体电渗流动；第 7 章为具有三维壁面粗糙度的平行板微通道内电渗流动。

本书是在多方支持和鼓励下完成的，我谨向所有支持和帮助过本书完成的机构和个人表示最诚挚的感谢。在此，我特别要感谢菅永军教授的悉心指导和学术启发，是您的深厚学识和丰富经验为本书的撰写提供了宝贵的指引和帮助。在本书即将出版之际，笔者衷心感谢“国家自然科学基金项目”（11862018）、“内蒙古自然科学基金项目”（2024LHMS01010）、“内蒙古自治区高等学校创新团队发展计划”（NMGIRT2323）和“自治区直属高校基本科研业务费项目”（NCYWT23035）的大力资助。在编写本书的过程中，出版社的编辑和技术人员给予了极大的帮助和支持，在此表示衷心的感谢。

由于笔者水平有限，加之时间仓促，难免存在收集相关研究资料不足之处和疏漏之处，书中可能会有错误或欠缺之处，敬请各位读者批评指正。在学术研究的道路上，探索和进步是永无止境的，唯有通过不断地学习和交流，才能不断完善自己的研究成果。

愿本书能够为读者带来新的思考和启发，也期待在学术研究的道路上与各位共同进步。

作者
2024 年 3 月

符号说明

1　数学符号

x^*	直角坐标系的 x^* 坐标	（m）
y^*	直角坐标系的 y^* 坐标	（m）
z^*	直角坐标系的 z^* 坐标	（m）
r^*	柱坐标系的 r^* 坐标	（m）
x	直角坐标系的 x 坐标	
y	直角坐标系的 y 坐标	
r	柱坐标系的 r 坐标	
$\Re\{\}$	周期 EOF 函数的实数部分	
Re_{Ω}	振荡雷诺数	
De	Deborah 数	
K	无量纲化的电动宽度，它表征微通道的半宽度与 Debye 长度的比值	
K_i	两层时不同层的无量纲的电动宽度，它表征微通道的半宽度与 Debye 长度的比值，同时表示单层时 δ^i 阶方程的电动宽度相关参数	

K_{i1}	无量纲电动宽度相关参数，$K_{i1}=(K_i^2+\lambda^2)^{1/2}$（$i$=1，2，分别表示第 I 层和第 II 层流体）	
K_{i2}	无量纲电动宽度相关参数，$K_{i2}=(K_i^2+4\lambda^2)^{1/2}$（$i$=1，2，分别表示第 I 层和第 II 层流体）	
I_0	第一类零阶修正贝塞尔函数	
K_0	第二类零阶修正贝塞尔函数	
I_1	第一类一阶修正贝塞尔函数	
K_1	第二类一阶修正贝塞尔函数	
I_λ	第一类 λ 阶修正贝塞尔函数	
K_λ	第二类 λ 阶修正贝塞尔函数	
$I_{\lambda-1}$	第一类 $\lambda-1$ 阶修正贝塞尔函数	
$K_{\lambda-1}$	第二类 $\lambda-1$ 阶修正贝塞尔函数	
$I_{2\lambda}$	第一类 2λ 阶修正贝塞尔函数	
$K_{2\lambda}$	第二类 2λ 阶修正贝塞尔函数	
z_v	v 型离子电荷化合价	
H	微通道的平均半高度	（m）
H_1	两层时下层（第 I 层）微通道的平均高度	（m）
H_2	两层时上层（第 II 层）微通道的平均高度	（m）
h_r	下层（第 I 层）流体与上层（第 II 层）流体平均高度比	
a	圆形微通道的平均半径	（m）
t	时间	（s）
$W(x^*, y^*, t^*)$	沿 z^* 轴方向的速度分量	（m/s）
$W(x^*, y^*)$	沿 z^* 轴方向的速度分量	（m/s）
$W(r^*, \theta)$	沿 z^* 轴方向的速度分量	（m/s）
$W^i(x^*, y^*, t^*)$	第 i 层的沿 z^* 轴方向的速度分量（i = I，II，分别表示第 I 层和第 II 层流体）	（m/s）
$w(x, y, t)$	沿 z 轴方向的无量纲速度分量	

$w(x, y)$	沿 z 轴方向的无量纲速度分量
$w_0(y)$	δ^0 阶方程的沿 z 轴方向的无量纲速度分量
$w_1(x, y)$	δ^1 阶方程的沿 z 轴方向的无量纲速度分量
$w_2(x, y)$	δ^2 阶方程的沿 z 轴方向的无量纲速度分量
$w(r, \theta)$	沿 z 轴方向的无量纲速度分量
$w_0(r)$	δ^0 阶方程的沿 z 轴方向的无量纲速度分量
$w_1(r, \theta)$	δ^1 阶方程的沿 z 轴方向的无量纲速度分量
$w_2(r, \theta)$	δ^2 阶方程的沿 z 轴方向的无量纲速度分量
$w^i(x, y)$	第 i 层的沿 z 轴方向的无量纲速度分量（i = I，II，分别表示第 I 层和第 II 层流体）
$w_0^i(y)$	δ^0 阶方程第 i 层的沿 z 轴方向的无量纲速度分量（i = I，II，分别表示第 I 层和第 II 层流体）
$w_1^i(x, y)$	δ^1 阶方程第 i 层的沿 z 轴方向的无量纲速度分量（i = I，II，分别表示第 I 层和第 II 层流体）
$w_2^i(x, y)$	δ^2 阶方程第 i 层的沿 z 轴方向的无量纲速度分量（i = I，II，分别表示第 I 层和第 II 层流体）
p	流体的压强 （Pa）
G	施加在通道轴向的无量纲压力梯度
G^i	施加在通道轴向第 i 层的无量纲压力梯度（i = I，II，分别表示第 I 层和第 II 层流体）
E_0	沿 z 轴方向施加的直流电场强度 （V/m）
$E_0^*(t)$	沿 z 轴方向施加的交流电场强度 （V/m）
n_v	v 型离子浓度 （m^{-3}）
n_0	液体离子浓度 （m^{-3}）
n_+	液体正离子浓度 （m^{-3}）
n_-	液体负离子浓度 （m^{-3}）
n_∞	整体离子数浓度 （m^{-3}）

e	电子所带的电荷量	（C）
k_B	玻尔兹曼（Boltzmann）常数 1.38×10^{-23}	（J/K）
T	绝对温度	（K）
U_{EO}	牛顿流体在狭长的微通道内或圆形毛细管中稳定的 Helmholtz–Smoluchowski EOF 速度	（m/s）
q_s	界面处单位面积的电荷密度	（C/m^2）
Q_s	无量纲的单位面积的电荷密度	
Z	界面处的 EDL 无量纲电势差	
$\bar{u}$	粗糙微通道中的平均速度	
$\bar{u}^i$	第 i 层粗糙微通道中的平均速度（i = I，II，分别表示第 I 层和第 II 层流体）	
$\lvert U_M \rvert$	AC EOF 平均速度的复振幅	
$\boldsymbol{U}$	直角坐标系或柱坐标系中速度矢量	（m/s）
$\boldsymbol{U}^i$	第 i 层流体的速度矢量（i = I，II，分别表示第 I 层和第 II 层流体）	（m/s）
u_{0M}	光滑微通道中的平均速度	
u_{0M}^i	第 i 层光滑微通道中的平均速度（i = I，II，分别表示第 I 层和第 II 层流体）	
u_{2M}	粗糙微通道中平均速度的增量	
u_{2M}^i	第 i 层粗糙微通道中平均速度的增量（i = I，II，分别表示第 I 层和第 II 层流体）	

2 希腊字母

α_0，β_0	实数
α_1，β_1	实数，$(\alpha_1+\mathrm{i}\beta_1)^2=(\alpha_0+\mathrm{i}\beta_0)^2+\lambda^2$

α_2，β_2	实数，$(\alpha_2+i\beta_2)^2=(\alpha_0+i\beta_0)^2+4\lambda^2$	
β	外圆柱与内圆柱壁面粗糙度的相位差	
α	内圆柱与外圆柱半径比	
λ^*	有量纲的粗糙 / 波纹壁面波数	(m^{-1})
λ	粗糙 / 波纹壁面波数	
θ	上板与下板壁面粗糙度的相位差	
ε_0	真空中的介电常数	
$\lambda_1\omega$	无量纲松弛时间，无量纲弛豫时间	
$\lambda_2\omega$	无量纲的滞后时间	
$\dot{\gamma}$	剪切应变率	
γ_1	弹簧变形	
γ_2	阻尼器变形	
λ_1	流体的松弛时间或弛豫时间	(s)
λ_2	流体的滞后时间	(s)
τ	剪切应力张量	(N/m^2)
τ_{Fluid}	牛顿流体的剪切应力张量	(N/m^2)
$\tau_{Maxwell}$	Maxwell 应力张量	(N/m^2)
ρ_E	单位体积的净电荷密度	(C/m^3)
$\rho^*_E(x^*, y^*)$	平行微通道间沿 z^* 轴方向的单位体积的净电荷密度	(C/m^3)
$\rho^{i*}_E(x^*, y^*)$	平行微通道间第 i 层的沿 z^* 轴方向的单位体积的净电荷密度（i=I，II，分别表示第 I 层和第 II 层流体）	(C/m^3)
$\rho^*_E(r^*, \theta)$	圆形微通道间沿 z^* 轴方向的单位体积的净电荷密度	(C/m^3)
σ	表面电荷密度	(C/m^2)
η_0	流体的零剪切率黏度	(Pa.s)

μ	牛顿流体黏性系数	(Pa.s)
μ_i	第 i 层牛顿流体黏性系数（$i=1$，2，分别表示第 I 层和第 II 层流体）	(Pa.s)
μ_r	下层与上层牛顿流体的黏性系数比	
ω	交流电场的振荡角频率	(s^{-1})
ψ	EDL zeta 电势	(V)
$\Psi(r^*,\ \theta)$	柱坐标系下 EDL 电势	(V)
$\Psi(x^*,\ y^*)$	直角坐标系下 EDL 电势	(V)
$\Psi^i(x^*,\ y^*)$	第 i 层的 EDL 电势（$i=$ I，II，分别表示第 I 层和第 II 层流体）	(V)
$\varphi(r,\ \theta)$	柱坐标系下无量纲 EDL 电势	
$\varphi(x,\ y)$	直角坐标系下无量纲 EDL 电势	
$\varphi^i(x,\ y)$	第 i 层的无量纲 EDL 电势（$i=$ I，II，分别表示第 I 层和第 II 层流体）	
$\varphi_0(r)$	δ^0 阶方程的无量纲 EDL 电势	
$\varphi_1(r,\ \theta)$	δ^1 阶方程的无量纲 EDL 电势	
$\varphi_2(r,\ \theta)$	δ^2 阶方程的无量纲 EDL 电势	
$\varphi_0(y)$	δ^0 阶方程的无量纲 EDL 电势	
$\varphi_1(x,\ y)$	δ^1 阶方程的无量纲 EDL 电势	
$\varphi_2(x,\ y)$	δ^2 阶方程的无量纲 EDL 电势	
$\varphi_0^i(y)$	δ^0 阶方程第 i 层的无量纲 EDL 电势（$i=$ I，II，分别表示第 I 层和第 II 层流体）	
$\varphi_1^i(x,\ y)$	δ^1 阶方程第 i 层的无量纲 EDL 电势（$i=$ I，II，分别表示第 I 层和第 II 层流体）	
$\varphi_2^i(x,\ y)$	δ^2 阶方程第 i 层的无量纲 EDL 电势（$i=$ I，II，分别表示第 I 层和第 II 层流体）	
ζ_0	圆柱形微通道壁面 zeta 电势	(V)

ζ_{i}	内圆柱形微通道壁面 zeta 电势，或流体－流体界面处 zeta 电势	（V）
ζ_{U}	上板壁面的 zeta 电势	（V）
ζ_{L}	下板壁面的 zeta 电势	（V）
ζ	内圆柱与外圆柱壁面 zeta 势比或下板与上板壁面 zeta 势比	
χ	相位滞后（平均速度 $\overline{u}$ 的主辐角），代表电场和平均速度之间的相位差	
ε	电解质溶液的介电常数	［C/（Vm）］
ε_i	第 i 层电解质溶液的介电常数（$i=1$，2，分别表示第 I 层和第 II 层流体）	［C/（Vm）］
ε_r	表示第 I 层与第 II 层电解质溶液的介电常数的比值	
δ	波纹振幅与通道的平均半径的比值、波纹振幅与通道的平均半高度的比值或波纹振幅与通道的平均上层高度的比值	
$\boldsymbol{\delta}_{i2}$	克罗内克（Kronecker）张量	
λ_{Di}，$1/\kappa_i$	分层时不同层的 EDL 的厚度（$i=1$，2，分别表示第 I 层和第 II 层流体）	（m）
$1/\kappa$，λ_D	EDL 的厚度	（m）
$\Delta\psi$	界面处的 EDL 电势差	（V）
ρ	流体的密度	（kg/m^3）
∇^2	Laplace 算子	（m^{-2}）

目　录

第 1 章　绪　论

1.1　选题背景及研究意义

1.1.1　选题背景

近年来，微 / 纳流控装置在医学、生物、化学和物理学等多个学科领域得到了广泛应用[1]，这些应用包括生物和化学样本的检测与分离、药物传输、DNA 基因工程、热质传输系统的设计，以及微 / 纳流控芯片实验室（lab on a chip，简称 LOC）和纳米机电系统（nano-electro-mechanical systems，简称 NEMS）、微机电系统（micro-electro-mechanical systems，简称 MEMS）的冷却等[2-8]. 与宏观尺度流动相比，微流体通道特征尺度的减小导致面力远大于体积力，从而使得微流体力学呈现出不同于宏观流体流动的新特性，如壁面粗糙度、微尺度效应、滑移效应、毛细效应、表面力及快速热传导效应等[9]. 目前微流控技术和驱动机制有很多种，其原理各不相同 . 通常用来驱动微通道中流体流动的机制有压力梯度[10-13]、外电场[12-16]、外部磁场[16-18]、表面张力[19, 20]以及高频声波[21, 22]等 . 一般来说，当大多数固体壁与电解质溶液接触时，固体表面会产生负电荷 . 这种现象会影响电解质溶液中靠近壁的离子分布，与固体壁面极性相反的异性离子会被吸引到固体壁上；相反，同性离子被排斥并远离壁面，形成双电层（electric double layer，简称 EDL）[3, 23]. 当电场施加到微通道两端时，EDL 中的离子将在电场力的作用下移动 . 由于流体黏度的影响，运动中的自由离子将带动附近流体微团簇的运动，最终形成电渗（electroosmosis，简称 EO）或电渗流（electroosmotic flow，简称 EOF）[3, 23]. 由于 EOF 流速剖面相对平整、可控性好、具有操作简单等优点，减小了轴向扩散，无须机械外力驱动，近年来在全球范围内得到广泛研究和应用 .

在过去几十年中，MEMS 技术的进步推动了各种具有多种不同功能的微流体设备的迅速发展[7–8, 24–27]. 在已提出的各种装置中，微型泵作为驱动流体通过微流体系统所需的能量的关键和常用装置之一 . 自问世以来，微型泵经历了显著的发展，如今具备许多强大的优势，包括体积小、重量轻、便携性好、功耗低、流速范围广、成本低以及与其他微流体设备集成的潜在能力 . 微型全分析系统（micro total analysis system，简称 μTAS）将多个功能设备集成在一个平台上，提供了以低成本、快速和高度可重复的方式执行完整生物测定的方法[28–30]. 在实施这类系统时，微型泵在处理生物医学、生物和环境应用中所需的少量样品和试剂方面发挥着关键作用[31]. 近年来，微型泵技术领域的发展主要表现为两种类型的微型泵，即机械泵和非机械泵 . 机械泵包括压电（PZT）微型泵[32]、静电和电活性聚合物微型泵[33]、热驱动微型泵[34]和电磁驱动（EM）微型泵[35]. 相比之下，非机械泵包括磁流体动力（MHD）微型泵[36]、电流体动力（EHD）微型泵[37]、电渗（EO）微型泵[38–40]、气泡型和蒸发型微型泵[41, 42]以及电润湿（EW）和机电微型泵[43, 44]. 微型泵已经被广泛应用于许多不同的领域，包括药物输送和生物医学分析[31, 45]、微流体分析[46, 47]、细胞培养[48]和其他方面[32, 36].

1.1.2 研究意义

在过去的三十年里，对使用小体积和低浓度样品进行连续和快速响应测量的需求一直是分析化学许多领域研究的驱动力[49–52]. Manz 等人[53]

提出了 μTAS 的概念，开创了分析化学领域的新时代 . μTAS（通常被称为芯片实验室（LOC））是一种集成了多种生化分析功能的微型芯片实验室系统 . 利用微纳技术和微流体学原理，μTAS 将样品的分离、混合、分析等一系列分析步骤集成在一个芯片上，实现了对微量样品进行快速、高效、精确地分析的技术平台 . 这些小型微流体分析系统的目标是自动化标准实验室流程，并以小型形式进行生化和化学分析 . 速度和成本效益，加上试剂消耗和废物产生的减少，是其明显的优势 . 此外，研究结果可以在几秒钟内获得，而不是几小时或几天 . 流体的控制和传输是 LOC 的关键技术之一，通常由微型泵驱动流体，LOC 的发展水平常用微型泵的发展水平来衡量[54, 55].

EO 微泵作为微流体控制系统中常用的重要驱动技术，在微流控器件中被广泛应用 . 它通过外电场驱动，能够将液体从微通道中抽出或推入，具有结构简单、操作方便、响应速度快等优点 . 然而，在实际应用中，EO 微泵的性能往往受到微通道壁面粗糙度的影响，因此需要对壁面粗糙度进行优化设计和制造 . 通常情况下，由于设备工艺误差和材料质量等原因，微通道上可能出现非光滑壁面，即壁面粗糙度，这可以被看作是一种设计特性，因为壁面粗糙度可以用来实现特殊的功能 . 例如，在通道表面添加凹槽等粗糙结构可以促进流体混合，从而提高混合效率 . 因此，微通道中的壁面粗糙度应被视为一种有意设计的特征，而不仅仅是一种不可避免的缺陷 . 在微流动中，尽管通道内流动是层流，但由于其尺寸小，相对壁面粗糙度增加，壁面粗糙度引起的微小扰动可能渗透到主流区并影响整个流动 . 不同的流速模式会影响微流体系统的组分分离效率、混合反应、流量和热传导过程 . 粗糙度对流动的影响是一个复杂的问题，有利有弊 . 目前，大多数学者的研究仅限于光滑微通道中电场力驱动的流动，很少考虑壁面粗糙度 . 自 1970 年以来，一些学者对具有粗糙壁面的层流问题进行了研究 . 如，Wang[56] 首先研究了波纹粗糙度平板间的 Stokes 流动 . Chu[57] 用摄动展开法研究了波纹粗糙度对流体流动的影响 . Malevich 等人[58] 研究了粗糙平板间三维 Couette 流动的理论知识．王昊利[59]和张春平[60]分别在平板和圆形微通道内研究了壁面粗糙度对 Poiseuille 流动的影响．Ng 和 Wang[61]得到了 Darcy–Brinkman 流的精确解．在矩形、三角形和半圆形粗糙微通道中，谭德坤和刘莹[62]利用有限体积法（Finite volume method，简称 FVM）对流动特性进行数值模拟，详细讨论了雷诺数、粗糙元高度、粗糙元间距等因素对流速、压力及流动阻力的影响．然而，至今尚未发现有关粗糙波纹微通道内黏弹性流体（包括线性 Maxwell 流体和 Jeffrey 流体）的周期 EOF 和两层流体（导电—绝缘流体以及两层都导电流体）的 EOF 的研究成果．因此，这方面的研究仍需要进一步深入．

微型全分析系统的设计和制造过程需要充分考虑壁面粗糙度对系统性能的影响，并采取相应的措施来优化系统性能．通过精密的加工工艺和表面修饰等手段，可以有效减小壁面摩擦阻力和样品吸附现象，从而提高样品的混合和分离效果，进一步提高检测的灵敏度和准确度．因此，本书建立了以相对粗糙度为小参数的摄动方程组，采用边界摄动展开法求解电势、速度和流率的近似解析解，并分析相对粗糙度和相关无量纲参数对流场的影响．通过这一理论研究，为微流控系统的设计和优化提供了可靠的理论依据．总体而言，深入了解微通道壁面的粗糙度有助于更好地设计和优化微流体设备和实验室芯片，以满足不同应用领域的需求．

1.2　国内外研究进展

EO 流动是一种通过电场作用促使溶液或悬浮液中的粒子或分子运动的现象．在科学研究和工业应用中具有广泛的应用前景．在特定条件下，EO 流动可用于分离、浓缩和净化溶液中的微粒子和分子．因此在化学、生物学、环境科学和医疗等领域应用广泛．例如，在药物研发中，可以利用 EO 流动技术分离和提纯药物，提高药物的纯度和效果[31, 45]．在环境监测中，EO 流动技术可用于从水中分离微小的污染颗粒，以达到净化水体的目的[46-47]. 在生物学领域，EO 流动技术可用于 DNA 分离和测序，以及细胞分离和培养等应用[32, 36, 48].

1.2.1 两层流体电渗流动

国内外学者在实验、理论和数值模拟方面对不同几何形状的微通道内牛顿流体[11-12, 14, 16-18, 47, 63-68]和非牛顿流体[13, 15, 69-75]的 EOF 及其传热问题进行了大量的研究，并取得了丰富的研究成果 . 尽管单层 EOF 已被广泛研究，并在生物技术、微流控、电泳分离和微纳米加工等领域得到应用 . 然而，在某些情况下，需要更复杂和精确地控制微粒的运动 . 这促使人们将注意力转向两层流体（包括两层电解质溶液和一层导电电解质溶液一层不导电的流体）流动 . 在单层液体中，微粒受到流体的牵引力和液体的流动约束 . 然而，在两层液体中，微粒受到两层液体中的电场、化学位移和液体动力学的共同作用，因此其行为相较于单层 EO 流动更为复杂 . 由于液体的性质不同，其中一层液体可能会对微粒施加额外的外力（电渗力或黏性剪切力）作用 . 因此，研究两层 EO 流动可以更好地理解微粒的运动行为，为微粒的精确操纵和定位提供更多可能性 . 此外，这种流动情况也具有实际应用价值，例如在微流控生物芯片中，可以利用两层液体之间的差异实现细胞的分离和分类 .

Brask 等人[76]提出并分析了一种新型 EO 泵的设计，依靠双液黏性阻力将非导电液体泵送 . 该设计通过由 EO 流动驱动的导电泵将液体通过黏性力拖动不导电液体，特别是那些通常不能被 EOF 移动的液体如油等，可以被成功泵送 . 这种方法在新型 μTAS 应用于制药工业和环境监测等领域发挥重要作用 . Afonso 等人[77]分析了两种不混溶流体之间的平面界面，具有牛顿或黏弹性流变行为的两层流体的 EO 流动 . 在这种情况下，非导电流体通过 EO 驱动的导电流体的界面剪切黏性力拖动而输送 . 安装在微通道的非导电壁之上的可极化金属障碍物附近的 EOF 被 Bera 和 Bhattacharyya[78]数值模拟 . 表面粗糙度和不均匀 EDL 对可极化障碍物的综合影响产生了涡流，并分析了这种涡流的形式及其对体积离子浓度的依赖性．Daghighi 等人[79]首次实验研究了导电粒子直流电场感应电荷电动现象，测得的带金属半球的粒子在微通道中的电动运动速度远高于相同尺寸的非导电聚合物粒子在电场下的电动运动速度．对嵌入聚电解质水凝胶介质中的液滴的电泳被 Barman 和 Bhattacharyya[80]进行了数值研究，他们认为液滴表面带电，填充液滴的液体是不导电的，并解决了非导电液滴的介电极化．阐明了表面导电、双层极化和弛豫效应对不导电可极化均匀带电液滴电泳的影响．Gao 等人[81-82]在一层导电一层不导电两种流体的 EO 泵送技术方面进行了理论和实验研究，通过假设两种不混溶流体之间的平面界面，提出了在微通道中压力驱动的双液流，该模型的预测与测量数据非常吻合．Gorbacheva 等人[83]理论上研究了直流（DC）和交流（AC）电场以及外部压力梯度影响下电解质－介电黏性液体 EOF 的稳定性，并解释了压力梯度对于流动稳定性的重要性．Li 等人[84-85]提出了一个数学模型来描述三层流体 DC/AC EO 泵送技术，其中一种不导电流体通过两种导电流体的界面黏性剪切力和压力梯度的混合来输送，这两种导电流体由 EO 和压力梯度驱动．通过假设三种不混溶流体之间的平面界面，给出了两种导电流体中的电势和矩形微通道中恒定的三层流体 EOF 的速度分布．分析了黏度比、EO 和压力梯度对速度剖面和流量的影响．Alyousef 等人[86]以电动方程为基础，分析了黏弹性流体流过通道的双流体 EOF 的变化，通过 Ellis 方程研究了流体的行为．Moghadam 和 Akbarzadeh[87]对圆形微通道中双液流的时间周期方面进行了数值研究，其中 EO 和压力梯度分别直接用于驱动导电和不导电液体．结果表明，两种流体的流体动力学参数以及它们之间的耦合作用影响流动特性．Qi 和 Ng[88]研究了狭缝微通道中两层流体的 EOF，其中壁形状和 zeta 电势可能随轴向位置缓慢且周期性变化．两层 EOF 是两种不混溶流体流动的模型：一种不导电的工作流体（working fluid）被一种导电鞘液（conducting sheath fluid）拖入运动．Choi 等人[89]研究了微通道中两层流体

EOF，发现界面上电势和电荷密度的跳跃会导致反直觉的流动行为，并提供了量化控制 EO 泵的公式 . 非定常和 EO 压力混合驱动流中，Su 等人[90]推广了 Choi 等人[89]的研究结果 . Shit 等人[91]研究了疏水微通道中的两层流体通过压力梯度和 EO 力混合驱动流动和传热，解释了 zeta 电势差在控制微通道中的流体速度方面起着重要作用 . Wu 和 Li[92]数值模拟研究了感应电荷电动流动（ICEKF）在具有嵌入式导电栅栏的矩形微通道中的混合效应 . Zheng 和 Jian[68]研究了微平行通道中两种不混溶流体的旋转 EOF.

牛顿流体的 EOF 已被广泛研究，但在实际应用中，许多液体都属于非牛顿流体，如聚合物溶液和胶体悬浮液等 . 这些非牛顿流体具有不同于牛顿流体的力学性质，包括剪切率依赖的黏度和复杂的流变行为 . 因此，非牛顿流体的 EOF 行为可能与牛顿流体的 EOF 存在差异，引起了学术界的关注 . Alipanah 和 Ramiar[93]利用开源程序包 Open FOAM 中开发了一种 3D 瞬态单相求解器，研究了基于 AC EOF 的 T 形接头微混合器中牛顿和非牛顿流体的 EOF 混合效率和混合长度 . 研究发现，在实施交流电场和导电边缘的情况下,即使在相对较高的流速下,也可以在相当短的混合长度(即 20 μm) 内获得 99% 的混合效率 . 在施加的压力梯度和电场的综合影响下，Gaikwad 等人[94-95]研究了微流体通道中顶层流体导电（牛顿流体或用幂律流体描述的非牛顿流体）和底层流体不导电（牛顿流体）的两种不混溶流体层的流动. 研究解释了通过通道的净体积传输速率增加是由于电渗力、施加的压力梯度和由界面滑移调制的黏性阻力之间的复杂竞争引起的 . Li 等人[96-97]用理论和实验研究了平行 / 矩形微通道中导电（非牛顿流体，用幂律流体描述）和不导电（牛顿流体）流体的两个不混溶层 EOF 驱动流动，并分析了相关参数对流动行为的影响 . Matías 等人[98]理论上研究了均匀微毛细管内两种不混溶流体(牛顿流体被幂律流体包围)的非等温 EO 流动 . 在电场和磁场的共同影响下，Xie 和 Jian[69]研究了底层流体为电解质溶液，顶层流体为非导电黏弹性 Phan–Thien–Tanner（简称 PTT）流体系统中的熵生成率，并解释了磁场和电场熵产生率的影响 .

1.2.2 具有壁面粗糙度的电渗流动

微通道中的壁面粗糙度通常可以通过矩形凸起[99-114]或者正弦/余弦函数[115-131]来进行模拟，而在特殊情况下，也可以采用随机生成法进行模拟．正弦/余弦函数模拟的粗糙度或波纹可以分为单一方向和两个方向．近年来，研究者针对这两类粗糙度展开了研究，探讨了粗糙度幅值、数密度、微通道宽度以及无量纲电动宽度等参数对 EOF 的影响．下面简要介绍各类问题的研究现状．

1.2.2.1 矩形凸起粗糙度微通道的研究进展

对于具有矩形壁面凸起粗糙度的微通道，粗糙度的幅值、间距排布方式以及数密度（密集度）都对流体的流动特性产生影响．由于此类粗糙边界没有固定的函数表达式，因此通常采用数值模拟方法进行研究．例如，Hu 等人[99-100]利用 FVM 分析了矩形凸起粗糙度不同排布方式对流体流动的影响．在狭缝微通道中，通过在底部通道壁上制造了矩形 3D 棱柱元件，进行了实验和理论研究[101]．Kim 和 Darve[102]以及 Qiao[103]通过分子动力学（molecular dynamics，简称 MD）模拟详细研究了分子级表面粗糙度对纳米级 EOF 的影响．Masilamani 等人[104]利用格子玻尔兹曼法（lattice Boltzmann method，简称 LBM）和有限差分法（finite difference method，简称 FDM）对矩形凸起粗糙度附近的流场和涡度分布进行了数值模拟，进一步解释了流速变化的影响因素．Kamali 等人[105]应用耦合 LBM 的动态模型研究了矩形粗糙度对二维平面微通道的影响．

近年来，国内外学者关于粗糙微通道中的 EO 流动的研究方面取得了显著成果[106-114]．然而，相对于矩形凸起粗糙度而言，用正弦/余弦函数模拟的粗糙度更接近真实壁面．

1.2.2.2 单一方向正弦/余弦函数粗糙度微通道的研究进展

正弦/余弦函数粗糙度或波纹的波动方向垂直于外加电场方向（流体

流动方向）时，称为纵向粗糙度 / 波纹；反之，平行于外加电场方向时，称为横向粗糙度 / 波纹．单一方向的粗糙度可以用单个正弦 / 余弦函数模拟[116-124]，也可以是多个函数的叠加[125-128]，但是用单个函数来模拟更具一般性．

近年来，国内外学者在理论和数值模拟方面也开展了微通道间粗糙度的研究，取得了丰富的研究成果[115-140]．Yang 等人[115-116]利用 FDM 数值模拟了具有正弦粗糙度的平行板微通道间粗糙度单元高度和密度对 EOF 行为的影响．Xia 等人[117]利用复势函数和边界积分法求解具有一个壁面是光滑，另一个壁面具有正弦波纹边界的平行板组成的微通道 EOF 解析解，并分析了波纹幅值和两板之间的宽度对流场的影响．Shu 等人[119]利用边界摄动法（boundary perturbation method，简称 BPM）求解具有纵向正弦波纹边界的平行板微通道 EOF 解析解，并验证了其精确性．Yau 等人[124]利用 FVM 研究了横向波纹幅值对平行板间 EOF 的影响，该波纹模型采用两个正弦函数叠加来模拟．Cho 等人[125-127]利用 FVM 研究了具有两个正弦函数叠加的壁面粗糙度平行板间牛顿流体和幂律流体的 DC/AC EOF，特殊情况下，当退化为单一正弦函数模拟波纹时，所得结果与 Xia[117]一致．肖水云等人[118]利用有限元法（finite element method，简称 FEM）研究了具有正弦粗糙度微通道内幂律流体 EO 流动，其研究与 Cho 等人[125-127]有所区别，肖水云等人[118]使用单个正弦函数模拟波纹，且耦合求解了 EDL 电势的 Poisson 方程和离子输运的 Nernst–Planck 方程，而 Cho 等人[125-127]在两个正弦函数叠加效应下，使用 Poisson–Boltzmann 方程求解 EDL 电势．

针对微通道壁面粗糙度的 EOF 问题，研究者广泛利用 BPM 进行深入研究．例如，Martínez 等人[128]通过润滑理论将 PTT 流体的控制方程简化，然后利用 BPM 求解了具有横向正弦形粗糙度的平行板中简化的 PTT 流体 EOF 近似解析解，但结果只保留一阶精度．Yoshida 等人[129]考虑了两波纹板幅值和周期对 EO 流量的影响，同时保持两板之间的厚度与 EDL 厚度相当，通过比较 LBM 和 BPM，结果显示流量始终减小．Chang 等人[120]应用 BPM 研究了具有轴向粗糙度的圆形微流道 EOF，考虑相对粗糙度幅值、波数以及压力梯度对电势和速度分布的影响，解释了速度增加或减小的原因 . Keramati 等人[130]研究发现，正弦形波纹粗糙度对电渗流动和热传递产生了负面影响，导致较高的波纹数和相对粗糙度与较小的 Nusselt 数相关联 . Messinger 和 Squires[131]的研究发现，在壁面电导率过高时，微加工金属电极上的纳米级壁面粗糙度可以显著抑制 EOF. Zhang 等人[132]使用 MD 数值方法研究了壁面粗糙度对微尺度 EOF 的影响 . Fakhari 和 Mirbozorg[133]利用 FVM 数值研究了具有不同类型（正弦形、锯齿形和方齿形）壁面粗糙度对平行板间 EOF 的影响，得到了壁面粗糙度会降低速度，从而减少 EOF 流速的结论 . Buren 等人[121]利用 BPM，在 Debye–Hückel 近似下，研究了具有正弦粗糙度微平行通道中电磁流体动力流动（electromagnetic hydrodynamic flow，简称 EMHD 流），并得到了速度和电势的扰动解 . 此外，他们还研究了横向和纵向粗糙度的 EMHD[17，122]. Si 和 Jian[123]采用 BPM 给出了具有正弦粗糙度的微平行板间导电、不可压缩的黏性 Jeffrey 流体的周期 EMHD 的速度和体积流量的近似解析解 .

1.2.2.3　两个方向正弦 / 余弦函数粗糙度微通道的研究进展

尽管对具有单一方向的正弦 / 余弦函数粗糙度微通道的 EOF 进行了较为深入的研究，并取得了丰富的成果，但实际的粗糙度却不仅仅是单一方向的，而是更为复杂的三维粗糙度，通常以两个正弦 / 余弦函数的乘积来模拟[134–137]. Chang 等人[134]和 Lei 等人[135]通过 BPM 求解具有三维粗糙度的平行板和圆柱形微通道之间的 EOF 解析解，考虑了相对粗糙度幅值和波数、无量纲电动宽度 K、两平板的 zeta 势比以及相位差对流体速度和电势的影响，结果表明相对粗糙度对流速具有二阶修正 . Lei 等人[136]在考虑粗糙度幅值远小于 EDL 厚度的情况下，利用 BPM 求解半无限大平板 EOF 解析解，同样发现相对粗糙度对主流速度具有二阶修正，而且主流速度始终被衰减 . Li 等人[137]研究了具有三维波纹壁的微通道的 EMHD 流动，其中流体由非均匀电场和均匀磁场驱动 . 通过 BPM 推导出电势、速度和体积流量的解析表达式，讨论了波纹对电势、EMHD 速度和体积流量的影响 .

1.2.2.4 任意粗糙度的研究进展

尽管对正弦 / 余弦函数模拟的粗糙微通道的 EOF 进行了深入的研究，并取得了丰富的成果，但实际的粗糙度却不仅仅是正弦 / 余弦函数的形式，更为一般的情况是随机粗糙度[138–139].

Wang 和 Kang[138]采用高效的 LBM 模拟了粗糙微通道中的电动传输现象 . 粗糙通道的三维微观结构是通过随机生成 – 生长方法生成的，具有三个统计参数来控制粗糙度元素的数密度、总体积分数和各向异性特征 . 研究发现，即使对于非常薄的 EDL，粗糙度的形状阻力也会导致粗糙通道中的流速低于光滑通道，因此在微通道 EOF 中起着重要作用 . Liu 等人[139]利用 MD 模拟了具有规则或随机粗糙度的纳米通道中的 EOF. 结果表明，即使粗糙度与通道宽度相比非常小，粗糙度也会显著降低 EO 流速 .

综上所述，壁面粗糙度或波纹对微通道 EOF 的影响是当前研究的热点 . 早期的研究主要关注具有壁面粗糙度或波纹的平行板或矩形微通道 EOF 的流动特性，且研究方法多为解析法，但并不全面 . 也有学者采用显微粒子成像测速技术、激光多普勒测速仪法和电流监测法等[140–143]来测量粗糙微流道内 EOF 的平均速度，但由于样品制备技术要求和成本高、周期长等原因，制约了实验研究的广泛开展 . 此外，数值法只能获取流域中离散点的数据，想要获得更多的数据只能增加网格数，增加计算量，而且数值法无法直观地展现各个参数对 EOF 的影响 .

1.3 本书的研究内容和结构

综上所述，随着 LOC 的发展，微流控系统中的控制与驱动技术受到了广泛关注 . 由于特征尺度的减小，微流控系统中出现了一些与宏观尺度流动不同的现象．此外，由于设备工艺误差和材料质量等原因，微通道内可能存在壁面粗糙度．在实际应用中，为了实现特殊功能，人们有时会人为地设计一些粗糙度，例如通道壁面沟槽可以产生混乱流动状态，从而提高流体的混合效率．在微尺度流动中，虽然微通道内的流动呈现层流特性，但通道尺寸的减小导致壁面粗糙度或波纹与通道直径之比增加，即相对壁面粗糙度或波纹增加．因此，由粗糙度或波纹引起的微小扰动能够深入主流区，影响整个通道内的流动．流体在微流控系统中的不同流动速度对流量、热传导、组分分离效率和混合反应过程有着决定性的影响．研究采用了连续性方程、柯西动量方程、线性黏弹性流体的本构方程和双电层内电势满足的 Poisson–Boltzmann 方程等相互耦合的方程组来描述流体在粗糙或波纹微通道内的流动．同时，边界摄动展开法和分离变量法被应用于求解具有复杂边界条件的相互耦合的控制方程组．本研究主要从以下几个方面开展对具有正弦粗糙度的 EO 流动的影响的研究。

在第 2 章中，对 EOF 和 EDL 的概念进行了简单介绍，同时涉及了聚合物的性质以及线性黏弹性流体的本构关系，本书采用的 EDL 模型是扩散的 EDL 模型[23，144–147]．

第 3 章研究了具有正弦粗糙度的圆形 / 环形微通道内的 EO 流动．首先，圆形 / 环形微通道之间建立了平行于流体流动方程（轴向）的粗糙度．然后，在具有正弦形粗糙度壁面的圆形 / 环形微通道内，建立了线性化的 Poisson–Boltzmann 方程来描述 EDL 电场势分布，将外电场驱动力代入 Navier–Stokes（简称 N–S）方程进行修正．通过摄动展开法和分离变量法，获得了电势分布、速度、平均速度的摄动解以及平均速度和粗糙度之间的关系式．通过 MATLAB 进行画图分析，研究了 EDL 厚度相关的无量纲电动宽度 K、壁面粗糙度波纹的波数 λ、相位差 β、内外圆柱半径值比 α、无量纲压力梯度 G 和内外圆柱壁面 zeta 势之比 ζ 等相关参数对流动的影响及相互作用规律．

第 4 章研究了具有正弦粗糙度的平行微通道内线性黏弹性流体（包括

Maxwell 流体和 Jeffrey 流体）周期电渗流动（AC EOF）. 通过摄动展开法和分离变量法，得到了电势分布、速度、平均速度的摄动解及平均速度和粗糙度之间的关系式 . 通过 MATLAB 进行图形分析，研究了电动宽度 K、壁面粗糙度波纹的波数 λ、相位差 θ、滞后时间 $\lambda_2\omega$、Deborah 数 De（松弛时间）、无量纲压力梯度 G 和下板与上板壁面 zeta 势比 ζ 等参数对流动的影响及相互作用规律 .

第 5 章研究了具有正弦形粗糙度的平行微通道内，上层流体导电下层流体不导电的 EO 流动 . 考虑了流体 – 流体界面处 Maxwell 电应力效应的存在或不存在情况下，通过摄动展开法和分离变量法，得到了上层流体的电势分布、两层流体的速度、两层流体的平均速度的摄动解及平均速度和粗糙度之间的关系式 . 通过 MATLAB 进行图形分析，研究了壁面粗糙度波纹的波数 λ、相位差 θ、电动宽度 K、流体 – 流体界面与上板壁面 zeta 势比 ζ、黏度比 μ_r 和无量纲压力梯度 G 等参数对两层导电和不导电流体的流动影响及相互作用规律 .

第 6 章研究了具有正弦形粗糙度的平行微通道间两层导电流体 EO 流动 . 考虑了流体 – 流体界面处 Maxwell 电应力效应存在或不存在情况下，通过摄动展开法和分离变量法，得到了两层流体的电势分布、速度、平均速度的摄动解及平均速度和粗糙度之间的关系式 . 通过 MATLAB 进行图形分析，研究了两层流体的电动宽度 K_1、下板与上板壁面 zeta 势比 ζ、黏度比 μ_r、壁面粗糙度波纹的波数 λ、相位差 θ、介电常数比 ε_r 和无量纲压力梯度 G 等参数对两层导电流体的流动影响及相互作用规律 .

最后，第 7 章研究了具有三维（3D）壁面粗糙度的平行板微通道内 EO 流动 . 通过摄动展开法和分离变量法，得到了三维（3D）壁面粗糙度的平行板微通道中牛顿流体的外加电势和壁面电势分布、速度、平均速度的摄动解及平均速度和粗糙度之间的关系式 . 通过 MATLAB 进行图形分析，研究了粗糙度波数 k_1，k_2，振幅 δ，无量纲电动宽度 K 和 zeta 势比 ζ 等无量纲参数对电渗流的影响及相互作用规律 .

第 2 章　预备知识

2.1　双电层

2.1.1　双电层形成机理

在微流控芯片中，常用的壁面材料，如硅和玻璃等，在与电解质溶液接触时，壁面会发生水解反应，形成表面基团．这些基团的导电性质依赖于电解质溶液的pH值，当电解质溶液的pH值小于3时，壁面通常带负电荷，带正电荷的离子会受到吸引并聚集在壁面附近；而带有负电荷的离子则受到壁面同性电荷离子的排斥，远离壁面，从而使得整个系统保持电中性．带正电荷的离子会聚集在通道壁面附近形成Stern层，其厚度约为一个离子直径．Stern层内带正电的离子由于受静电力作用，几乎不会运动[23，146-148]．与Stern层相邻的一层是既含正电离子又含负电离子的扩散层（diffuse layer），扩散层内的离子密度分布服从Boltzmann分布[23，146-148]，将Stern层和扩散层合起来称为EDL[23，146-148]．

2.1.2　双电层结构的理论模型

在固体表面带电的情况下，由于静电吸引力，固体表面的电荷会吸引溶液中带有相反电荷的离子，并使其靠近固体表面．这些被静电吸引的带相反电荷的离子被称为反离子，它们仍然处于溶液中，但距离固体表面一定的距离，这样形成了所谓的 EDL.

历史上曾提出过几种模型用来说明 EDL 的结构，如图 2.1.1 所示．

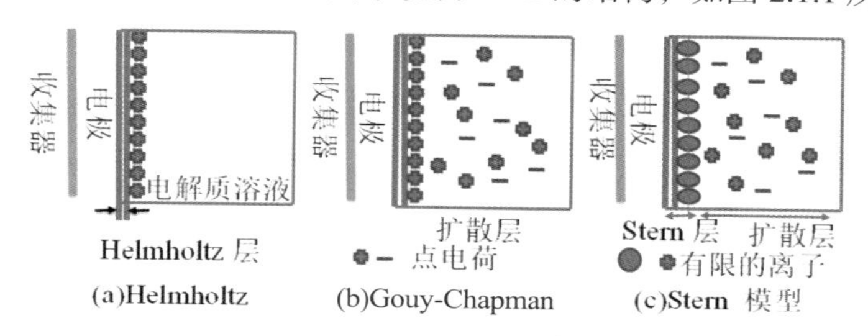

图 2.1.1　EDL 基本模型[146]

2.1.2.1　Helmholtz 平板电容器模型

关于金属 – 溶液界面 EDL 结构的第一个模型是由 Helmholtz 于 1853 年提出的，即 Helmholtz 平板电容器模型（也称为紧密双电层模型）. 该模型将 EDL 看作与平行板电容器类似，其中一个电极板与金属表面平行，另一个电极板与在溶液中被静电吸引到金属表面的离子中心平行．该模型假设表面电荷密度 σ 与 EDL 中的距离 δ 成反比，即 $\sigma=\varepsilon\psi_0/(4\pi\delta)$，其中 ψ_0 为界面电势，ε 为介质的介电常数．

2.1.2.2　Gouy-Chapman 扩散双电层模型

Helmholtz 提出的模型只考虑静电引力，忽略离子的热运动，因此无法解释 EDL 电容值与电极电位和电解质浓度之间的依赖关系．实际上，溶液中与固体表面电荷相反的离子同时受到固体表面电荷的静电吸引和离子本身无规则的热运动的作用．因此，溶液中的反离子不可能像平板电容器那样完全整齐地排列，而是靠近固体表面的反离子分布较稠密，远离固体表面区域的反离子分布比较稀疏．随着离开表面距离的增加，反离子的浓度逐渐降低，直到某个距离处反离子的浓度与同号离子的浓度相同，溶液中的净电荷为零．溶液中离子的分布规律取决于热运动和静电引力的相对大小．为了解决这一问题，20 世纪初，法国学者 Gouy[149] 和美国学者 Chapman[150] 在 Helmholtz 模型的基础上提出扩散 EDL 理论．扩散 EDL 理论模型要点如下：i. 将扩散层中的反离子视为点电荷，并服从 Boltzmann 能量分布定律；ii. 固体表面为无限大的平面，在平面上电荷分布均匀；iii. 正负离子所带电荷符号相反，而数目相等，整个体系为电中性；iv. 溶剂的介电常数在整个扩散 EDL 内处处相等．在平衡时，离子的分布应当遵守 Boltzmann 能量分布定律．设固体表面带正电荷，表面电势为 ψ_0，则同号离子与异号离子的分布在图 2.1.1（b）中给出．由 Gouy–Chapman 扩散 EDL 模型可以得出电荷分布、电势分布，同时确定了电解质的价数、浓度与电势及 EDL 厚度的定量关系．

2.1.2.3 Stern 对扩散双电层的发展（Stern 模型）

根据实验结果，Helmholtz 模型在某些情况下并不适用，而 Gouy–Chapman 模型则得到了验证；相反，在分散电容模型得出错误结论的情况下，平板电容器模型与实验数据更符合．具体来说，在电解质浓度和电极电位较高的情况下，平板电容器模型与实验数据符合较好；而在电解质溶液稀释和电极电位较低的情况下，扩散电荷模型更符合实验结果，而平板电容器模型则有明显偏差．因此，EDL 结构的描述需要结合 Helmholtz 和 Gouy–Chapman 提出的模型．

虽然 Gouy–Chapman 模型可以解释一些特性吸附现象，但它无法解释离子本身的体积，这是因为该模型假设离子为点电荷．为此，Stern[151] 提出了另一种模型，将表面附近的区域分为两部分：一部分离子紧贴在电极上形成厚度相当于电解质离子平均半径的 EDL 的 Helmholtz 薄层，即紧密 EDL，称为 Stern 层；另一部分离子以逐渐减少的电荷密度分散地分布在电极附近，包括扩散的 Gouy 层，称为扩散层（diffuse layer）．Stern 在 EDL 的扩散部分忽略了离子的大小．根据这个模型，EDL 由紧密层和分散层两部分组成，总的电位降等于紧密层的电位降和扩散层的电位降之和．

2.1.2.4　Grahame 模型

在 Stern 之后，很多研究者对紧密层的结构继续进行了探讨 . 他们考虑了双电层的介电常数和电场强度的联系 . Grahame[152] 提出了离子特性吸附的问题 . 他认为，在 Helmholtz 层中，某些离子不仅受静电力的作用，而且还受到一种特性吸附力的作用，这种力并非库仑力 . 为了更好地描述特性吸附现象，Grahame 将平板 EDL 模型中的 Helmholtz 层进一步分为两层，即靠近电极的第一层是特性吸附离子，穿过它们中心而又平行于电极的平面称为内 Helmholtz 面（记为 IHP，也称为内 Helmholtz 层），这层特性吸附离子通过静电力吸引了一层异号的离子（水合离子），通过这一层水合离子的平面叫作外 Helmholtz 面（记为 OHP，也称为外 Helmholtz 层）. 在这种情况下，实际上可以说形成了“三电层”，但是此模型较少适用，原因是模型的误差较大[148].

2.1.2.5　Bockris 模型

之前的 EDL 模型没有考虑到溶剂在电极 / 电解液界面上的定向排列现象 . 然而，对于电化学中使用的极性溶剂（如水），它们的偶极子会随着电极带电电荷的符号和大小而定向排列，从而形成了电极和溶剂之间的一个界面区域 . Bockris 等人[153] 提出了一种考虑溶剂影响的 EDL 模型 . 该模型认为在电极界面附近，溶剂分子发挥了决定作用，它们的偶极子会根据电极带电荷的情况而定向排列 . 如果将电极视为一个巨大的离子，那么它的第一个溶剂化层由溶剂分子和特性吸附离子组成，IHP 则通过这些溶剂偶极子和特性吸附离子的中心 . 第二个溶剂化层由溶剂化离子组成，它们吸附在电极表面上，OHP 则通过这些离子的中心 . 溶剂化离子层之外的区域则被称为扩散层 .

本书所用到的 EDL 模型主要指中间两种模型，合称为 Gouy–Chapman–Stern（GCS）模型[154]. 自然界广泛存在 EDL，例如，Zn（固体金属）与 $ZnSO_4$ 溶液（电解质溶液）界面、汞（液态金属）与 KCl 溶液界面、熔融锡与熔融 KCl 界面、固体氧化铝（绝缘体）与熔融 KCl 界面、动脉血管与血液界面的双电层，等等 .

2.1.3 电动现象与 zeta 势

带电界面与溶液之间的相对运动可以分为两种形式 . 第一种是在电场作用下，带电界面与液相之间的相对运动，如电泳和电渗；第二种是带电界面与液体之间的相对运动诱导出电场，例如流动电势和沉降电势 . 这四种现象统称为电动现象 . 它们的共同特点是涉及带电界面与体相溶液之间的相对运动，而相对运动的位置发生在带电界面的剪切面（Stern 面）上，因此，剪切面上的电势称为 zeta 电势，如图 2.1.2 所示 . zeta 电势的数值取决于剪切面的位置，而剪切面的位置又与测定方法、测定条件以及带电界面的性质有关 . 例如，当带电固体表面所固定的液层较厚，扩散双电层的厚度 κ^{-1} 值较小时，zeta 电势较低；而当带电固体表面固定的液层较薄，κ^{-1} 值较大时，zeta 电势较高 . Zeta 势的取值一般在 10~100 mV[155]. 微纳流体的流动受 zeta 势的影响很大，许多学者对此进行了研究[156–160]，并给出了 zeta 电势大小对速度场、压力分布以及电势场的影响，得到了一些很好的结果 .

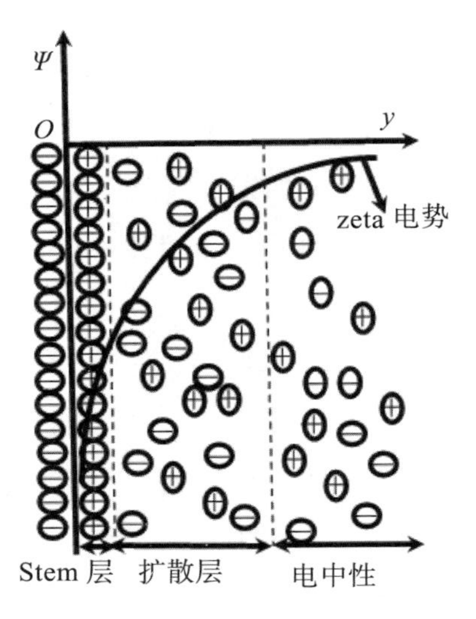

图 2.1.2 EDL 电势分布图[147]

2.1.4　EDL 的理论模型与分析

根据静电学理论[23，146-147]，溶液中任一点的电势 Ψ 与局部单位体积内的净电荷密度（net charge density）ρ_E 之间的关系可用泊松（Poisson）方程描述：

$$\nabla^2\Psi = -\frac{\rho_E}{\varepsilon_0\varepsilon}, \tag{2.1.1}$$

其中 ε_0 是真空中的介电常数，ε 是溶液中的介电常数 .

假设对称电解质溶液（如，KCl（$z_+ : z_- = 1 : 1$））中 i 型离子的数浓度服从平衡的 Boltzmann 分布

$$n_i = n_{i\infty}\exp\left(-\frac{z_i e\Psi}{k_B T}\right), \tag{2.1.2}$$

其中 $n_{i\infty}$ 和 z_i 分别为体积离子浓度和离子电荷化合价，e 为电子所带的电荷，k_B 为玻尔兹曼（Boltzmann）常数，T 为绝对温度 .

单位体积的净电荷密度 ρ_E 与对称阳离子和阴离子之间的浓度差成正比：

$$\rho_E = ze(n_+ - n_-) = -2zen_\infty\sinh\left(\frac{z_i e\Psi}{k_B T}\right). \tag{2.1.3}$$

对于可能含有不对称离子的任意电解质溶液，单位体积的净电荷密度 ρ_E 为

$$\rho_E = \sum z_i e n_i = e\sum z_i n_{i\infty}\exp\left(-\frac{z_i e\Psi}{k_B T}\right). \tag{2.1.4}$$

显然，当 $z_i = z =$ 常数，即对称离子时，式（2.1.4）简化为式（2.1.3）. 将方程（2.1.3）代入 Poisson 方程，即方程（2.1.1），就得到了著名的非线性 Poisson–Boltzmann 方程（简称 P–B 方程）

$$\nabla^2\Psi = \frac{2zen_0}{\varepsilon\varepsilon_0}\sinh\left(\frac{ze\Psi}{k_B T}\right). \tag{2.1.5}$$

显然，式（2.1.1）和式（2.1.4）的组合将给出 P–B 方程的另一种（更一般的）形式

$$\nabla^2\Psi = -\frac{e}{\varepsilon\varepsilon_0}\sum z_i n_{i\infty}\exp\left(-\frac{z_i e\Psi}{k_B T}\right). \tag{2.1.6}$$

定义 Debye–Hückel 参数 $\kappa^2=(2z^2e^2n_\infty)/(\varepsilon\varepsilon_0k_BT)$ 和无量纲电势 $\varphi=(ze\Psi)/(k_BT)$，则 P–B 方程变为

$$\nabla^2\varphi=\kappa^2\sinh\varphi\ . \tag{2.1.7}$$

通常，在适当的边界条件下求解方程（2.1.7），可以得到 EDL 的电势分布 φ，然后由式（2.1.3）确定单位体积的净电荷密度分布 ρ_E.

应该注意的是，Debye–Hückel 参数 $\kappa^2=(2z^2e^2n_\infty)/(\varepsilon\varepsilon_0k_BT)$ 与固体表面特性无关，仅由液体特性（如电解质的化合价和体积离子浓度）决定．$1/\kappa$ 通常称为 EDL 的特征厚度（characteristic thickness），也称为德拜长度（Debye length），是电解质浓度的函数．对于 $1/\kappa$ 的取值范围，例如 KCl 溶液，从 $10^{-3}M$ 的 9.6 nm 到 $10^{-6}M$ 的 304.0 nm. 当离子浓度为 $10^{-6}M$ 时，该溶液实际上被认为是纯水．扩散层的厚度通常约为 $1/\kappa$ 的 3~5 倍，因此对于纯水和纯有机液体可能大于 1μm.

下面看一个简单例子来说明如何计算 $1/\kappa$. 考虑 T = 298 K 的纯水并使用以下参数：$\varepsilon=78.5$，$\varepsilon_0=8.85\times10^{-12}\ \mathrm{C^2/(Nm^2)}$，$e=1.602\times10^{-19}\mathrm{C}$，$k_B=1.381\times10^{-23}\mathrm{J/K}$ 以及 $N_a=6.022\times10^{23}/\mathrm{mol}$. 注意，$n_\infty$ 是整体离子数浓度，以摩尔浓度 M（mol/L）表示：

$$n_\infty=1000N_aM\ . \tag{2.1.8}$$

公式中的 1000 是单位换算出的，即 $1\mathrm{m^3}=1000\mathrm{L}$. 将以上所有值代入 Debye 长度 $1/\kappa$ 的表达式，计算可得

$$\frac{1}{\kappa}=\frac{3.04}{z\sqrt{M}}\times10^{-10}(\mathrm{m})\ . \tag{2.1.9}$$

对于较低的 EDL 电势 Ψ，即 EDL 电势 Ψ 小于 25 mV 时，可以运用 Debye–Hückel 的线性化近似．物理上意味着电势能远远低于离子的热能．式（2.1.5）可以简化为描述 EDL 离子分布的线性化的 P–B 方程

$$\nabla^2\Psi=\kappa^2\Psi\ . \tag{2.1.10}$$

对于对称的平行板、圆形、二维矩形微通道中，上式分别可表示为

$$\frac{\mathrm{d}^2\Psi}{\mathrm{d}y^2}=\kappa^2\Psi\ , \tag{2.1.11}$$

$$\frac{\mathrm{d}^2\Psi}{\mathrm{d}r^2}+\frac{1}{r}\frac{\mathrm{d}\Psi}{\mathrm{d}r}=\kappa^2\Psi\ , \tag{2.1.12}$$

$$\frac{\partial^2\Psi}{\partial x^2}+\frac{\partial^2\Psi}{\partial y^2}=\kappa^2\Psi\ . \tag{2.1.13}$$

对于无限长的非对称的平行板和柱形微通道中，式（2.1.11）、式（2.1.12）可表示为

$$\frac{\partial^2\Psi}{\partial x^2}+\frac{\partial^2\Psi}{\partial y^2}=\kappa^2\Psi\ , \tag{2.1.14}$$

$$\frac{\partial^2\Psi}{\partial r^2}+\frac{1}{r}\frac{\partial\Psi}{\partial r}+\frac{1}{r^2}\frac{\partial^2\Psi}{\partial\theta^2}=\kappa^2\Psi\ . \tag{2.1.15}$$

线性化的 P–B 方程在 zeta 电势较小的情况下（Ψ<<25 mV）具有较高的精度，且便于解析求解，本书中均采用线性化的 P–B 方程（2.1.14）和（2.1.15）.

2.2　电渗流

毛细管中典型的电渗流体流动如图 2.2.1 所示 . 在毛细管中，当施加电场后，带负电的毛细管表面附近的正离子会因库仑力而产生迁移，随着黏性力（黏性剪切力）的作用，带正电的离子会带动固体表面周围的电解质溶液微团开始运动，最终将液体带向阴极方向 . 在外电场和 EDL 电场的综合作用下，流体在初始运动时速度较慢，而在离通道壁越远的地方，流体速度逐渐加快，形成一个稳定的塞状流型，并且沿着流道方向均匀流动，即沿着流道方向速度梯度为零 . 这种现象被称为电渗（EO）或电渗流（EOF）[23，146–147]，如图 2.2.2 所示 . 在许多设备中，玻璃毛细管（微通道）用于电渗流 . 玻璃毛细管壁上的电荷来自表面硅醇基团（surface silanol groups）的—SiOH 解离或 OH^- 离子优先吸附到玻璃表面 . 在大多数情况下，表面电荷为负，并且双电层存在于毛细管壁附近 . 多余的电荷，即在双电层内的电中性的情况下，是负责建立在外部电场下的毛细管内的电渗流 . 流动的方向和大小可以受到几个因素的影响，如施加的电场、离子浓度和

表面的润湿性 . EO 技术广泛应用于土壤修复、药物控制输送和微流控装置以及评估毛细管或多孔介质的表面电荷[161-162]等领域 .

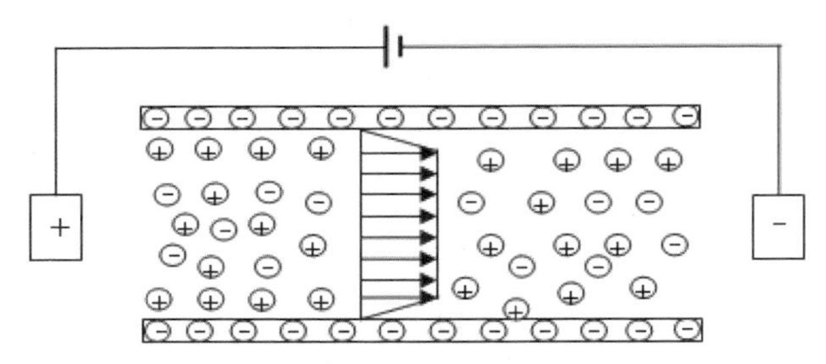

图 2.2.1 微流道中 EOF 的形成原理[146]

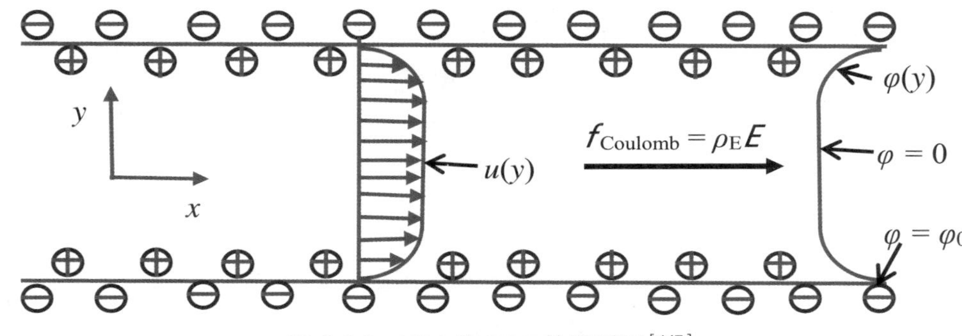

图 2.2.2 EDL 和 EOF 的原理图[147]

2.3 线性黏弹性流体

线性黏弹性流体是应力或应变同时表现出黏性和弹性行为的流体，对施加应力的响应是瞬时弹性响应和延迟黏性响应的线性组合 . 线性黏弹性流体是指黏性变形与弹性变形的应力与变形速率呈线性关系的流体，其本构方程可以采用弹簧和阻尼器组合的力学模型来描述，这个系统同时反映了流体的黏性和弹性特性[163-167] . 具体地说，弹簧表示流体的弹性，阻尼器表示流体的黏性，两者以一定方式组合成一个力学系统来描述线性黏弹性流体的行为 . 因此，线性黏弹性流体的本构方程可以通过这个力学模型来表示 .

2.3.1　Maxwell 流体

将一个阻尼器与一个弹簧串联成一个系统（如图 2.3.1），系统受到应力 τ 的作用，弹簧变形为 γ_1，阻尼器变形为 γ_2. 根据胡克定理，有

$$\tau = G\gamma_1 \ . \tag{2.3.1}$$

按照牛顿内摩擦定律，有

$$\tau = \eta_0 k_2 \ , \tag{2.3.2}$$

式中 $k_2 = \dot{\gamma}_2$（“·”表示对时间微分）. 设总伸长为 γ，则有

$$\gamma = \gamma_1 + \gamma_2 \ , \tag{2.3.3}$$

$$\dot{\gamma} = k = k_1 + k_2 = \dot{\gamma}_1 + \dot{\gamma}_2 = \frac{\dot{\tau}}{G} + \frac{\tau}{\eta_0} \ , \tag{2.3.4}$$

或者

$$\tau + \frac{\eta_0}{G}\dot{\tau} = \eta_0 \dot{\gamma} \ , \tag{2.3.5}$$

式中 η_0，G 为物质常数，此即 Maxwell 线性黏弹性流体的本构方程 .

在三维情况下，用张量方程表示为

$$\boldsymbol{T} + \lambda \frac{\partial \boldsymbol{T}}{\partial t} = \eta_0 \boldsymbol{A}_t \ , \tag{2.3.6}$$

式中 $\boldsymbol{T}$ 为应力张量，$\boldsymbol{A}_t$ 为一阶李夫林－埃里克森张量（Rivlin–Ericksen tensor），λ，η_0 为物质常数 .

在 $t = 0$，$\tau = \tau_0$ 的初始条件下，一阶微分方程（2.3.5）式求解可得 τ 的积分形式的 Maxwell 本构方程 [122] .

$$\tau(t) = \exp\left(-\frac{G}{\eta_0}t\right)\left[\tau_0 + G\int_0^t \dot{\gamma}(t')\exp\left(\frac{G}{\eta_0}t'\right)dt'\right] . \tag{2.3.7}$$

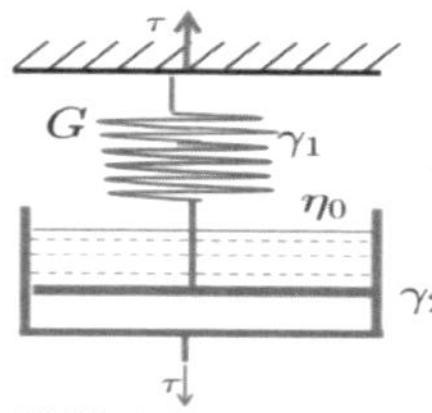

图 2.3.1　由弹簧和阻尼器描述的 Maxwell 线性黏弹性流体模型 [165]

设 $t=-\infty$ 时，$\tau=0$，则（2.3.5）式的解可以写成如下形式

$$\tau(t)=\frac{\eta_0}{\lambda}\int_{-\infty}^{t}\dot{\gamma}(t')\exp\left(-\frac{t-t'}{\lambda}\right)\mathrm{d}t' . \tag{2.3.8}$$

现将 n 个 Maxwell 体并联成为一个黏弹性流体模型，如图 2.3.2 所示 . 系统所受应力为 τ，有

$$\tau=\sum_{i=1}^{n}\tau_i , \tag{2.3.9}$$

τ_i 为每个简单模型上所受的应力 . 将（2.3.8）式代入（2.3.9）式，得到

$$\tau(t)=\sum_{i=1}^{n}\frac{\eta_i}{\lambda_i}\int_{-\infty}^{t}\dot{\gamma}(t')\exp\left(-\frac{t-t'}{\lambda_i}\right)\mathrm{d}t' . \tag{2.3.10}$$

令 $t\to\infty$，松弛时间在 λ 和 $\lambda+\delta\lambda$ 之间的所有简单 Maxwell 模型的黏度 μ（λ）用 M（λ）dλ 表示，则有

$$\sum_{i=1}^{n}\frac{\eta_i}{\lambda_i}\int_{-\infty}^{t}\dot{\gamma}(t')\exp\left(-\frac{t-t'}{\lambda}\right)\mathrm{d}t'=\int_{0}^{\infty}\frac{M(\lambda)}{\lambda}\exp\left(-\frac{t-t'}{\lambda}\right)\mathrm{d}\lambda . \tag{2.3.11}$$

将（2.3.11）式代入（2.3.10）式，得到

$$\tau(t)=\int_{-\infty}^{t}\varphi(t-t')\dot{\gamma}(t')\mathrm{d}t' ,$$

$$\varphi(t-t')=\frac{\eta_0}{\lambda}\int_{0}^{\infty}\frac{M(\lambda)}{\lambda}\exp\left(-\frac{t-t'}{\lambda}\right)\mathrm{d}\lambda . \tag{2.3.12}$$

φ（$t-t'$）称为松弛函数，M（λ）称为松弛时间分布函数 . 此非牛顿流体具有记忆性的，t 时刻的应力决定于变形历史 . Maxwell 模型可以描述应力松弛过程，不能描述蠕变过程 . 沥青块就是属于这一类，即外力作用时，短时间为弹性体，长时间为黏性体 .

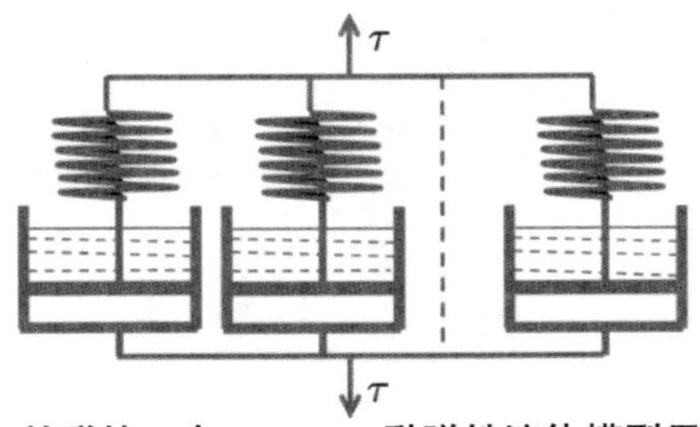

图 2.3.2　并联的 n 个 Maxwell 黏弹性流体模型示意图 [165]

2.3.2　Jeffreys 模型

利用弹簧与阻尼器的不同组合，可以构成许多线性黏弹性流体模型，如 Jeffreys 模型就是其中之一 . 图 2.3.3 所示模型的本构方程[163,164]为

$$\tau + \lambda_1 \frac{\partial \tau}{\partial t} = \eta_0 \left(\dot{\gamma} + \lambda_2 \frac{\partial \dot{\gamma}}{\partial t} \right), \tag{2.3.13}$$

这方程中含有三个物质常数 λ_1，λ_2 和 η_0.

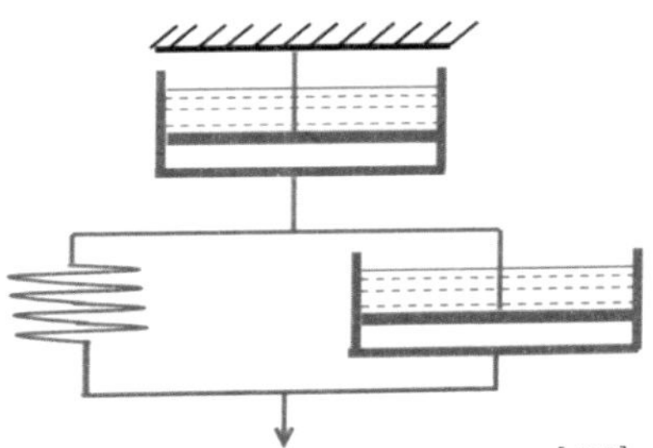

图 2.3.3　Jeffreys 模型结构图[165]

在牛顿流体中含有弹性体的悬浮液就可以采用这类非牛顿模型的本构方程 . 这一类从简单 Maxwell 模型派生出来的流体模型，均为具有黏性流体特性的黏弹性物质 .

第 3 章　具有正弦粗糙度的圆形 / 环形微通道内的电渗流动

3.1　具有正弦粗糙度的圆形微通道内电渗流动

3.1.1　数学模型和近似解

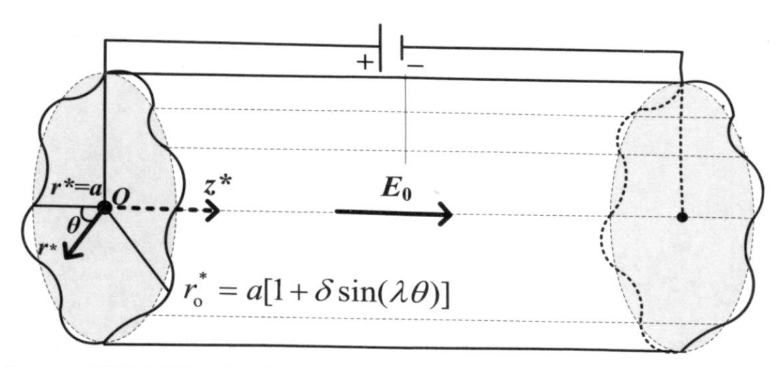

图 3.1.1　具有正弦形粗糙壁面的圆形微通道内的 EOF/PDF 流动的示意图

如图 3.1.1 所示，在圆形微通道中考虑不可压缩、黏性导电流体的定常 EO 流动 . 微通道的平均半径为 a，圆管的中心轴线为 z^* 方向，径向为 r^* 方向，并定义垂直于径向与轴向的方向为 θ 方向，在通道两端施加强度为 E_0 的直流（direct current，简称 DC）电场 . 粗糙的壁面边界的位置可以

表示为

$$r_{\mathrm{o}}^{*}=a[1+\delta\sin(\lambda\theta)], \tag{3.1.1}$$

其中，δ 是波纹振幅与通道的平均半径的比值，λ 是粗糙微通道壁面波数 . 根据双电层理论，电势 Ψ（R，θ）和净电荷密度 ρ_{E}^{*}（R，θ）的关系可以 P–B 方程[23，146，147]描述

$$\nabla^{*2}\Psi=-\frac{\rho_{\mathrm{E}}^{*}}{\varepsilon}. \tag{3.1.2}$$

$$\rho_{\mathrm{E}}^{*}=-2n_0z_ve\sinh\frac{z_ve\Psi}{k_{\mathrm{B}}T}, \tag{3.1.3}$$

其中，z_v，e，n_0，ε，k_{B} 和 T 分别表示化合价、电子所带的电荷量、液体离子的浓度、电解质溶液的介电常数、Boltzmann 常数和绝对温度 .

如果 Ψ（<<25mV）足够小，即 $z_ve\Psi/(k_{\mathrm{B}}T)\leqslant 1$ 时，$\sinh(z_ve\Psi/(k_{\mathrm{B}}T))$ 可以近似为 $z_ve\Psi/(k_{\mathrm{B}}T)$. 这种线性化被称为 Debye–Hückel 线性化（物理上意味着电势能与离子的热能相比是很小的）. 根据方程（3.1.2）和（3.1.3），得到线性化的 P–B 方程

$$\frac{1}{r^*}\frac{\partial}{\partial r^*}\left(r^*\frac{\partial\Psi}{\partial r^*}\right)+\frac{1}{r^{*2}}\frac{\partial^2\Psi}{\partial\theta^2}=\kappa^2\Psi, \tag{3.1.4}$$

其中，$\kappa=z_ve(2n_0/\varepsilon k_{\mathrm{B}}T)^{1/2}$ 是 Debye–Hückel 参数，$1/\kappa$ 表示 EDL 的厚度，即 Debye 长度 .

相应的边界条件为

$$\Psi(r^*,\theta)=\zeta\text{，在 } r^*=r_{\mathrm{o}}^*\text{ 处，} \tag{3.1.5a}$$

$$\frac{\partial\Psi(r^*,\theta)}{\partial r^*}=0\text{，在 } r^*=0\text{ 处，} \tag{3.1.5b}$$

方程（3.1.5a）意味着壁面处 zeta 电势 ζ 给定且为常数[119]，方程（3.1.5b）称为自然边界条件，意味着通道中心处 zeta 电势有限（或者称为对称边界条件）.

牛顿流体的连续性方程和动量方程可以表示为

$$\nabla\cdot\boldsymbol{U}=0, \tag{3.1.6}$$

$$\rho\left(\frac{\partial \boldsymbol{U}}{\partial T}+\left(\boldsymbol{U}\cdot\nabla^*\right)\boldsymbol{U}\right)=-\nabla^* P+\mu\nabla^{*2}\boldsymbol{U}+\rho_E E_0\boldsymbol{e}_{z^*}\text{，}\qquad(3.1.7)$$

式中，ρ 表示流体的密度，P 表示流体的压力，μ 表示动力学黏性系数 . 假定流动是定常的，且只沿 z^* 方向流动（流动速度 $\boldsymbol{U}$ =（0，0，W）），此流动是由 z^* 方向的恒定的压力梯度和 EO 力所驱动 . 结合方程（3.1.6），r^*，θ，z^* 方向的动量方程可分别写为

$$-\frac{1}{\rho}\frac{\partial P}{\partial r^*}=0\text{，}\qquad(3.1.8)$$

$$-\frac{1}{\rho r^*}\frac{\partial P}{\partial \theta}=0\text{，}\qquad(3.1.9)$$

$$-\frac{\partial P}{\partial z^*}+\mu\left[\frac{1}{r^*}\frac{\partial}{\partial r^*}\left(r^*\frac{\partial W}{\partial r^*}\right)+\frac{1}{r^{*2}}\frac{\partial^2 W}{\partial\theta^2}\right]-\kappa^2\varepsilon E_0\Psi=0\text{ .}\qquad(3.1.10)$$

通道壁面和通道中心线处应满足无滑移边界条件和中心对称的边界条件

$$W(r^*,\theta)=0\text{，在 } r^*=r_o^*\text{ 处，}\qquad(3.1.11a)$$

$$\frac{\partial W(r^*,\theta)}{\partial r^*}=0\text{，在 } r^*=0\text{ 处 .}\qquad(3.1.11b)$$

取平均半径 a、壁面电势 ζ 和速度 U_{EO} 分别代表特征长度，特征电势和特征速度 . 此时，可以将有量纲的控制方程和边界条件转化为无量纲的形式 . 无量纲的电势 φ（r，θ）和速度 w（r，θ）所满足的方程为

$$\frac{1}{r}\frac{\partial}{\partial r}\left(r\frac{\partial\varphi}{\partial r}\right)+\frac{1}{r^2}\frac{\partial^2\varphi}{\partial\theta^2}=K^2\varphi\text{，}\qquad(3.1.12)$$

$$\frac{1}{r}\frac{\partial}{\partial r}\left(r\frac{\partial w}{\partial r}\right)+\frac{1}{r^2}\frac{\partial^2 w}{\partial\theta^2}=-G-K^2\varphi\text{ .}\qquad(3.1.13)$$

无量纲的边界条件为

$$\varphi(r,\theta)=1,w(r,\theta)=0\text{，在 } r=1+\delta\sin(\lambda\theta)\text{ 处，}\qquad(3.1.14a，b)$$

$$\frac{\partial\varphi(r,\theta)}{\partial r}=0,\frac{\partial w(r,\theta)}{\partial r}=0\text{，在 } r=0\text{ 处，}\qquad(3.1.14c，d)$$

式中，$K=\kappa a$ 称为无量纲的电动宽度，它表征通道平均半径 a 与 Debye 长度（$1/\kappa$，EDL 厚度）的比值 . $U_{EO}=-\varepsilon\zeta E_0/\mu$ 表示牛顿流体的定常 Helmholtz–Smoluchowski 电渗速度，$G=-a^2/$（μU_{EO}）$\partial P/\partial z^*$ 表示施加在通

道轴向的无量纲压力梯度 .

在没有粗糙度的情况下，电势 φ 和速度 w 仅仅是 r 的函数 . 然而，壁面粗糙度的存在引起 θ 方向的函数变化 . 在下面的分析中，假定 $\delta<<1$ 并按 δ 的幂次展开为如下

$$R(r,\theta)=R_0(r)+\delta R_1(r,\theta)+\delta^2 R_2(r,\theta)+\cdots, \qquad (3.1.15)$$

式中，$R(r,\theta)$ 可以表示电势 $\varphi(r,\theta)$ 或流体流动速度 $w(r,\theta)$. 粗糙壁面 $r=r_o$ 在光滑壁面 $r=1$ 处函数 $R(r,\theta)$ 的泰勒展开式为

$$\begin{aligned} R(1+\delta\sin(\lambda\theta),\theta) &= R(1,\theta)+\delta\sin(\lambda\theta)R_r(1,\theta)+\frac{\delta^2\sin^2(\lambda\theta)}{2}R_{rr}(1,\theta)+\cdots \\ &= R_0(1)+\delta[\sin(\lambda\theta)R_0'(1)+R_1(1,\theta)]+\delta^2\left[\frac{\sin^2(\lambda\theta)}{2}R_0''(1)+\right. \\ &\left.\sin(\lambda\theta)R_{1r}(1,\theta)+R_2(1,\theta)\right]+\cdots. \end{aligned} \qquad (3.1.16)$$

将方程（3.1.15）代入方程（3.1.12）和（3.1.13）中，得到关于 δ 的幂次所满足的微分方程

$$\delta^0:\quad \frac{1}{r}\frac{\mathrm{d}}{\mathrm{d}r}\left(r\frac{\mathrm{d}\varphi_0}{\mathrm{d}r}\right)=K^2\varphi_0, \qquad (3.1.17\text{a})$$

$$\frac{1}{r}\frac{\mathrm{d}}{\mathrm{d}r}\left(r\frac{\mathrm{d}w_0}{\mathrm{d}r}\right)=-G-K^2\varphi_0, \qquad (3.1.17\text{b})$$

$$\delta^1:\quad \frac{1}{r}\frac{\partial}{\partial r}\left(r\frac{\partial\varphi_1}{\partial r}\right)+\frac{1}{r^2}\frac{\partial^2\varphi_1}{\partial\theta^2}=K^2\varphi_1, \qquad (3.1.18\text{a})$$

$$\frac{1}{r}\frac{\partial}{\partial r}\left(r\frac{\partial w_1}{\partial r}\right)+\frac{1}{r^2}\frac{\partial^2 w_1}{\partial\theta^2}=-K^2\varphi_1, \qquad (3.1.18\text{b})$$

$$\delta^2:\quad \frac{1}{r}\frac{\partial}{\partial r}\left(r\frac{\partial\varphi_2}{\partial r}\right)+\frac{1}{r^2}\frac{\partial^2\varphi_2}{\partial\theta^2}=K^2\varphi_2, \qquad (3.1.19\text{a})$$

$$\frac{1}{r}\frac{\partial}{\partial r}\left(r\frac{\partial w_2}{\partial r}\right)+\frac{1}{r^2}\frac{\partial^2 w_2}{\partial\theta^2}=-K^2\varphi_2\ . \qquad (3.1.19\text{b})$$

对应的边界条件（3.1.14）变为

$$\delta^0:\quad \varphi_0(1)=1, \qquad (3.1.20\text{a})$$

$$\frac{\mathrm{d}\varphi_0}{\mathrm{d}r}\Big|_{r=0}=0, \qquad (3.1.20\text{b})$$

$$w_0(1)=0\ ,\tag{3.1.20c}$$

$$\frac{\mathrm{d}w_0}{\mathrm{d}r}|_{r=0}=0\ ,\tag{3.1.20d}$$

$$\delta^1:\ \varphi_1(1,\theta)=-\sin(\lambda\theta)\varphi_0'(1)\ ,\tag{3.1.21a}$$

$$\frac{\partial\varphi_1}{\partial r}|_{r=0}=0\ ,\tag{3.1.21b}$$

$$w_1(1,\theta)=-\sin(\lambda\theta)w_0'(1)\ ,\tag{3.1.21c}$$

$$\frac{\partial w_1}{\partial r}|_{r=0}=0\ ,\tag{3.1.21d}$$

$$\delta^2:\ \varphi_2(1,\theta)=-\frac{\sin^2(\lambda\theta)}{2}\varphi_0''(1)-\sin(\lambda\theta)\frac{\partial\varphi_1}{\partial r}|_{r=1}\ ,\tag{3.1.22a}$$

$$\frac{\partial\varphi_2}{\partial r}|_{r=0}=0\ ,\tag{3.1.22b}$$

$$w_2(1,\theta)=-\frac{\sin^2(\lambda\theta)}{2}w_0''(1)-\sin(\lambda\theta)\frac{\partial w_1}{\partial r}|_{r=1}\ ,\tag{3.1.22c}$$

$$\frac{\partial w_2}{\partial r}|_{r=0}=0\ .\tag{3.1.22d}$$

由方程（3.1.17）和（3.1.20），计算可得

$$\varphi_0=\frac{I_0(Kr)}{I_0(K)}\ ,\tag{3.1.23a}$$

$$w_0=\frac{G}{4}\left(1-r^2\right)+1-\frac{I_0(Kr)}{I_0(K)}\ ,\tag{3.1.23b}$$

接合式（3.1.23）和（3.1.21），方程（3.1.18）计算可得

$$\varphi_1(r,\theta)=-\frac{KI_1(K)}{I_0(K)}\frac{I_\lambda(Kr)}{I_\lambda(K)}\sin(\lambda\theta),\tag{3.1.24a}$$

$$w_1(r,\theta)=\left\{\frac{G}{2}r^\lambda+\frac{KI_1(K)}{I_0(K)}\frac{I_\lambda(Kr)}{I_\lambda(K)}\right\}\sin(\lambda\theta)\ ,\tag{3.1.24b}$$

将方程（3.1.23）和（3.1.24）代入方程（3.1.22）中，整理得到

$$\varphi_2(1,\theta)=\frac{1-\cos2\lambda\theta}{2}\left\{\frac{KI_1(K)\left[KI_{\lambda-1}(K)-\lambda I_\lambda(K)\right]}{I_0(K)I_\lambda(K)}-\frac{K^2I_0(K)-KI_1(K)}{2I_0(K)}\right\},\tag{3.1.25a}$$

$$w_2(1,\theta)=\frac{1-\cos 2\lambda\theta}{2}\left\{\frac{G\lambda}{2}+\frac{KI_1(K)\left[KI_{\lambda-1}(K)-\lambda I_\lambda(K)\right]}{I_0(K)I_\lambda(K)}+\frac{1}{2}\left[\frac{G}{2}+K^2-K\frac{I_1(K)}{I_0(K)}\right]\right\}, \tag{3.1.25b}$$

$$\frac{\partial\varphi_2}{\partial r}\Big|_{r=0}=0\ , \tag{3.1.25c}$$

$$\frac{\partial w_2}{\partial r}\Big|_{r=0}=0\ . \tag{3.1.25d}$$

根据边界条件（3.1.25），电解质溶液的电势 φ_2（r，θ）和速度 w_2（r，θ）可以表示为

$$\varphi_2(r,\theta)=g(r)-h(r)\cos(2\lambda\theta)\ , \tag{3.1.26a}$$

$$w_2(r,\theta)=F(r)-H(r)\cos(2\lambda\theta)\ , \tag{3.1.26b}$$

将式（3.1.26）代入方程（3.1.19）计算，并用（3.1.25）式整理可得

$$g(r)=g(1)\frac{I_0(Kr)}{I_0(K)}\ , \tag{3.1.27a}$$

$$h(r)=g(1)\frac{I_{2\lambda}(Kr)}{I_{2\lambda}(K)}\ , \tag{3.1.27b}$$

$$F(r)=g(1)\left[1-\frac{I_0(Kr)}{I_0(K)}\right]+F(1)\ , \tag{3.1.27c}$$

$$H(r)=\left[g(1)+F(1)\right]r^{2\lambda}-g(1)\frac{I_{2\lambda}(Kr)}{I_{2\lambda}(K)}\ , \tag{3.1.27d}$$

其中

$$g(1)=\frac{1}{2}\left\{\frac{KI_1(K)\left[KI_{\lambda-1}(K)-\lambda I_\lambda(K)\right]}{I_0(K)I_\lambda(K)}-\frac{K^2I_0(K)-KI_1(K)}{2I_0(K)}\right\}, \tag{3.1.28a}$$

$$F(1)=\frac{1}{2}\left\{\frac{1}{2}\left[\frac{G}{2}+K^2-K\frac{I_1(K)}{I_0(K)}\right]-\frac{G\lambda}{2}-\frac{KI_1(K)\left[KI_{\lambda-1}(K)-\lambda I_\lambda(K)\right]}{I_0(K)I_\lambda(K)}\right\}. \tag{3.1.28b}$$

3.1.2　平均速度

通过微通道单位宽度的流率在壁面粗糙度的一个波长上平均，可推导

出平均速度

$$\begin{aligned}\bar{u} &= \frac{\lambda}{2\pi}\int_0^{\frac{2\pi}{\lambda}} \mathrm{d}\theta \int_0^{1+\delta\sin(\lambda\theta)} w(r,\theta) r \mathrm{d}r \\ &= \frac{\lambda}{2\pi}\int_0^{\frac{2\pi}{\lambda}} \left[\int_0^1 w(r,\theta) r\mathrm{d}r + \int_1^{1+\delta\sin(\lambda\theta)} w(r,\theta) r\mathrm{d}r\right]\mathrm{d}\theta \\ &= u_{0\mathrm{M}} + \delta^2 u_{2\mathrm{M}} + o(\delta^2),\end{aligned} \tag{3.1.29}$$

其中

$$u_{0\mathrm{M}} = \frac{G+8}{16} - \frac{I_1(K)}{KI_0(K)}, \tag{3.1.30a}$$

$$u_{2\mathrm{M}} = \frac{1}{2}\left[g(1)+F(1)\right] - \frac{g(1)}{K}\frac{I_1(K)}{I_0(K)} - \frac{1}{4}\left[\frac{G}{2} + \frac{KI_1(K)}{I_0(K)}\right]. \tag{3.1.30b}$$

3.1.3 结果与讨论

在上节中，解析求解了具有正弦粗糙度的圆形微通道中的 EOF. 结果主要受无量纲电动宽度 K、波纹振幅与通道的平均半径的比值 δ、通道壁面波数 λ 以及无量纲压力梯度 G 影响 .

在本节中，使用 MATLAB 程序实现了所有的计算结果 . 图 3.1.2 显示了在不同的 δ 对应的无量纲电势的分布情况 . 图 3.1.2（a）显示了光滑通道情况下（即 $\delta = 0$）电势的分布 . 从图 3.1.2 可以观察到，特别是在壁面附近，随着波纹的增加，电势的波动变得越来越显著 . 此外，从图中还可以看出，在壁面附近的 EDL 层内 zeta 电势高，而远离 EDL 的狭窄区域后电势急速下降 .

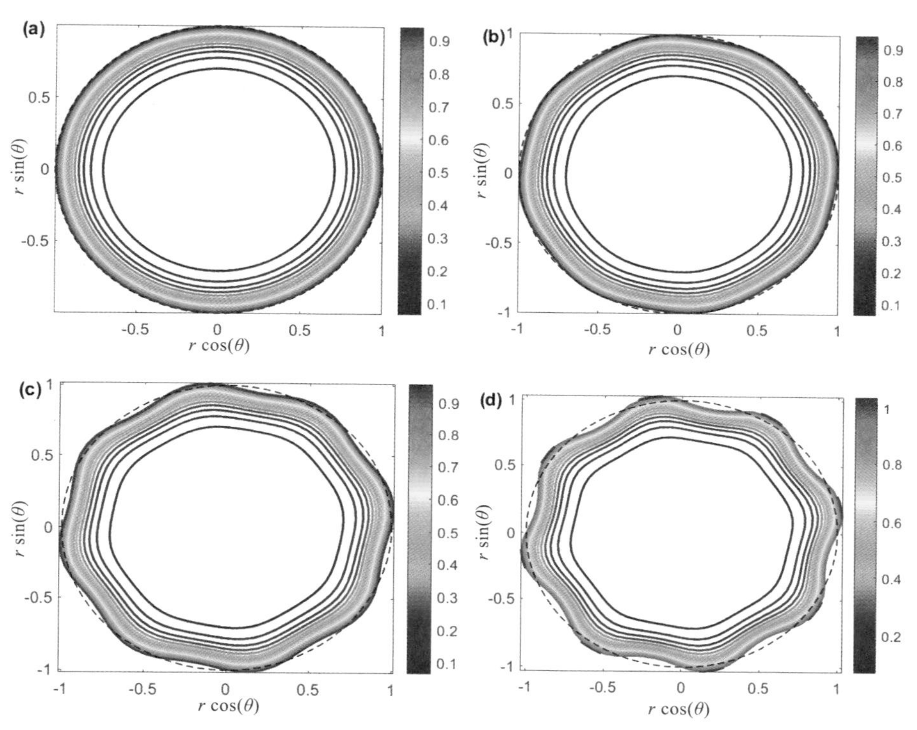

图 3.1.2　不同 δ 对应的电势等高线分布图（$K = 10$，$\lambda = 8$）

注：（a）$\delta = 0$；（b）$\delta = 0.01$；（c）$\delta = 0.03$；（d）$\delta = 0.05$.

图 3.1.3 和 3.1.4 展示了在不同的 δ 下，牛顿流体的三维 EOF 速度及等高线分布图 . 从图 3.1.3 中可以观察到当 $G = 0$ 时，速度分布与纯 EOF（pure EOF）保持一致 . 图 3.1.4 分析了当 $G > 0$ 时，顺压力梯度（favourable pressure gradient）对 EOF 起促进作用，当 $G < 0$ 时，逆压力梯度（adverse pressure gradient）对 EOF 起阻碍作用 . 图 3.1.3（a）和图 3.1.4（a），（c）分别展示了在 $\delta = 0$ 下通过光滑微通道的速度分布情况 . 从图 3.1.3 和图 3.1.4 中可以看出，当壁面处粗糙度较大时（$\delta = 0.05$），可以引起速度分布的显著变化 . 从图 3.1.4（c）可以发现在微通道的中心，大的逆压力梯度（$G = -5$）导致回流（back flow），但在狭窄的 EDL 处速度值仍远远大于 0. 这是因为在通道的中心，EO 驱动力比狭窄的 EDL 内 EO 驱动力小得多，因此在通道的中心流动变化明显 . 另外，顺压力梯度可以扩大流体的速度，

如图 3.1.4（a）-（b）所示.

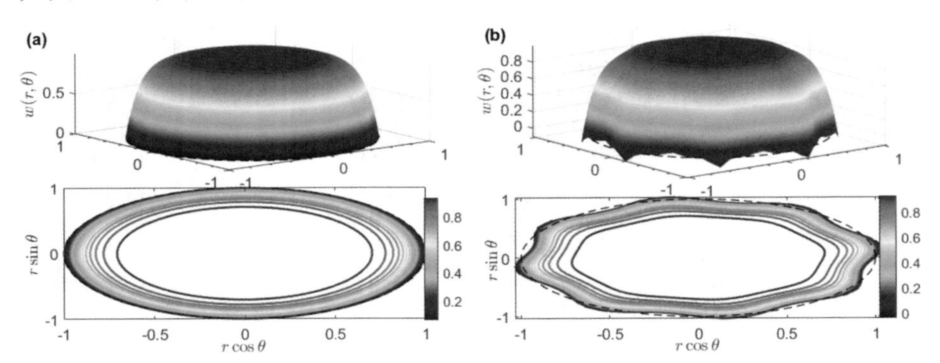

图 3.1.3　不同 δ 对应的三维 EOF 速度及等高线分布图（$K=10$，$\lambda=8$，$G=0$）

注：（a）$\delta=0$；（b）$\delta=0.05$.

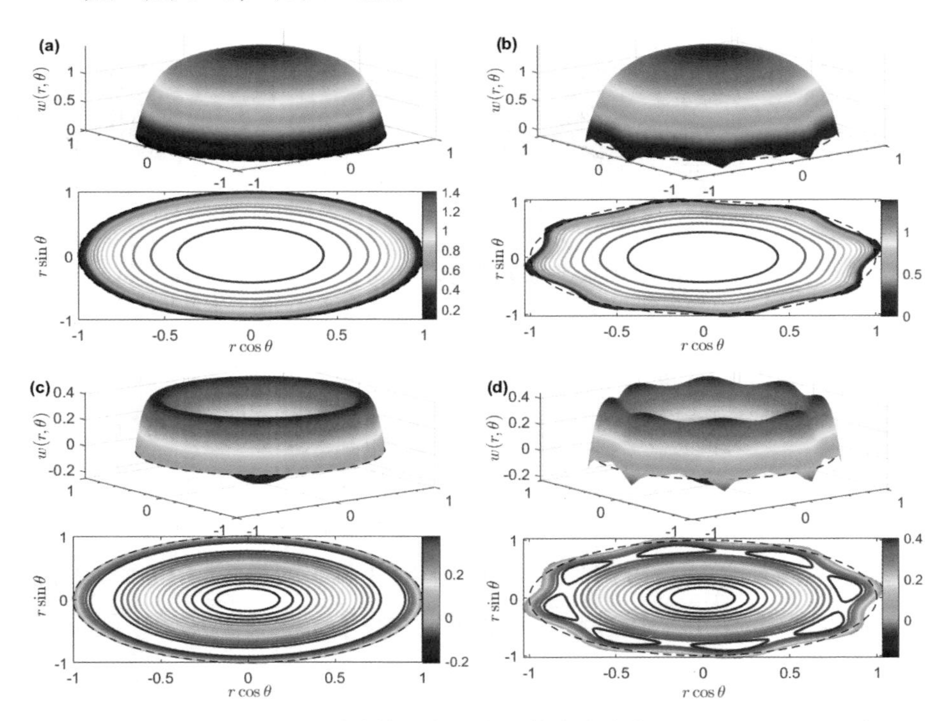

图 3.1.4　不同 δ 和 G 对应的三维速度及等高线分布图（$K=10$，$\lambda=8$）

注：（a）$G=2$，$\delta=0$；（b）$G=2$，$\delta=0.05$；（c）$G=-5$，$\delta=0$；（d）$G=-5$，$\delta=0.05$.

根据式（3.1.29），$u_{2M}>0$ 或 $u_{2M}<0$ 分别表示具有正弦粗糙度的微通

道中的平均速度相对于光滑微通道的平均速度增加或减少 . 图 3.1.5 展示了在不同的 G 和 K 下，平均速度的增量（粗糙度函数）u_{2M} 随粗糙壁面波数 λ 的变化 . 由于 u_{2M} 总是小于零，所以粗糙微通道中的平均速度 $\bar{u}$ 总是远远小于光滑微通道的平均速度 u_{0M}. 这是因为粗糙微通道的壁面面积比光滑通道的壁面面积大得多，粗糙微通道相对于光滑微通道有较大的流动阻力 . 从图 3.1.5 中可以观察到，对于纯 EOF（$G=0$）和顺压力梯度 EOF（$G>0$）下，壁面波纹对平均流速的流动阻碍作用随着波数 λ 的增加而增大 . 然而，对于逆压力梯度的 EOF（$G<0$），壁面波纹对平均流速的流动阻碍作用先减小，然后随着波数 λ 的增加而增加 .

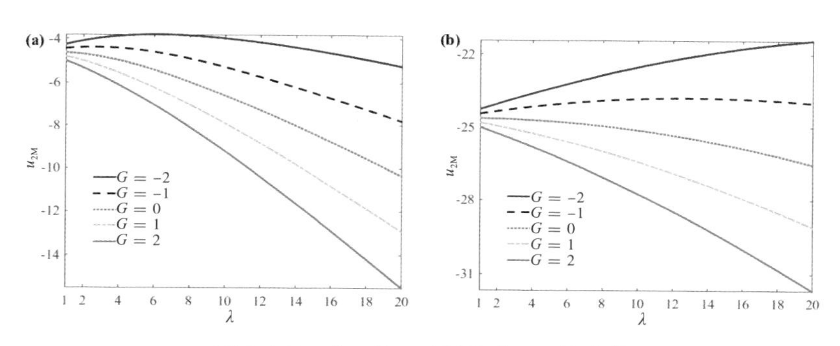

图 3.1.5　在 λ 和 G 不同时 u_{2M} 的变化

注：（a）$K=10$；（b）$K=50$.

图 3.1.6 进一步展示了 G 和 K 对 u_{2M} 和 $\bar{u}$ 的影响 . 根据方程（3.1.29），当 u_{2M} 为正时，体积流量（平均速度）增加；当 u_{2M} 为负时，体积流量（平均速度）减少 . 特别地，如果 δ 很小，平均速度的增量为 $\delta^2 u_{2M}$，因此非常小 . 这些图形表明 u_{2M} 随 K 的增加而减少 . 顺压力梯度（$G>0$）的 EOF 比其他两种情形影响更为明显 . 然而，值得注意的是，对于固定的波数 λ，尽管平均速度的增量（粗糙度函数）u_{2M} 随 G 的增加而减少，但平均速度随 G 的增加而增大，其原因是平均速度的增量 u_{2M} 为 $o(\delta^2)$，因此平均速度（体积流量）$\bar{u}$ 的影响很小 .

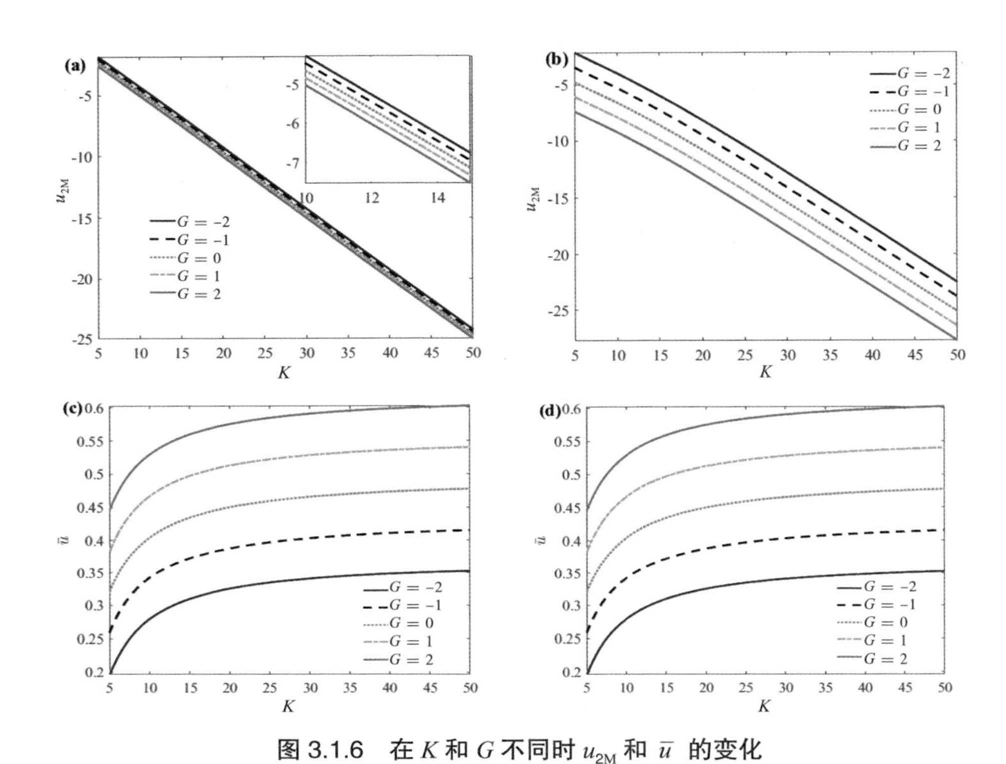

图 3.1.6　在 K 和 G 不同时 u_{2M} 和 $\bar{u}$ 的变化

注：（a）$\lambda=1$；（b）$\lambda=10$；（c）$\delta=0.01$，$\lambda=1$；（d）$\delta=0.01$，$\lambda=10$.

3.1.4　本节小结

本节研究了圆形微通道内黏性不可压的电解质牛顿流体的 EOF，其中通道的壁面呈粗糙度．我们采用摄动展开法得到了牛顿流体 EOF 速度的解析近似表达式．研究结果表明，微通道壁面粗糙度对牛顿流体流率的影响主要受到粗糙壁面振幅 δ，粗糙壁面波数 λ，无量纲电动宽度 K 和无量纲压力梯度 G 这四个因素的影响．在粗糙微通道中，电势和流速分布依赖于通道的粗糙状况．当无量纲粗糙壁面振幅 δ 趋于 0 时，流体的流动趋向于在光滑微通道中的 EOF. 由于粗糙微通道对流体流动的阻碍作用，粗糙微通道中的平均速度 $\bar{u}$ 通常小于光滑微通道中的平均速度 u_{0M}. 对于纯 EO（$G=0$）驱动和顺压力梯度（$G>0$）驱动的 EOF，壁面粗糙度对流速的阻碍随着 λ 的增大而增加．然而，对于逆压力梯度（$G<0$）驱动的 EOF，壁面粗糙度对流速的阻碍随着 λ 的增大先减小后增大．此外，随着 K 的增大，波纹壁面对流速的阻碍也增大．

3.2　具有正弦粗糙度的环形微通道中电渗流动

3.2.1　数学模型和近似解

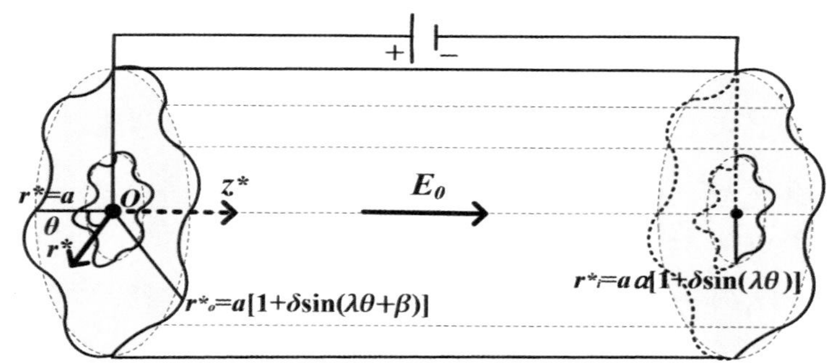

图 3.2.1　具有正弦粗糙度的环形微通道中 EOF 的物理模型示意图

如图 3.2.1 所示，在正弦形粗糙微通道中考虑不可压缩、黏性导电牛顿流体的定常 EOF. 微通道的平均外半径为 a，平均内半径为 $a\alpha$，α 是内外平均半径之比．选择柱坐标系（r^*，θ，z^*）且 z^* 方向为流体的流动方向．内波纹壁面和外波纹壁面分别表示为

$$r_{\mathrm{i}}^* = \alpha a\left[1+\delta\sin\left(\lambda\theta\right)\right] \text{和} r_{\mathrm{o}}^* = a\left[1+\delta\sin\left(\lambda\theta+\beta\right)\right], \tag{3.2.1}$$

其中，δ 是波纹振幅与通道的平均外半径之比，λ 是波数，β 是相位差．根据 EDL 理论，电势 Ψ（r^*，θ）和净电荷密度 ρ_{E}^*（r^*，θ）的关系可以由方程（3.1.2）和（3.1.3）描述．同理，考虑 Debye–Hückel 线性化．根据方程（3.1.2）和（3.1.3），得到线性化的 P–B 方程（3.1.4）．相应的边界条件为

$$\Psi(r^*,\theta)=\zeta_{\mathrm{o}}，\text{在 } r^*=r_{\mathrm{o}}^* \text{ 处}, \tag{3.2.2a}$$

$$\Psi(r^*,\theta)=\zeta_{\mathrm{i}}，\text{在 } r^*=r_{\mathrm{i}}^* \text{ 处}, \tag{3.2.2b}$$

这里假设内壁面和外壁面处的 zeta 电势 ζ_{i} 和 ζ_{o} 是常数[119].

牛顿流体的连续性方程和动量方程用方程（3.1.6）和（3.1.7）来描述．同理，假定流动是定常的，且只沿 z^* 方向流动（流动速度 $\boldsymbol{U}=(0,0,W)$）．此时，控制方程用方程组（3.1.8）–（3.1.10）来描述．对应的通道外壁面和内壁面的无滑移边界条件为

$$W(r^*,\theta)=0, \text{在 } r^*=r_{\mathrm{o}}^* \text{ 和 } r^*=r_{\mathrm{i}}^* \text{ 处}. \tag{3.2.3a, b}$$

引入一组无量纲化参数：

$$r=\frac{r^*}{a}, K=\kappa a, \zeta=\frac{\zeta_{\mathrm{i}}}{\zeta_{\mathrm{o}}}, \varphi(r,\theta)=\frac{\Psi(r^*,\theta)}{\zeta_{\mathrm{o}}}, w(r,\theta)=\frac{W(r^*,\theta)}{U_{\mathrm{EO}}}, U_{\mathrm{EO}}=-\frac{\varepsilon\zeta_{\mathrm{o}}E_0}{\mu}. \tag{3.2.4}$$

将等式（3.2.4）代入控制方程（3.1.4）和（3.1.10）以及相应的边界条件（3.2.2）和（3.2.3），得到无量纲电势 $\varphi(r,\theta)$ 和速度 $w(r,\theta)$ 所满足的方程（3.1.12）和（3.1.13）．

对应的边界条件为

$$\varphi(r,\theta)=1, w(r,\theta)=0, \text{ 在 } r=1+\delta\sin(\lambda\theta+\beta) \text{ 处}, \tag{3.2.5a, b}$$

$$\varphi(r,\theta)=\zeta, w(r,\theta)=0, \text{ 在 } r=\alpha+\alpha\delta\sin(\lambda\theta) \text{ 处}. \tag{3.2.5c, d}$$

与 3.1 节相同，假设 $\delta<<1$ 并将电势 $\varphi(r,\theta)$ 和速度 $w(r,\theta)$ 按 δ 的幂次展开为式（3.1.15）形式．在壁面 $r=1$ 和 $r=\alpha$ 处函数 R 的泰勒展开式为

$$\begin{aligned} R(1+\delta\sin(\lambda\theta+\beta),\theta) &= R(1,\theta)+\delta\sin(\lambda\theta+\beta)R_r(1,\theta)+\frac{\delta^2\sin^2(\lambda\theta+\beta)}{2}R_{rr}(1,\theta)+\cdots \\ &= R_0(1)+\delta[\sin(\lambda\theta+\beta)R_0'(1)+R_1(1,\theta)]+\delta^2\left[\frac{\sin^2(\lambda\theta+\beta)}{2}R_0''(1)+\right. \\ &\qquad \left.\sin(\lambda\theta+\beta)R_{1r}(1,\theta)+R_2(1,\theta)\right]+\cdots, \end{aligned} \tag{3.2.6a}$$

$$\begin{aligned} R(\alpha+\alpha\delta\sin(\lambda\theta),\theta) &= R(\alpha,\theta)+\alpha\delta\sin(\lambda\theta)R_r(\alpha,\theta)+\frac{\delta^2\alpha^2\sin^2(\lambda\theta)}{2}R_{rr}(\alpha,\theta)+\cdots \\ &= R_0(\alpha)+\delta[\alpha\sin(\lambda\theta)R_0'(\alpha)+R_1(\alpha,\theta)]+\delta^2\left[\frac{\alpha^2\sin^2\lambda\theta}{2}R_0''(\alpha)+\right. \\ &\qquad \left.\alpha\sin(\lambda\theta)R_{1r}(\alpha,\theta)+R_2(\alpha,\theta)\right]+\cdots. \end{aligned} \tag{3.2.6b}$$

将方程（3.1.15）代入方程（3.1.12）和（3.1.13）中，得到关于 δ 的幂次所满足的微分方程（3.1.17）–（3.1.19）. 对应的边界条件（3.2.5）使用 $r=1$ 和 $r=\alpha$ 处函数 R 的泰勒展开式（3.2.6），可得到如下边界条件

$$\delta^0:\ \varphi_0(1)=1, \tag{3.2.7a}$$

$$\varphi_0(\alpha)=\zeta, \tag{3.2.7b}$$

$$w_0(1)=0, \tag{3.2.7c}$$

$$w_0(\alpha)=0, \tag{3.2.7d}$$

$$\delta^1:\ \varphi_1(1,\theta)=-\sin(\lambda\theta+\beta)\varphi_0'(1), \tag{3.2.8a}$$

$$\varphi_1(\alpha,\theta)=-\alpha\sin(\lambda\theta)\varphi_0'(\alpha), \tag{3.2.8b}$$

$$w_1(1,\theta)=-\sin(\lambda\theta+\beta)w_0'(1), \tag{3.2.8c}$$

$$w_1(\alpha,\theta)=-\alpha\sin(\lambda\theta)w_0'(\alpha), \tag{3.2.8d}$$

$$\delta^2:\ \varphi_2(1,\theta)=-\frac{\sin^2(\lambda\theta+\beta)}{2}\varphi_0''(1)-\sin(\lambda\theta+\beta)\frac{\partial\varphi_1}{\partial r}\Big|_{r=1}, \tag{3.2.9a}$$

$$\varphi_2(\alpha,\theta)=-\frac{\alpha^2\sin^2(\lambda\theta)}{2}\varphi_0''(\alpha)-\alpha\sin(\lambda\theta)\frac{\partial\varphi_1}{\partial r}\Big|_{r=\alpha}, \tag{3.2.9b}$$

$$w_2(1,\theta)=-\frac{\sin^2(\lambda\theta+\beta)}{2}w_0''(1)-\sin(\lambda\theta+\beta)\frac{\partial w_1}{\partial r}\Big|_{r=1}, \tag{3.2.9c}$$

$$w_2(\alpha,\theta)=-\frac{\alpha^2\sin^2(\lambda\theta)}{2}w_0''(\alpha)-\alpha\sin(\lambda\theta)\frac{\partial w_1}{\partial r}\Big|_{r=\alpha}. \tag{3.2.9d}$$

由方程（3.1.17）和（3.2.7），计算可得

$$\varphi_0(r)=A_0I_0(Kr)+B_0K_0(Kr), \tag{3.2.10a}$$

$$w_0(r)=-\frac{Gr^2}{4}+C_0\ln r+D_0-A_0I_0(Kr)-B_0K_0(Kr), \tag{3.2.10b}$$

式（3.2.7）代入（3.2.10），可求得常数 A_0，B_0，C_0，D_0，详细见附录 F.3.1.1.

根据边界条件（3.2.8），方程（3.1.18）解的形式可以表示为如下，令

$$\varphi_1(r,\theta)=f_1(r)\sin(\lambda\theta)+g_1(r)\cos(\lambda\theta), \tag{3.2.11a}$$

$$w_1(r,\theta)=F_1(r)\sin(\lambda\theta)+G_1(r)\cos(\lambda\theta). \tag{3.2.11b}$$

方程（3.2.11）代入方程（3.1.18），在符合边界条件（3.2.8）的情况下，

计算可得

$$f_1(r) = A_1 I_\lambda(Kr) + B_1 K_\lambda(Kr), \tag{3.2.12a}$$

$$g_1(r) = A_2 I_\lambda(Kr) + B_2 K_\lambda(Kr), \tag{3.2.12b}$$

$$F_1(r) = C_1 r^\lambda + D_1 r^{-\lambda} - A_1 I_\lambda(Kr) - B_1 K_\lambda(Kr), \tag{3.2.12c}$$

$$G_1(r) = C_2 r^\lambda + D_2 r^{-\lambda} - A_2 I_\lambda(Kr) - B_2 K_\lambda(Kr), \tag{3.2.12d}$$

待定常数 A_j，B_j，C_j，D_j（$j=1$，2），详细见附录 F.3.1.2.

根据边界条件（3.2.9），方程（3.1.19）解的形式可以表示为如下，令

$$\varphi_2(r,\theta) = h(r) + f_2(r)\sin(2\lambda\theta) + g_2(r)\cos(2\lambda\theta), \tag{3.2.13a}$$

$$w_2(r,\theta) = H(r) + F_2(r)\sin(2\lambda\theta) + G_2(r)\cos(2\lambda\theta) . \tag{3.2.13b}$$

方程（3.2.13）代入方程（3.1.19）在符合边界条件（3.2.9）的情况下，计算可得

$$h(r) = A_3 I_0(Kr) + B_3 K_0(Kr), \tag{3.2.14a}$$

$$f_2(r) = A_4 I_{2\lambda}(Kr) + B_4 K_{2\lambda}(Kr), \tag{3.2.14b}$$

$$g_2(r) = A_5 I_{2\lambda}(Kr) + B_5 K_{2\lambda}(Kr), \tag{3.2.14c}$$

$$H(r) = C_3 \ln r + D_3 - A_3 I_0(Kr) - B_3 K_0(Kr), \tag{3.2.14d}$$

$$F_2(r) = C_4 r^{2\lambda} + D_4 r^{-2\lambda} - A_4 I_{2\lambda}(Kr) - B_4 K_{2\lambda}(Kr), \tag{3.2.14e}$$

$$G_2(r) = C_5 r^{2\lambda} + D_5 r^{-2\lambda} - A_5 I_{2\lambda}(Kr) - B_5 K_{2\lambda}(Kr), \tag{3.2.14f}$$

待定常数 A_j，B_j，C_j，D_j（$j=3$，4，5），详细见附录 F.3.1.3.

3.2.2 平均速度

通过微通道单位宽度的流率在壁面粗糙度的一个波长上平均，可推导出平均速度

$$\bar{u} = \frac{\lambda}{2\pi(1-\alpha)} \int_0^{\frac{2\pi}{\lambda}} \mathrm{d}\theta \int_{\alpha+\alpha\delta\sin(\lambda\theta)}^{1+\delta\sin(\lambda\theta+\beta)} w(r,\theta) r \mathrm{d}r$$

$$= \frac{\lambda}{2\pi(1-\alpha)} \int_0^{\frac{2\pi}{\lambda}} \left\{ \int_\alpha^1 w(r,\theta) r\mathrm{d}r + \int_1^{1+\delta\sin(\lambda\theta+\beta)} w(r,\theta) r\mathrm{d}r + \int_{\alpha+\alpha\delta\sin(\lambda\theta)}^{\alpha} w(r,\theta) r\mathrm{d}r \right\} \mathrm{d}\theta$$

$$= u_{0\mathrm{M}} + \delta^2 u_{2\mathrm{M}} + o(\delta^2), \tag{3.2.15}$$

其中

$$u_{0M}=\frac{1}{2(1-\alpha)}\left\{\frac{G\left(\alpha^4-1\right)}{8}+(1-\alpha^2)\left(D_0-\frac{C_0}{2}\right)-\alpha^2C_0\ln\alpha-\frac{2A_0}{K}\left[I_1\left(K\right)-\alpha I_1\left(K\alpha\right)\right]+\right.$$

$$\left.\frac{2B_0}{K}\left[K_1\left(K\right)-\alpha K_1\left(K\alpha\right)\right]\right\},\tag{3.2.16a}$$

$$u_{2M}=\frac{1}{2(1-\alpha)}\left\{(1-\alpha^2)\left(D_3-\frac{C_3}{2}\right)-\frac{2A_3}{K}\left[I_1\left(K\right)-\alpha I_1\left(K\alpha\right)\right]+\frac{2B_3}{K}\left[K_1\left(K\right)-\alpha K_1\left(K\alpha\right)\right]-\right.$$

$$\left.\alpha^2C_3\ln\alpha+F_1\left(1\right)\cos\beta+G_1\left(1\right)\sin\beta+\frac{1}{2}w_0'\left(1\right)-\alpha^2F_1\left(\alpha\right)-\frac{\alpha^3}{2}w_0'\left(\alpha\right)\right\}.\tag{3.2.16b}$$

3.2.3　结果与讨论

在上一节中，我们解析求解了具有正弦粗糙度的环形微通道中 EOF. 结果主要受无量纲电动宽度 K、平均内半径与平均外半径之比 α、内壁面与外壁面 zeta 电势之比 ζ、内外圆柱壁面粗糙度相位差 β、波纹振幅与通道的平均外半径的比值 δ、通道壁面波数 λ 以及无量纲压力梯度 G 影响 . 在下面的计算中，典型参数 α 和 δ 分别被限制为 $0<\alpha<1$，$0<\delta\leqslant 0.1$. 微圆环的特征尺度指定为 $a=100\mu m$，流体的运动学黏度 $\nu=10^{-6}/s^2$.

在本节中，所有的计算结果均通过使用 MATLAB 程序实现 . 图 3.2.2 展示了在不同的 δ 和相位差 β 下，无量纲三维 EOF 速度和等高线速度分布情况，其中 $G=0$，$K=10$，$\lambda=8$，$\delta=0.05$，$\zeta=1$，$\alpha=0.5$. 图 3.2.2（a）表示了在光滑通道情况下（即 δ=0）的速度分布，从图中可以清晰地观察到经典的塞形（plug-like）速度剖面 . 而在图 3.2.2（b）–（d）中，可以明显看到速度分布受到内外圆柱壁面粗糙度相位差 β 的显著影响 . 此外，图中还可以看出壁面附近 EDL 层内速度变化较快，这是由于 EDL 狭窄的层内电渗力较大导致的 .

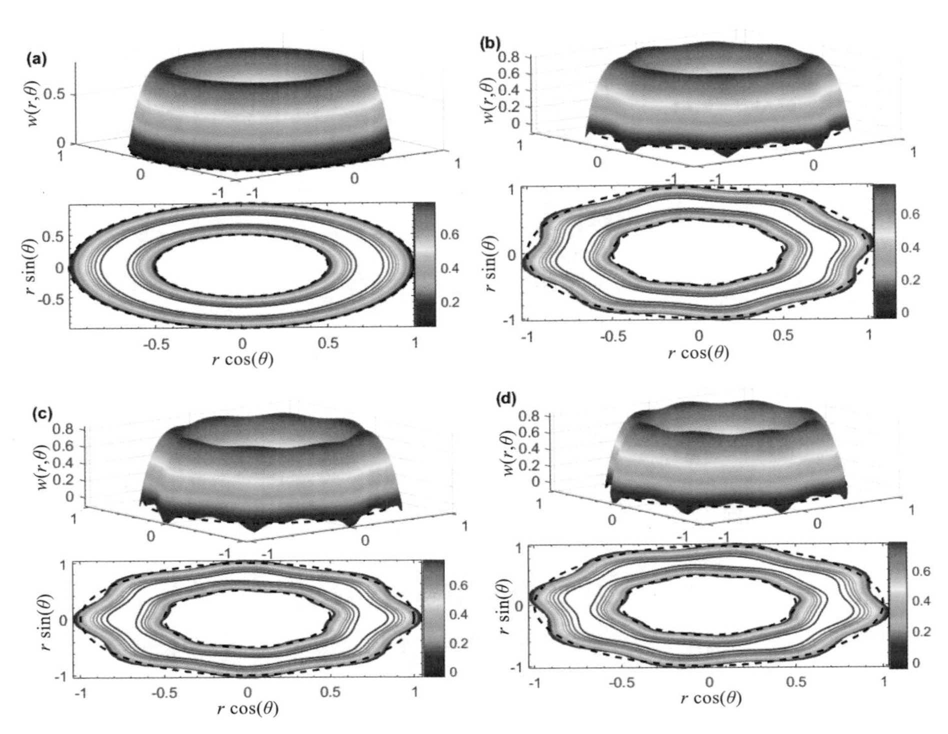

图 3.2.2　不同 β 对应的三维 EOF 速度及等高线分布图

（$G=0$，$K=10$，$\lambda=8$，$\delta=0.05$，$\zeta=1$，$\alpha=0.5$）

注：（a）光滑微通道内的 EOF 速度分布；（b）$\beta=0$；（c）$\beta=\pi/2$；（d）$\beta=\pi$.

在图 3.2.3 中，针对不同的无量纲压力梯度 G 以及与波纹有关的参数 δ，绘制了环形微通道中的三维 EOF 速度和等高线速度分布图，其中 $K=10$，$\lambda=8$，$\zeta=1$，$\alpha=0.5$，$\beta=\pi$. 通过对比图 3.2.3（a）与图 3.2.3（b），以及图 3.2.3（c）与图 3.2.3（d），我们很容易看出在微通道中，壁面粗糙度引起了明显的速度波动 . 特别是，微通道中间层的流体离壁面较远，但同样受到壁面粗糙度的扰动而引起波动 . 此外，对于 $G>0$（见图 3.2.3（a）–（b））或 $G<0$（见图 3.2.3（c）–（d））时，压力梯度对电渗流动分别起促进作用或阻碍作用，这是因为相对于 EOF，压力变为推力或阻力 .

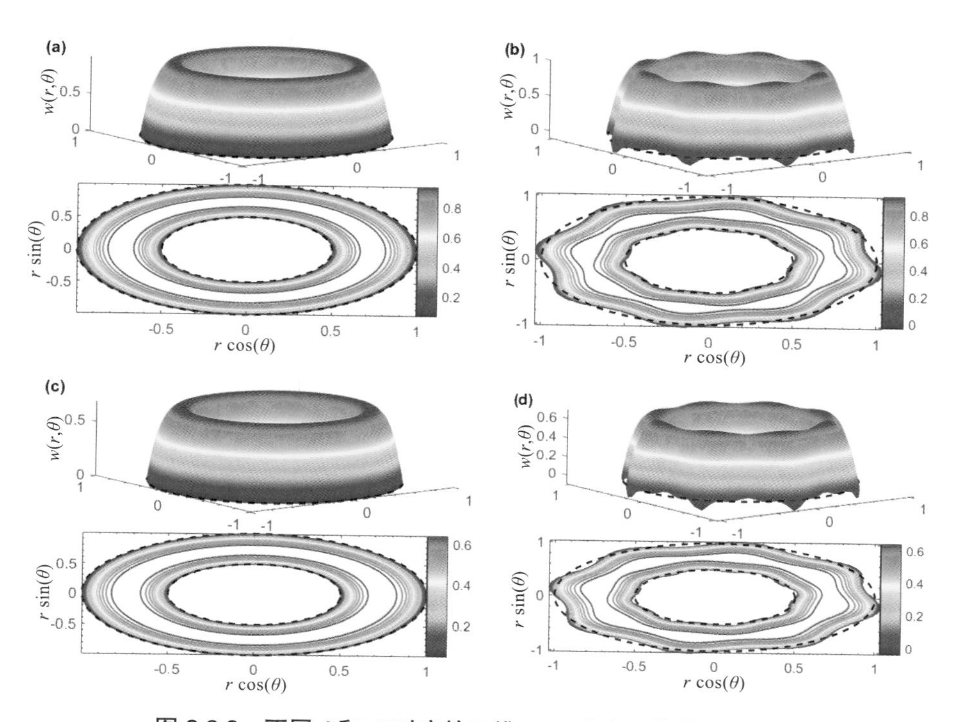

图 3.2.3　不同 δ 和 G 对应的三维 EOF 速度及等高线分布图

（$K = 10$，$\lambda = 8$，$\zeta = 1$，$\alpha = 0.5$，$\beta = \pi$）

注：（a）$\delta = 0$，$G = 5$；（b）$\delta = 0.05$，$G = 5$；（c）$\delta = 0$，$G = -5$；（d）$\delta = 0.05$，$G = -5$.

在图 3.2.4 中，针对不同的内外平均半径之比 α 以及与波纹有关的参数 δ，绘制了环形微通道中的三维 EOF 速度和等高线速度分布图，其中 $G = 0$，$K = 10$，$\lambda = 8$，$\zeta = 1$，$\beta = 0$. 通过比较图 3.2.4（a）–（d），可以清晰地观察到在微通道中，壁面粗糙度引起了明显的速度波动 . 特别值得注意的是，微通道中间层的流体离壁面较远，但同样受到壁面粗糙度的扰动而引起波动，尤其是在较大的内外平均半径之比 α 下，波动变化更为显著（如图 3.2.4（d））. 此外，三维速度随着内外平均半径之比 α 的增加而减少，这是因为 α 的增加意味着两个圆柱体之间的间隙变得更加狭窄，而粗糙壁面增加了流体与固壁之间的接触面，因此产生了更大的流动阻力 .

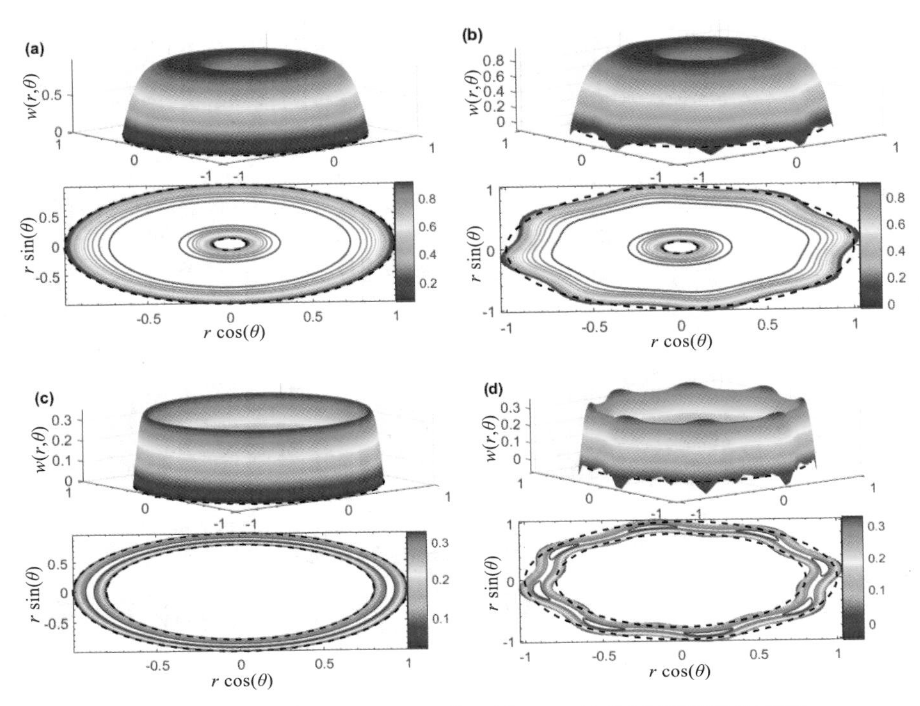

图 3.2.4　不同 δ 和 α 对应的三维 EOF 速度及等高线分布图

（$G=0$，$K=10$，$\lambda=8$，$\zeta=1$，$\beta=0$）

注：（a）$\delta=0$，$\alpha=0.1$；（b）$\delta=0.05$，$\alpha=0.1$；（c）$\delta=0$，$\alpha=0.8$；（d）$\delta=0.05$，$\alpha=0.8$.

在图 3.2.5 中，针对不同的内外壁面 zeta 势之比 ζ 以及与波纹有关的参数 δ，绘制了环形微通道中的三维 EOF 速度和等高线速度分布图，其中 $G=0$，$K=10$，$\lambda=8$，$\alpha=0.5$，$\beta=0$. 通过比较图 3.2.5（a）–（f），可以清晰地得出壁面粗糙度引起了明显的速度波动 . 首先从图 3.2.5（a）–（b）可以观察到，当两个圆柱壁带相反电荷时（即 $\zeta<0$），微环形通道中 EOF 的方向与通道壁面带电极性直接相关，这一结论与参考文献［168］中获得的结果一致 . 从图 3.2.5 的展示中可以看出，当内圆柱体的 ζ 电势较高时，速度在内壁 EDL 区域从零开始迅速增加到最大值，然后随着远离内圆柱壁的距离而减小，在外壁 EDL 区域内逐渐增加 . 速度在外圆柱壁上达到零，这是由于流体的流动受到外加电场和 EDL 相互作用产生的电渗力驱动 . 当

内圆柱体的 ζ 电势较高时，EDL 内的离子浓度较高，导致内壁 EDL 区域的流动更为剧烈．而在外壁 EDL 区域内，离子浓度较低，流体的流动也相对缓慢．

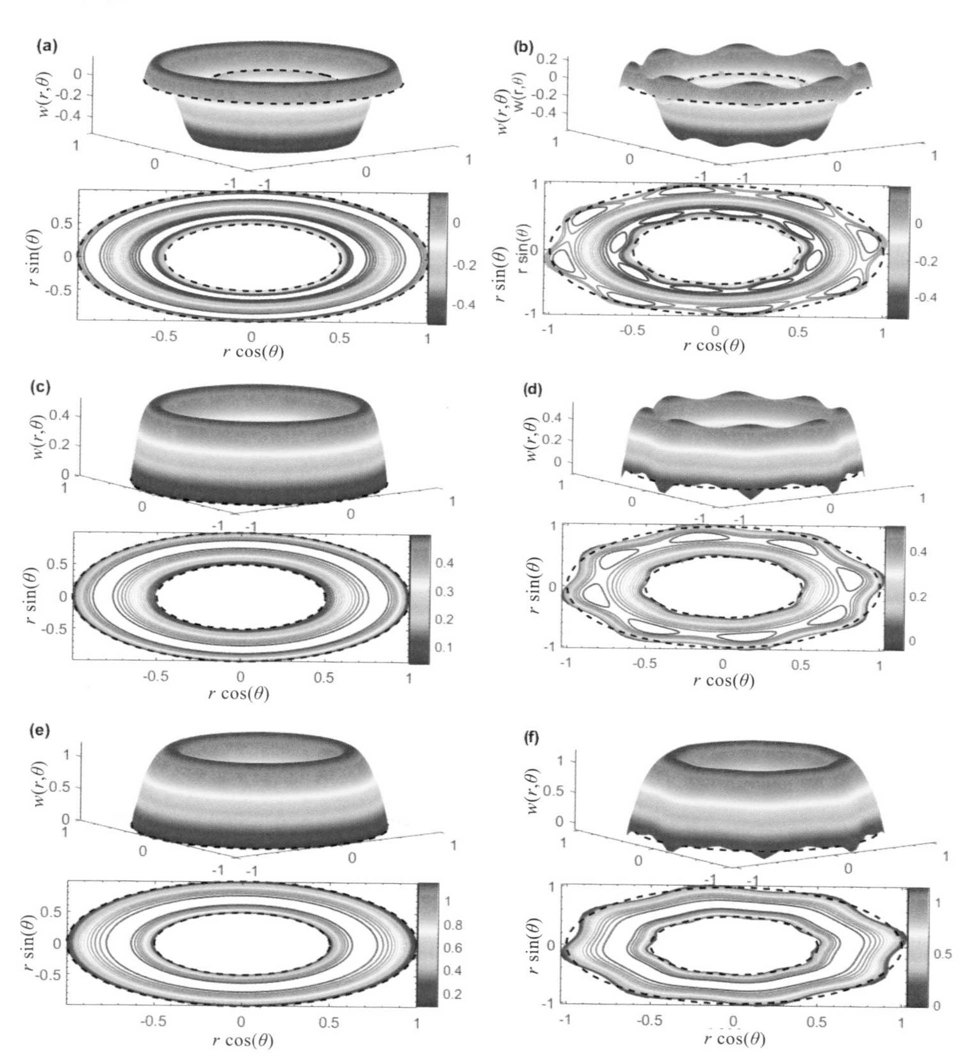

图 3.2.5 不同 δ 和 ζ 对应的三维 EOF 速度及等高线分布图

（$G=0$，$K=10$，$\lambda=8$，$\alpha=0.5$，$\beta=0$）

注：（a）$\delta=0$，$\zeta=-2$；（b）$\delta=0.05$，$\zeta=-2$；（c）$\delta=0$，$\zeta=0$；（d）$\delta=0.05$，$\zeta=0$；（e）$\delta=0$，$\zeta=2$；（f）$\delta=0.05$，$\zeta=2$.

根据式（3.2.15）可以知道，$u_{2M}>0$ 或 $u_{2M}<0$ 分别对应于具有粗糙度的微通道中的平均速度相对于光滑通道的平均速度增加或减少．在图 3.2.6 中，绘制了平均速度的增量（粗糙度函数）u_{2M} 随相关参数的依赖情况．图 3.2.6（a）对给定的 $K=10$，$\zeta=1$，$\alpha=0.3$，绘制了对不同的内外圆柱壁面粗糙度相位差 β 和无量纲压力梯度 G，u_{2M} 随 λ 的变化．从图中很容易看出，对于任意给定的 G 和 β，u_{2M} 随 λ 增加而减少；对于任意给定的 λ（如，$\lambda\geqslant 2.4$），u_{2M} 随 G 增加而减少．这是因为壁面对流体的阻力随着流体和壁面接触面的增加而增加．从图中还可以看出，对于较大的 λ（如，$\lambda\geqslant 4$），β 对 u_{2M} 无影响，这与前期已知结果一致，而较小的波数（如，$\lambda<4$），u_{2M} 随 β 增加而增加（$G\geqslant 0$），对于逆压力梯度结果相反．图 3.2.6（b）对给定的 $\lambda=2$，$\zeta=1$，$\alpha=0.3$，绘制了对不同的 β 和 G，u_{2M} 随 K 的变化．对于给定的 G，u_{2M} 随 K 增加而增加，其平均速度的增加量是 δ^2u_{2M}，因此跟光滑微通道比较，速度的增量最大能达到 0.4%. 当存在外加电场时，流体中的极性离子会向相反方向移动，随着 K 的增加（对于微通道平均半径 a 不变的情况下），意味着 EDL 的厚度减少，从而导致流体在 EDL 区域的流动更为剧烈，而在 EDL 区域外，由于离子浓度较低，流体的流动也较为缓慢．图 3.2.6（c）对给定的 $\lambda=2$，$K=10$，$\alpha=0.3$，绘制了对不同的 β 和 G，u_{2M} 随内壁面与外壁面 zeta 电势比 ζ 的变化．对于给定的 G，当两个圆柱壁带相反电荷时（即 $\zeta<0$），粗糙微通道中的平均速度比光滑微通道中的平均速度大，然而当两个圆柱壁带相同电荷时（即 $\zeta>0$），u_{2M} 随 ζ 增加而减少，但在两个圆柱表面 zeta 势差不大的情况下，仍呈现出大于零．当内圆柱壁面 zeta 大于外圆柱壁面 zeta 势时，其平均速度的增加量呈现出小于零，且其减少量为 δ^2u_{2M}. 图 3.2.6（d）对给定的 $\lambda=2$，$K=10$，$\zeta=1$，绘制了对不同的 β 和 G，u_{2M} 随内外壁面半径比 α 的变化．对于给定的 G，u_{2M} 随内外圆柱壁面粗糙度相位差 β 不明显影响．尤其是 $\alpha<0.4$ 时，无量纲压力梯度 G 也无明显影响，然而 $\alpha\geqslant 0.4$，随着 G 的增加和两个圆柱微通道的间隙减少（α 增加）而平均速度的增量 u_{2M} 增加．相同条件下，其原因是压

力梯度对流动促进作用（$G>0$）或阻碍作用（$G<0$）所致 . 因此，从图中很容易得出顺压力梯度（$G>0$）和纯 EO 流动（$G=0$）u_{2M} 比逆压力梯度（$G<0$）明显增大的结论 .

从图 3.2.6（e）–（f）可以清晰地观察到，对于给定的内外壁面 zeta 势比，粗糙微通道中的平均速度 $\bar{u}$ 和平均速度的增量 u_{2M} 随 G 的增加而增加 . 当逆压力梯度（$G<0$）和内外壁面 zeta 势比（$\zeta=-2$）时，内圆柱壁面附近流速将为负值，产生回流（如图 3.2.5（a）–（b））. 这说明电渗力推动不足以克服逆压力梯度对流动的影响 . 意味着逆压力梯度对平均速度的作用与电渗力推动所形成的平均速度已达平衡状态 . 粗糙微通道中的平均速度 $\bar{u}$ 和平均速度的增量 u_{2M} 随 β 的增加而增加（如图 3.2.6（e）–（f））. 此外，当逆压力梯度（$G<0$）和内外壁面 zeta 势比（$\zeta=2$）时，虽然逆压力梯度对流动有阻碍作用，但电渗力所推动的流动足以克服逆压力梯度对流动的影响 .

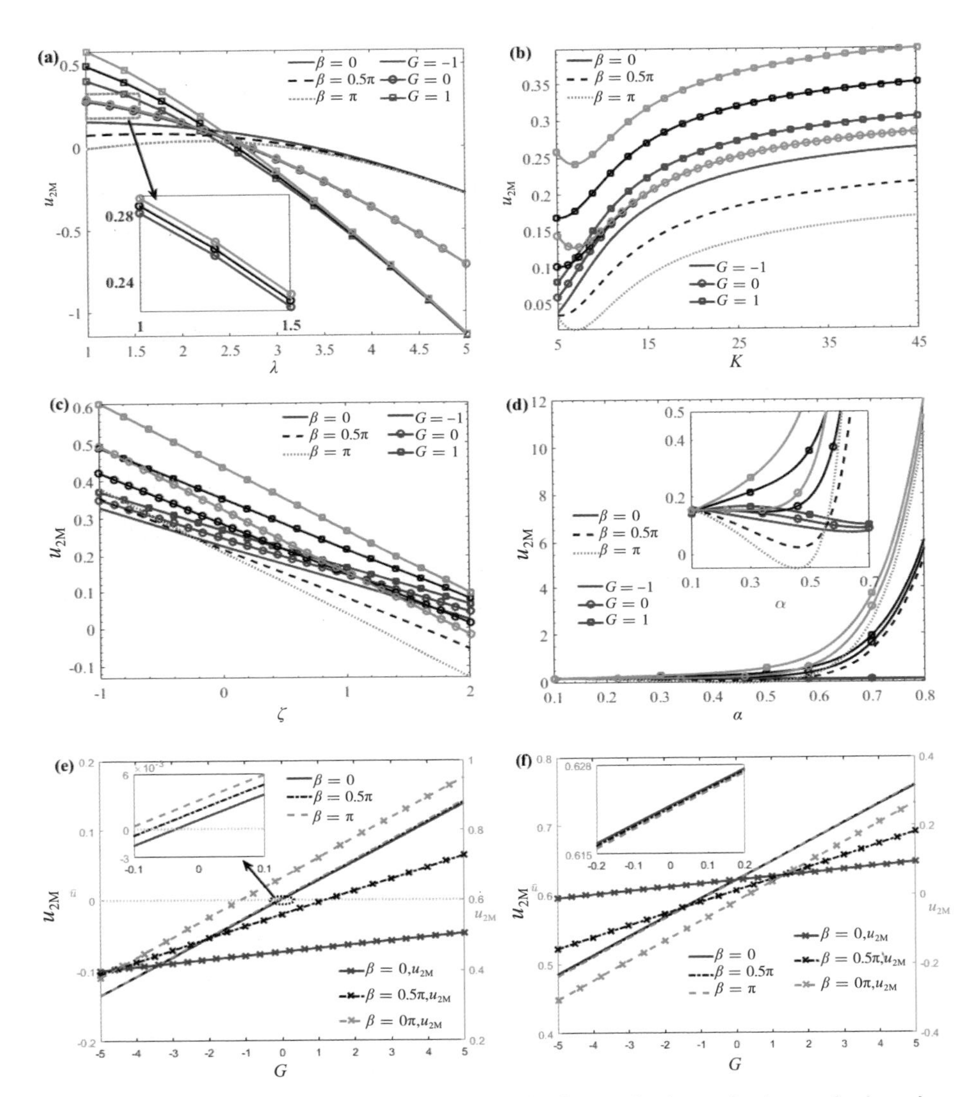

图 3.2.6　平均速度的增量 u_{2m} 随（a）λ；（b）K；（c）ζ；（d）α；（e）G 在 $\zeta=-2$，$\delta=0.1$ 处；（f）G 在 $\zeta=2$，$\delta=0.1$ 处的变化

（$K=10$，$\zeta=1$，$\alpha=0.3$，$\lambda=2$）

3.2.4　本节小结

在本节中，我们在 Debye–Hückel 近似下，利用摄动展开法对具有正弦形壁面粗糙度的环形微通道中电渗流动进行了深入研究．从上一节的讨论中得出了如下几个结论．

速度分布受到上下板壁面粗糙度相位差 β 的显著影响；壁面附近的 EDL 层内速度变化较快；在光滑通道（$\delta = 0$）中，经典的塞形速度剖面得以呈现；压力梯度对泊肃叶电渗流动起促进（$G > 0$）作用或阻碍（$G < 0$）作用；微通道中，壁面粗糙度引起了明显的速度波动，尤其是在较大的内外平均半径之比 α 下，波动变化更为显著；三维速度随着 α 的增加而减少；当两个圆柱壁带相反电荷时（即 $\zeta<0$），微环形通道中 EOF 的方向与通道壁面带电极性直接相关；当内圆柱体的 ζ 电势较高时，速度在内壁 EDL 区域从零开始迅速增加到最大值，然后随着远离内圆柱壁的距离而减小，在外壁 EDL 区域内逐渐增加；对于任意给定的 G 和 β，粗糙度函数 u_{2M} 随 λ 增加而减少；对于任意给定的波数 λ（如，$\lambda \geqslant 2.4$），u_{2M} 随 G 增加而减少；对于较大的波数（如，$\lambda \geqslant 4$），β 无影响，而较小的波数（如，$\lambda < 4$）粗糙度函数 u_{2M} 随 β 增加而增加（$G \geqslant 0$），对于逆压力梯度结果相反；对于给定的 G，u_{2M} 随 K 增加而增加；当两个圆柱壁带相同电荷时（即 $\zeta > 0$），u_{2M} 随 ζ 增加而减少；当 $\alpha < 0.4$ 时，u_{2M} 随 G 和相位差 β 也无明显变化，然而 $\alpha \geqslant 0.4$，随着 G 和 α 的增加 u_{2M} 增加；对于给定的 ζ，粗糙微通道中的平均速度 $\bar{u}$ 和平均速度的增量 u_{2M} 随 G 和 β 的增加而增加．

第 4 章　具有正弦粗糙度的平行板微通道中线性黏弹性流体电渗流动

4.1　具有正弦粗糙度的平行板微通道中 Maxwell 流体周期电渗流动

4.1.1　问题的描述

在微通道中考虑不可压缩、线性黏弹性 Maxwell 流体的周期电渗流动（AC EOF）. 微通道的平均高度为 $2H$. 其长度和宽度远远大于微通道的高度 . 建立如图 4.1.1 所示的直角坐标系（x^*，y^*，z^*）且 x^* 轴位于平板中间，在通道两端施加强度为 E_0^* 的交流电场和周期性压力，这种情况下，认为沿 z^* 方向为流体的流动方向 . 这里所施加的电场强度远小于 10^5V/m，因此流动系统不会变得混乱 . 这是因为在 EDL 中，与电迁移相关的时间尺度的阶数是 10^{-8}~10^{-7}s[129]，至少比 EOF 时间尺度 10^{-5}~10^{-3}s 小两个数量级 . 因此，可以忽略瞬态的 EDL 对系统的影响 . 假设随时间变化的 EOF 不会对 EDL 中电荷的分布产生影响 . 下板波纹壁面和上板波纹壁面分别表示为

$$y_l^* = H\left[-1+\delta\sin\left(\lambda^* x^* + \theta\right)\right] \text{和} y_u^* = H\left[1+\delta\sin\left(\lambda^* x^*\right)\right], \qquad (4.1.1)$$

其中，δ 是波纹振幅与通道的平均半高度之比，λ^* 是波数，θ 是相位差 .

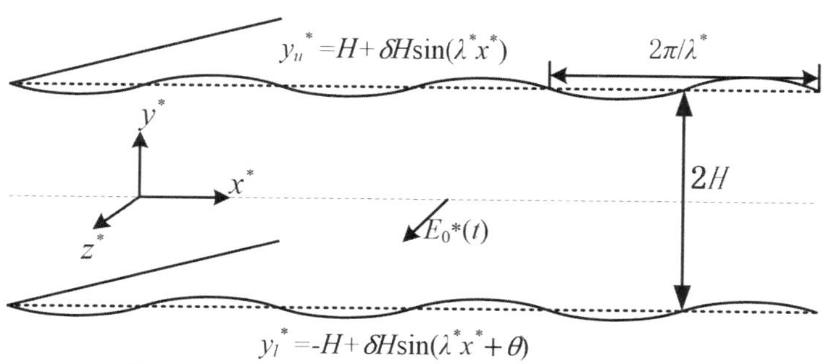

图 4.1.1　正弦形粗糙微道通间周期电渗流示意图

4.1.2　数学模型和近似解

根据双电层理论，电势 ψ（x^*，y^*）和净电荷密度 ρ_{E}^*（x^*，y^*）的关系可以方程（3.1.2）和（3.1.3）描述．同理，考虑 Debye–Hückel 线性化．根据方程（3.1.2）和（3.1.3），直角坐标系下的线性化的 P–B 方程为

$$\frac{\partial^2 \Psi}{\partial x^{*2}} + \frac{\partial^2 \Psi}{\partial y^{*2}} = \kappa^2 \Psi \quad . \tag{4.1.2}$$

相应的边界条件为

$$\Psi(x^*, y^*) = \zeta_{\mathrm{U}}\text{，在 } y = y_u^* \text{ 处，} \tag{4.1.3a}$$

$$\Psi(x^*, y^*) = \zeta_{\mathrm{L}}\text{，在 } y = y_l^* \text{ 处，} \tag{4.1.3b}$$

这里假设上下壁面处的 zeta 电势 ζ_{U} 和 ζ_{L} 是常数[119]．

不可压缩的 Maxwell 流体应满足连续性方程和柯西动量方程

$$\nabla^* \cdot \boldsymbol{U} = 0\text{，} \tag{4.1.4}$$

$$\rho\left(\frac{\partial \boldsymbol{U}}{\partial t^*} + \left(\boldsymbol{U} \cdot \nabla^*\right)\boldsymbol{U}\right) = -\nabla^* P + \nabla^* \cdot \boldsymbol{\tau} + \rho_{\mathrm{E}}^* E_0^*(t)\mathbf{e}_{z^*} \quad . \tag{4.1.5}$$

线性黏弹性的广义 Maxwell 流体本构关系如下[163,164]

$$\boldsymbol{\tau} + \lambda_1 \frac{\partial \boldsymbol{\tau}}{\partial t^*} = \eta_0[\nabla^* \boldsymbol{U} + (\nabla^* \boldsymbol{U})^{\mathrm{T}}] \quad . \tag{4.1.6}$$

认为只有沿 z^* 方向流动（流动速度 $\boldsymbol{U}$ =（0，0，W））．根据不可压缩条件（4.1.4），柯西动量方程（4.1.5）中的对流项将消失．结合本构方程（4.1.6），算子 $1 + \lambda_1 \dfrac{\partial}{\partial t^*}$ 作用到柯西动量方程（4.1.5）的两边，控制方程

简化为如下

$$0=-\left(1+\lambda_1\frac{\partial}{\partial t^*}\right)\frac{\partial P}{\partial x^*}, \tag{4.1.7}$$

$$0=-\left(1+\lambda_1\frac{\partial}{\partial t^*}\right)\frac{\partial P}{\partial y^*}, \tag{4.1.8}$$

$$\rho\left(1+\lambda_1\frac{\partial}{\partial t^*}\right)\frac{\partial W}{\partial t^*}=-\left(1+\lambda_1\frac{\partial}{\partial t^*}\right)\frac{\partial P}{\partial z^*}+\eta_0\nabla^{*2}W+\rho_{\mathrm{E}}^*(x,y)\left(1+\lambda_1\frac{\partial}{\partial t^*}\right)E_0^*(t). \tag{4.1.9}$$

假设交流电场和周期 EOF 的速度和压力可以写成如下的复函数形式

$$E_0^*\left(t^*\right)=\Re\left\{E_0\mathrm{e}^{\mathrm{i}\omega t^*}\right\},W\left(x^*,y^*,t^*\right)=\Re\left\{w^*\left(x^*,y^*\right)\mathrm{e}^{\mathrm{i}\omega t^*}\right\},P\left(z^*,t^*\right)=\Re\left\{p^*\left(z^*\right)\mathrm{e}^{\mathrm{i}\omega t^*}\right\}, \tag{4.1.10}$$

则，方程（4.1.9）可简化为

$$\mathrm{i}\omega\rho\left(1+\mathrm{i}\lambda_1\omega\right)w^*=-\left(1+\mathrm{i}\lambda_1\omega\right)\frac{\partial p^*}{\partial z^*}+\eta_0\nabla^{*2}w^*+\left(1+\mathrm{i}\lambda_1\omega\right)\rho_{\mathrm{E}}^*E_0. \tag{4.1.11}$$

方程（4.1.11）对应的通道上壁面和下壁面的边界条件为

$$w^*(x^*,y^*)=0\text{，在 } y=y_u^*,\ y=y_l^*\text{ 处}. \tag{4.1.12a, b}$$

引入一组无量纲化参数：

$$y=\frac{y^*}{H},K=\kappa H,\zeta=\frac{\zeta_{\mathrm{L}}}{\zeta_{\mathrm{U}}},\varphi\left(x,y\right)=\frac{\Psi\left(x^*,y^*\right)}{\zeta_{\mathrm{U}}},w\left(x,y\right)=\frac{w^*(x^*,y^*)}{U_{\mathrm{EO}}},U_{\mathrm{EO}}=-\frac{\varepsilon\zeta_{\mathrm{U}}E_0}{\eta_0},$$

$$Re_\Omega=\frac{\rho\omega H^2}{\eta_0},G=-\frac{H^2}{\eta_0U_{EO}}\frac{\partial p^*}{\partial z^*},De=\lambda_1\omega, \tag{4.1.13}$$

上式中，无量纲的电动宽度 K 表示微通道的半高度（H）与 Debye 长度（$1/\kappa$，其中 $\kappa=z_ve\left(2n_0/\varepsilon k_{\mathrm{B}}T\right)^{1/2}$）的比值；振荡雷诺数 Re_Ω 物理含义是扩散时间尺度（$t_{\mathrm{diff}}=\rho H^2/\eta_0$）和外加电场的振动时间（$t_E=1/\omega$）的比值；Deborah 数 De 代表流体的松弛时间 λ_1 与电场的振动时间 $1/\omega$ 的比值；G 表示施加在通道轴向的无量纲压力梯度．

将无量纲参数（4.1.13）代入 P–B 方程（4.1.2）、电渗流控制方程（4.1.10）和边界条件（4.1.3）和（4.1.12），其相应的无量纲化电势 φ（x，y）和速度 w（x，y）所满足的方程为

$$\frac{\partial^2 \varphi}{\partial x^2}+\frac{\partial^2 \varphi}{\partial y^2}=K^2\varphi, \tag{4.1.14}$$

$$\frac{\partial^2 w}{\partial x^2}+\frac{\partial^2 w}{\partial y^2}-\mathrm{i}Re_{\Omega}(1+\mathrm{i}De)w=-(1+\mathrm{i}De)G-K^2(1+\mathrm{i}De)\varphi\ . \tag{4.1.15}$$

对应的边界条件为

$$\varphi(x,y)=1, w(x,y)=0,\ 在\ y=y_u\ 处, \tag{4.1.16a，b}$$

$$\varphi(x,y)=\zeta, w(x,y)=0\ ,\ 在\ y=y_l\ 处. \tag{4.1.16c，d}$$

同理跟 3.1 节一样，假定 $\delta<<1$ 并电势 φ 和速度 w 按 δ 的幂次展开为

$$R(x,y)=R_0(y)+\delta R_1(x,y)+\delta^2 R_2(x,y)+\cdots, \tag{4.1.17}$$

在上壁面 $y=y_u$ 和下壁面 $y=y_l$ 分别在 $y=1$ 和 $y=-1$ 处函数 R 的泰勒展开式为

$$\begin{aligned}R(x,1+\delta\sin(\lambda x))&=R(x,1)+\delta\sin(\lambda x)R_y(x,1)+\frac{\delta^2\sin^2(\lambda x)}{2}R_{yy}(x,1)+\cdots\\&=R_0(1)+\delta[\sin(\lambda\theta)R_0'(1)+R_1(x,1)]+\delta^2\left[\frac{\sin^2(\lambda\theta)}{2}R_0''(1)+\right.\\&\left.\sin(\lambda\theta)R_{1y}(x,1)+R_2(x,1)\right]+\cdots\ .\end{aligned} \tag{4.1.18a}$$

$$\begin{aligned}R(x,-1+\delta\sin(\lambda x+\theta))&=R(x,-1)+\delta\sin(\lambda x+\theta)R_y(x,-1)+\frac{\delta^2\sin^2(\lambda x+\theta)}{2}R_{yy}(x,-1)+\cdots\\&=R_0(-1)+\delta[\sin(\lambda x+\theta)R_0'(-1)+R_1(x,-1)]+\delta^2\left[\frac{\sin^2(\lambda x+\theta)}{2}R_0''(-1)+\right.\\&\left.\sin(\lambda x+\theta)R_{1y}(x,-1)+R_2(x,-1)\right]+\cdots,\end{aligned} \tag{4.1.18b}$$

将方程（4.1.17）代入方程（4.1.14）和（4.1.15）中，得到关于 δ 的幂次所满足的微分方程边值问题

$$\delta^0:\quad \frac{\mathrm{d}^2\varphi_0}{\mathrm{d}y^2}=K^2\varphi_0\ , \tag{4.1.19a}$$

$$\frac{\mathrm{d}^2 w_0}{\mathrm{d}y^2}-\mathrm{i}Re_{\Omega}(1+\mathrm{i}De)w_0=-(1+\mathrm{i}De)G-K^2(1+\mathrm{i}De)\varphi_0\ , \tag{4.1.19b}$$

$$\delta^1:\quad \frac{\partial^2\varphi_1}{\partial x^2}+\frac{\partial^2\varphi_1}{\partial y^2}=K^2\varphi_1\ , \tag{4.1.20a}$$

$$\frac{\partial^2 w_1}{\partial x^2}+\frac{\partial^2 w_1}{\partial y^2}-\mathrm{i}Re_\Omega(1+\mathrm{i}De)w_1=-K^2(1+\mathrm{i}De)\varphi_1\ ,\tag{4.1.20b}$$

$$\delta^2:\ \frac{\partial^2 \varphi_2}{\partial x^2}+\frac{\partial^2 \varphi_2}{\partial y^2}=K^2\varphi_2\ ,\tag{4.1.21a}$$

$$\frac{\partial^2 w_2}{\partial x^2}+\frac{\partial^2 w_2}{\partial y^2}-\mathrm{i}Re_\Omega(1+\mathrm{i}De)w_2=-K^2(1+\mathrm{i}De)\varphi_2\ .\tag{4.1.21b}$$

对应的边界条件（4.1.16）使用 $y=\pm1$ 处函数 R 的泰勒展开式（4.1.18），可得到，如下边界条件

$$\delta^0:\ \varphi_0(1)=1\ ,\tag{4.1.22a}$$

$$\varphi_0(-1)=\zeta\ ,\tag{4.1.22b}$$

$$w_0(1)=0\ ,\tag{4.1.22c}$$

$$w_0(-1)=0\ ,\tag{4.1.22d}$$

$$\delta^1:\ \varphi_1(x,1)=-\sin(\lambda x)\varphi_0'(1)\ ,\tag{4.1.23a}$$

$$\varphi_1(x,-1)=-\sin(\lambda x+\theta)\varphi_0'(-1)\ ,\tag{4.1.23b}$$

$$w_1(x,1)=-\sin(\lambda x)w_0'(1)\tag{4.1.23c}$$

$$w_1(x,-1)=-\sin(\lambda x+\theta)w_0'(-1)\tag{4.1.23d}$$

$$\delta^2:\ \varphi_2(x,1)=-\frac{\sin^2(\lambda x)}{2}\varphi_0''(1)-\sin(\lambda x)\frac{\partial\varphi_1}{\partial y}|_{y=1},\tag{4.1.24a}$$

$$\varphi_2(x,-1)=-\frac{\sin^2(\lambda x+\theta)}{2}\varphi_0''(-1)-\sin(\lambda x+\theta)\frac{\partial\varphi_1}{\partial y}|_{y=-1},\tag{4.1.24b}$$

$$w_2(x,1)=-\frac{\sin^2(\lambda x)}{2}w_0''(1)-\sin(\lambda x)\frac{\partial w_1}{\partial y}|_{y=1},\tag{4.1.24c}$$

$$w_2(x,-1)=-\frac{\sin^2(\lambda x+\theta)}{2}w_0''(-1)-\sin(\lambda x+\theta)\frac{\partial w_1}{\partial y}|_{y=-1}\ .\tag{4.1.24d}$$

令

$$\mathrm{i}Re_\Omega(1+\mathrm{i}De)=(\alpha_0+\mathrm{i}\beta_0)^2\ ,\tag{4.1.25}$$

则计算可得

$$\alpha_0=\left(\frac{Re_\Omega}{2}\right)^{1/2}[\sqrt{1+De^2}-De]^{1/2},\beta_0=\left(\frac{Re_\Omega}{2}\right)^{1/2}[\sqrt{1+De^2}+De]^{1/2}\ ,$$

（4.1.26）

结合式（4.1.19）以及方程（4.1.22），计算可得

$$\varphi_0(y)=A_0\cosh(Ky)+B_0\sinh(Ky)\,, \tag{4.1.27a}$$

$$w_0(y)=C_0\cosh\left[(\alpha_0+\mathrm{i}\beta_0)y\right]+D_0\sinh\left[(\alpha_0+\mathrm{i}\beta_0)y\right]+a_0\cosh(Ky)+b_0\sinh(Ky)+\frac{G}{\mathrm{i}Re_\Omega}\,, \tag{4.1.27b}$$

将式（4.1.22）代入（4.1.27），可求得待定常数 A_0，B_0，C_0，D_0，a_0，b_0，详细见附录 F.3.2.1.

根据边界条件（4.1.23），方程（4.1.23）解的形式可以表示为

$$\varphi_1(x,y)=f_1(y)\sin(\lambda x)+g_1(y)\cos(\lambda x)\,, \tag{4.1.28a}$$

$$w_1(x,y)=F_1(y)\sin(\lambda x)+G_1(y)\cos(\lambda x)\,. \tag{4.1.28b}$$

将方程（4.1.28）代入方程（4.1.20），计算整理可得

$$f_1(y)=A_1\cosh(K_1y)+B_1\sinh(K_1y)\,, \tag{4.1.29a}$$

$$g_1(r)=A_2\cosh(K_1y)+B_2\sinh(K_1y)\,, \tag{4.1.29b}$$

$$F_1(y)=C_1\cosh(\alpha_1+\mathrm{i}\beta_1)y+D_1\sinh(\alpha_1+\mathrm{i}\beta_1)y+a_1\cosh(K_1y)+b_1\sinh(K_1y)\,, \tag{4.1.29c}$$

$$G_1(y)=C_2\cosh(\alpha_1+\mathrm{i}\beta_1)y+D_2\sinh(\alpha_1+\mathrm{i}\beta_1)y+a_2\cosh(K_1y)+b_2\sinh(K_1y). \tag{4.1.29d}$$

其中 $K_1^2=K^2+\lambda^2,(\alpha_1+\mathrm{i}\beta_1)^2=(\alpha_0+\mathrm{i}\beta_0)^2+\lambda^2$，待定常数 A_j，B_j，C_j，D_j，a_j，b_j（j=1，2），详细见附录 F.3.2.2.

根据边界条件（4.1.24），方程（4.1.21）解的形式可以表示为如下形式

$$\varphi_2(x,y)=h(y)+f_2(y)\sin(2\lambda x)+g_2(y)\cos(2\lambda x)\,, \tag{4.1.30a}$$

$$w_2(x,y)=H(y)+F_2(y)\sin(2\lambda x)+G_2(y)\cos(2\lambda x)\,. \tag{4.1.30b}$$

将方程（4.1.30）代入方程（4.1.21），计算整理可得

$$h(y)=A_3\cosh(Ky)+B_3\sinh(Ky)\,, \tag{4.1.31a}$$

$$f_2(y)=A_4\cosh(K_2y)+B_4\sinh(K_2y)\,, \tag{4.1.31b}$$

$$g_2(y)=A_5\cosh(K_2y)+B_5\sinh(K_2y)\,, \tag{4.1.31c}$$

$$H(y)=C_3\cosh\left[\left(\alpha_0+\mathrm{i}\beta_0\right)y\right]+D_3\sinh\left[\left(\alpha_0+\mathrm{i}\beta_0\right)y\right]+a_3\cosh\left(Ky\right)+b_3\sinh(Ky), \tag{4.1.31d}$$

$$F_2(y)=C_4\cosh\left[\left(\alpha_2+\mathrm{i}\beta_2\right)y\right]+D_4\sinh\left[\left(\alpha_2+\mathrm{i}\beta_2\right)y\right]+a_4\cosh\left(K_2y\right)+b_4\sinh(K_2y), \tag{4.1.31e}$$

$$G_2(y)=C_5\cosh\left[\left(\alpha_2+\mathrm{i}\beta_2\right)y\right]+D_5\sinh\left[\left(\alpha_2+\mathrm{i}\beta_2\right)y\right]+a_5\cosh\left(K_2y\right)+b_5\sinh(K_2y). \tag{4.1.31f}$$

其中 $K_2^2=K^2+4\lambda^2,\left(\alpha_2+\mathrm{i}\beta_2\right)^2=\left(\alpha_0+\mathrm{i}\beta_0\right)^2+4\lambda^2$，待定常数 A_j，B_j，C_j，D_j，a_j，b_j（j=3，4，5），详细见附录 F.3.2.3.

4.1.3 平均速度

通过微通道单位宽度的流率在壁面粗糙度的一个波长上平均，可推出平均速度的复振幅

$$\begin{aligned}\bar{u}&=\frac{\lambda}{4\pi}\int_0^{\frac{2\pi}{\lambda}}\mathrm{d}x\int_{-1+\delta\sin(\lambda x+\theta)}^{1+\delta\sin(\lambda x)}w\left(x,y\right)\mathrm{d}y\\&=\frac{\lambda}{4\pi}\int_0^{\frac{2\pi}{\lambda}}\left\{\int_{-1}^{1}w\left(x,y\right)\mathrm{d}y+\int_{1}^{1+\delta\sin(\lambda x)}w\left(x,y\right)\mathrm{d}y+\int_{-1+\delta\sin(\lambda x+\theta)}^{-1}w\left(x,y\right)\mathrm{d}y\right\}\mathrm{d}x\\&=u_{0\mathrm{M}}+\delta^2u_{2\mathrm{M}}+o(\delta^2),\end{aligned} \tag{4.1.32}$$

其中

$$u_{0\mathrm{M}}=\frac{C_0}{\left(\alpha_0+\mathrm{i}\beta_0\right)}\sinh\left(\alpha_0+\mathrm{i}\beta_0\right)+\frac{a_0}{K}\sinh K+\frac{G}{\mathrm{i}Re_\Omega}, \tag{4.1.33a}$$

$$\begin{aligned}u_{2\mathrm{M}}=&\frac{C_3}{\left(\alpha_0+\mathrm{i}\beta_0\right)}\sinh\left(\alpha_0+\mathrm{i}\beta_0\right)+\frac{a_3}{K}\sinh K\\&+\frac{1}{4}\left[F_1\left(1\right)+w_0'\left(1\right)-F_1\left(-1\right)\cos\theta-G_1\left(-1\right)\sin\theta-w_0'\left(-1\right)\right].\end{aligned} \tag{4.1.33b}$$

注意，式（4.1.32）的后两个积分计算中使用了 $y=\pm1$ 处的泰勒展开式.

因此，粗糙微通道中 AC EOF 的平均速度可表示为

$$u_{\mathrm{M}}\left(t\right)=\Re\left\{\bar{u}\exp\left(\mathrm{i}t\right)\right\}=\left|U_{\mathrm{M}}\right|\cos(t+\chi), \tag{4.1.34}$$

其中 χ 是平均速度 $\bar{u}$ 的主辐角，也代表电场和平均速度之间的相位差，称为相位滞后.

4.1.4　结果与讨论

在本节中，我们通过对具有正弦粗糙度的微通道中 Maxwell 流体 AC EOF 的近似求解．发现结果主要受到以下无量纲参数的影响：电动宽度（双电层厚度有关的参数）K、波纹振幅与通道的平均半高度的比值 δ、振荡雷诺数 Re_{Ω}、上下壁面 zeta 势比 ζ，粗糙壁面波数 λ，粗糙壁面之间的相位差 θ，无量纲压力梯度 G 和 Deborah 数 De. 在工程应用中，为了解决实际问题，需要将无量纲参数转化为有量纲参数．值得注意的是，松弛时间必须远小于震荡周期（观察时间），即必须满足 $\lambda_1<2\pi/\omega$ 或 $De<2\pi$. 通常在室温下，EDL 厚度 $1/\kappa$ 的值在 10^{-7}m 到 5×10^{-7}m 尺度．此外，在壁面 zeta 势小于 25mV 时，线性化的 P–B 方程是有效的．因此，牛顿流体的 Helmholtz–Smoluchowski EOF 速度 U_{EO} 的尺度是约为 10^{-5} 到 2.5×10^{-4}ms^{-1}. 由条件 $\lambda_1 U_{EO}/(1/\kappa)<<1$ 得出，松弛时间 λ_1 的有效区域为 4×10^{-4}s 至 5×10^{-2}s. 一些典型参数取值范围如下[15, 146, 169, 170]：$H=100\mu$m，$\rho=10^3$kg · m^{-3}，$\eta_0=10^{-3}$ kgm^{-1} · s^{-1}. 同时，外加电场频率的变化范围为 0 到 1.6kHz，对应的角频率 ω 的变化范围为 0 到 10^4s^{-1}. 因此，振荡雷诺数 Re_{Ω} 可以在 0 到 100 之间取值．根据参考文献[163,164]，松弛时间 λ_1 的取值范围定为 10^{-4}s 到 10^3s.

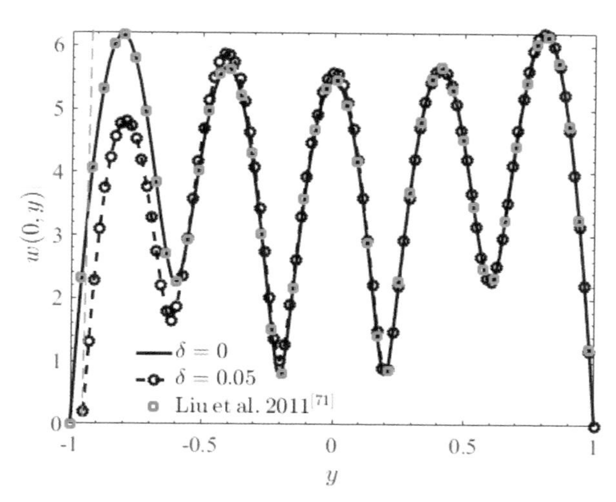

图 4.1.2　速度振幅 $|w(x,y)|$ 随 y 的变化（$K=10, \lambda=8, G=0, Re_{\Omega}=10, \theta=0.5\pi$）

在固定 $x=0$ 的情况下，图 4.1.2 展示了 Maxwell 流体的 AC EOF 速度振幅图 . 从图 4.1.2 中可以观察到，在粗糙微通道中，速度振幅较光滑微通道中的小 . 这一现象的原因在于下壁面波纹与流体的接触面积增大，导致流体的流动阻力增加，从而减少了速度的振幅 . 此外，在光滑微通道中，速度剖面呈现出中心对称，与 Liu 等人[71]的研究结果一致 .

图 4.1.3 展示了在不同的 δ 和 θ 值下，牛顿流体三维纯 AC EOF 速度及等高线分布图 . 图 4.1.3（a）呈现了在光滑通道中（即 $\delta=0$）的速度图 . 从图 4.1.3 中可以观察到，特别是在壁面附近，随着无量纲波纹振幅 δ 的增加，牛顿流体速度剖面的波动变得更加显著，而且速度分布取决于上下板粗糙度波纹的相位差 θ. 此外，图中还显示了类似于经典插销形速度剖面的现象 .

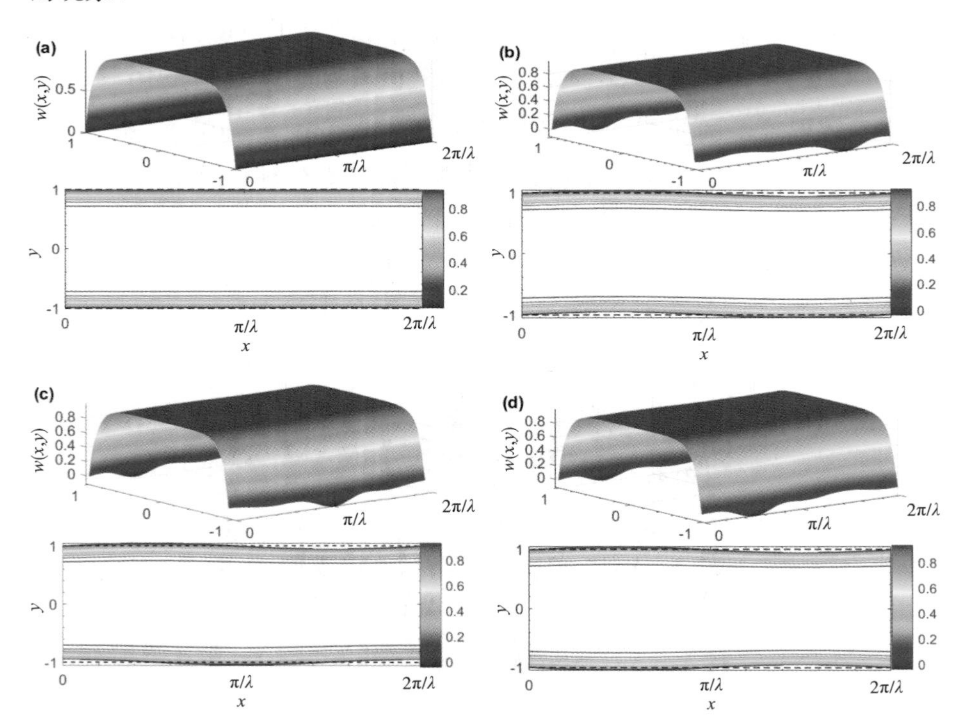

图 4.1.3　不同 δ 和 θ 对应的三维 AC EOF 速度及等高线分布图

（$G=0$，$K=10$，$\lambda=8$，$\zeta=1$，$\delta=0.05$，$De=0$，$Re_{\Omega}\to 0$）

注：（a）光滑微通道内的 AC EOF 速度分布；（b）$\theta=0$；（c）$\theta=\pi/2$；（d）$\theta=\pi$.

图 4.1.4 展示了在不同的 δ 和 θ 值下，Maxwell 流体三维纯 AC EOF 速度及等高线分布图 . 光滑通道下（即 $\delta=0$）的速度分布如图 4.1.4（a）所示 . 对于给定的 $\delta=0.05$，从图 4.1.4（b）–（d）中可以清晰地看到，当粗糙壁面从同相位（$\theta=0$）到反相位（$\theta=\pi$）时，速度剖面受到壁面粗糙度的显著影响，出现了明显的波动现象，并且速度分布取决于上下板粗糙度波纹的相位差 θ. 结合图 4.1.5，可以观察到，对于给定的 G、K、λ、ζ、De 和 θ，速度剖面随着 Re_Ω 的增加快速振动且振幅逐渐减小，壁面附近狭窄的 EDL 区域内振幅较大，远离 EDL 区域后振幅逐渐减少（此结论在图 4.1.8（c）中更为清晰可见）. 这是因为振动周期比耗散时间尺度短得多，流体运动没有足够的时间扩散到微通道的中心流 . 此外，对于线性广义 Maxwell 流体，De 越大，恢复能力越小，弹性效应越大 . 速度剖面更容易在外加电场的作用下振荡，这就是 Maxwell 的“衰退记忆”现象导致的 .

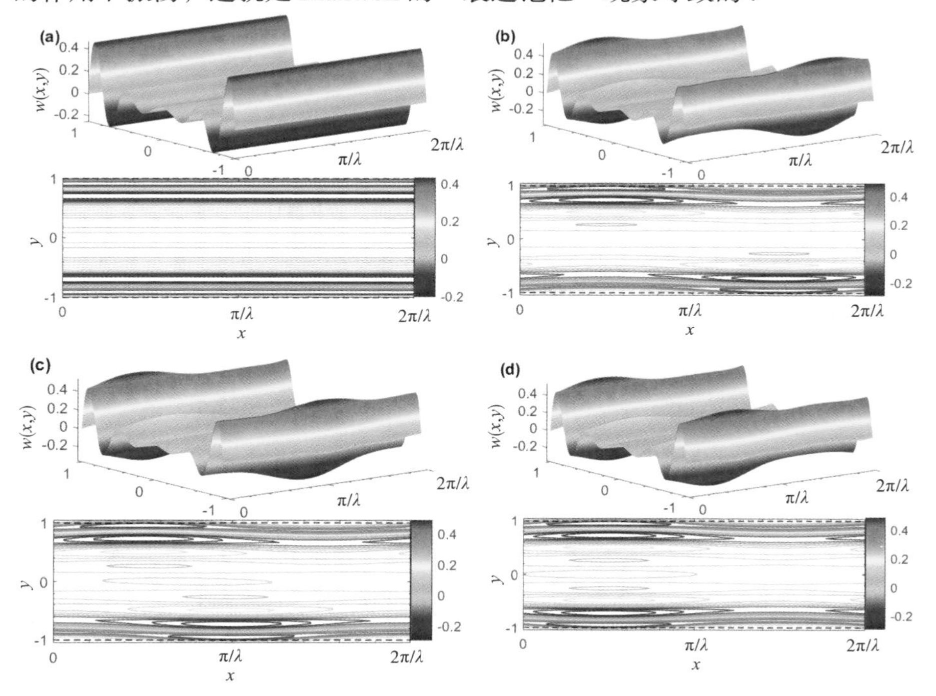

图 4.1.4　不同 δ 和 θ 对应的三维 AC EOF 速度及等高线分布图

（$G=0$，$K=10$，$\lambda=8$，$\zeta=1$，$De=2$，$Re_\Omega=100$）

注：（a）$\delta=0$，$\theta=0$；（b）$\delta=0.05$，$\theta=0$；（c）$\delta=0.05$，$\theta=\pi/2$；（d）$\delta=0.05$，$\theta=\pi$.

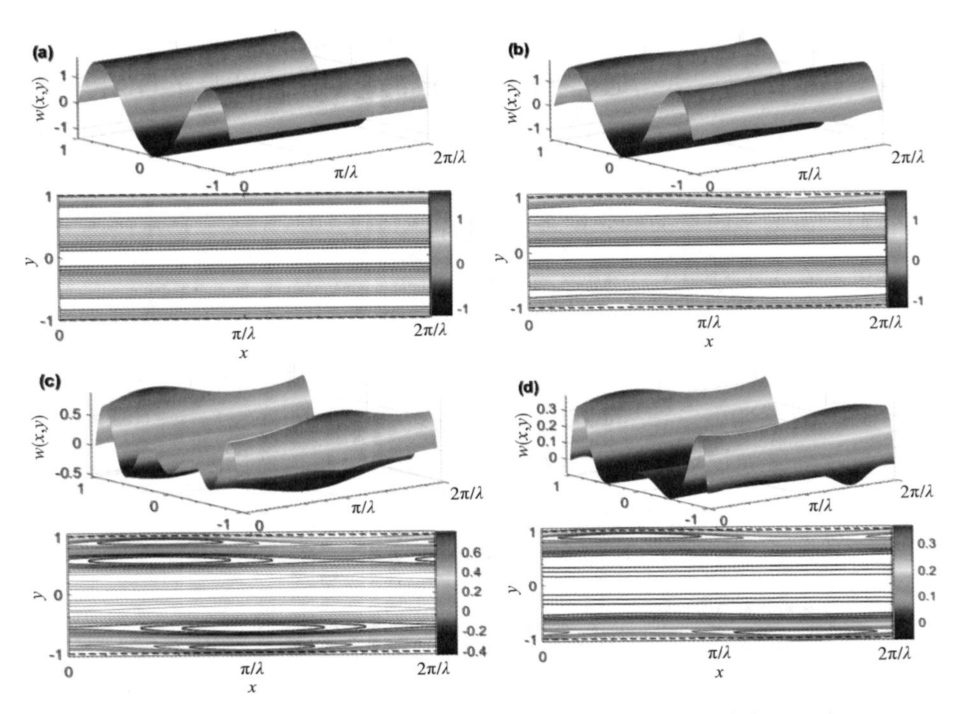

图 4.1.5　不同 δ、De 和 Re_Ω 对应的三维 AC EOF 速度及等高线分布图

（$G=0$，$K=10$，$\lambda=8$，$\zeta=1$，$\theta=0$）

注：（a）$\delta=0$，$De=2$，$Re_\Omega=10$；（b）$\delta=0.05$，$De=2$，$Re_\Omega=10$；（c）$\delta=0.05$，$De=2$，$Re_\Omega=50$；（d）$\delta=0.05$，$De=0.5$，$Re_\Omega=50$.

图 4.1.6 呈现了在不同的 δ 值下，Maxwell 流体三维纯 AC EOF 速度及等高线分布图 . 当两个平板壁带有相反电荷时（即 $\zeta=-1$），微平行通道中 EOF 的方向与通道壁面带电极性直接相关，这一结论与参考文献［168］中获得的结论相符 . 从图 4.1.6 中可以清晰地看出，当下平板的 ζ 电势较高时（即 $\zeta=2$），速度会在下壁 EDL 区域从零开始迅速增加到最大值，然后，速度随着远离下平板壁的距离而减小，在上壁面 EDL 区域内逐渐增加 . 速度在上壁面上达到零，这可以归因于流体的流动受到外加电场和 EDL 相互作用产生的电渗力驱动 . 其原因在于 EDL 内的离子浓度较高，导致流体在下平行板壁面 EDL 区域的流动更为剧烈 . 而在上平行板壁面 EDL 区域内，离子浓度较低，流体的流动也较为缓慢 .

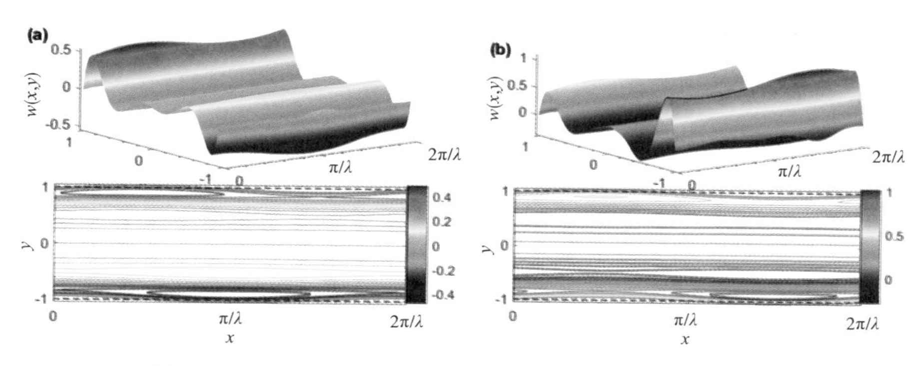

图 4.1.6　不同 ζ 对应的三维 AC EOF 速度及等高线分布图

（$G=0$，$K=10$，$\lambda=8$，$De=1$，$Re_\Omega=50$，$\theta=0$，$\delta=0.05$）

注：（a）$\zeta=-1$；（b）$\zeta=2$.

从式（4.1.32）可知，$u_{2M}>0$ 或 $u_{2M}<0$ 分别对应于具有粗糙度的微通道中的平均速度相对于光滑通道的平均速度增加或减少 . 在 AC EOF 中，速度和外加电场之间存在时间差 χ（称为相位滞后），它代表动量扩散所需的时间 . 图 4.1.7 展示了在不同的 G 和 θ 值下，相位滞后 χ 随 λ、Re_Ω、De、K 和 ζ 的变化（$K=10$，$\zeta=1$，$De=2$，$Re_\Omega=5$，$\lambda=2$，$\delta=0.1$）. 正如预期的一样，χ 随着 G 的增加而减少，其原因是顺压力梯度促进流动而逆压力梯度阻碍流动 . 较大的波数（如 $\lambda>3$）下，电场和平均速度之间几乎没有 χ，随着 θ 的增大而增大且较小的波数（如 $\lambda\leqslant 3$）更明显，这一结论与 zhang 等人[132]的研究结果一致（如图 4.1.7（a））. 对于给定的 Re_Ω，χ 随着 θ 的增大而明显增大或减少，另一方面说明速度剖面随着 Re_Ω 的增大而快速振动且振幅越来越小，在给定的一些参数下，相同的 Re_Ω 数将产生相似的 χ 峰值（如图 4.1.7（b））. 对于给定的较大 De，不同的 θ 有较明显的 χ，且随着 θ 的增加而 χ 减少，其原因是粗糙壁面从同相位（$\theta=0$）到反相位（$\theta=\pi$），虽然流体流动接触固体壁面面积增加导致有更大的阻力，但是 Maxwell 流体剪切变薄效应表现出更快地流动（如图 4.1.7（c））. χ 随着 K 的增加而先增加后减少，K 增加意味着 EDL 厚度减少 . 当 EDL 很薄时，离子只需要克服很小的电势差就能到达电极表面，这时流速较快，但流体在微通道壁面的运动会受到波纹和粗糙度的影响，导致流动阻力较大 . 当 EDL 很厚时（较小的 K），其效果相反 .

因此，在粗糙波纹微通道中，根据具体情况来选择合适的 EDL 厚度，以实现所需的流体控制和传输效果（如图 4.1.7（d））. χ 随着 ζ 和 G 来说几乎没有相位滞后现象，如图 4.1.7（e）–（f）所示 .

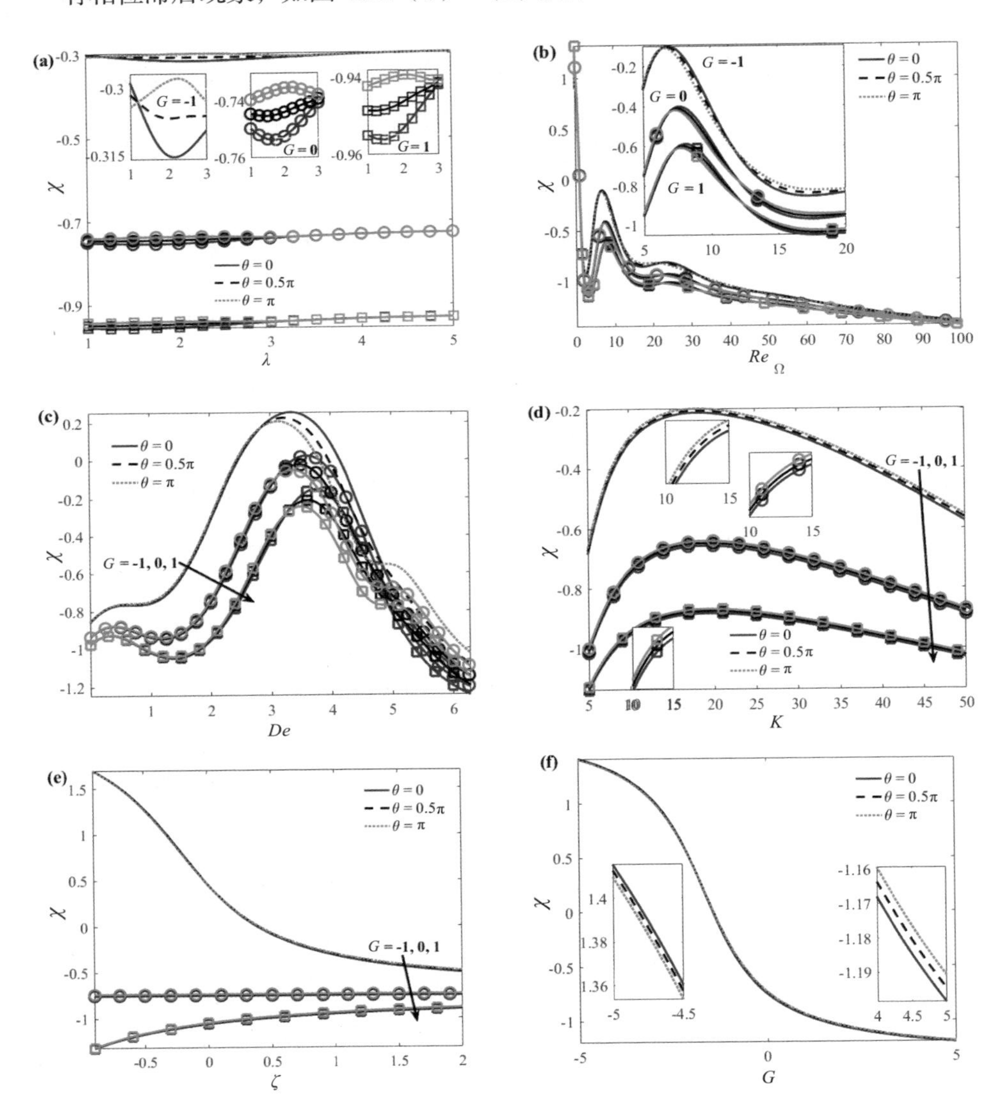

图 4.1.7　平均速度和电场势之间的相位滞后 χ 随相关参数的变化

（$K=10$，$\zeta=1$，$De=2$，$Re_{\Omega}=5$，$\lambda=2$，$\delta=0.1$）

注：（a）λ；（b）Re_{Ω}；（c）De；（d）K；（e）ζ；（f）G 的变化 .

图 4.1.8（a）–（b）呈现了在不同的 θ 和 G 值下，粗糙微通道中 AC EOF 的平均速度 u_M（t）随 t 的变化（$K = 10$，$De = 2$，$Re_\Omega = 5$，$\lambda = 2$，$\delta = 0.1$）. 对于给定的 ζ，图中清晰显示，当压力梯度从逆压力梯度（$G = -1$）变到顺压力梯度（$G = 1$）时，速度剖面增大，这是由于压力梯度对流动阻碍或促进作用导致的（见图 4.1.8（a））. 而在两个平行板壁带相反电荷时，电渗力变为阻力，因此下板附近顺压力梯度的速度剖面比逆压力梯度的速度剖面小（见图 4.1.8（b））. 从图中还可以观察到，不同的 θ 下速度剖面未出现相位滞后现象 . 对于给定的参数，u_M（t）随着 Re_Ω 的增加快速振荡且振幅逐渐减小（见图 4.1.8（c）），这与前面的已知结果一致（见图 4.1.4）. 从图 4.1.8 还显示，u_M（t）随时间周期性振荡，且周期与外加电场一致 .

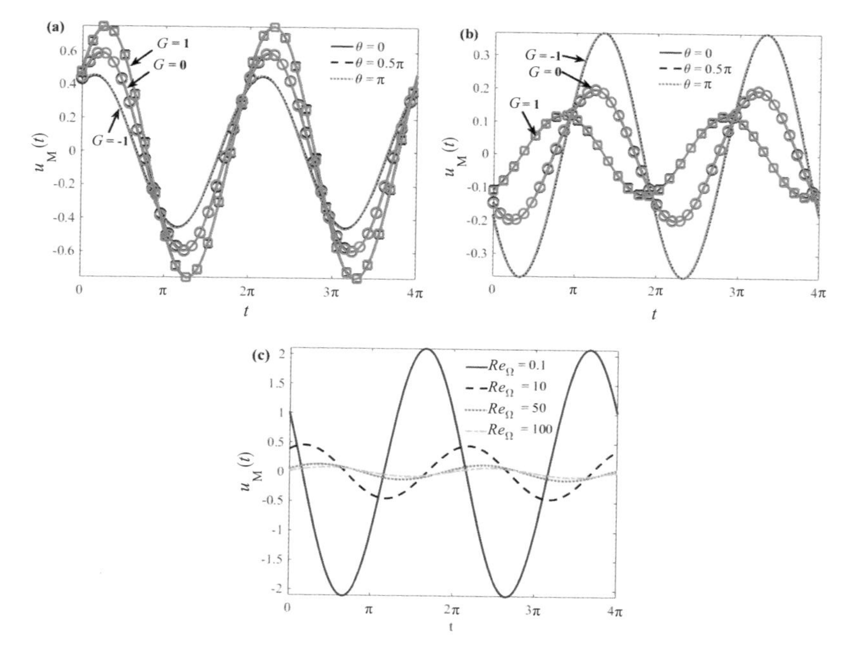

图 4.1.8　u_M（t）随 t 的变化（$K = 10$，$\lambda = 2$，$\delta = 0.1$）

注：（a）$\zeta = 2$，$De = 2$，$Re_\Omega = 5$；（b）$\zeta = -2$，$De = 2$，$Re_\Omega = 5$；（c）$\theta = 0$，$G = 0$，$\zeta = 1$.

在图 4.1.9 中，展示了平均速度的振幅 $|U_M|$ 随着参数 Re_Ω，De 和 λ 变化 .

对于给定的 K，较大的 Re_{Ω} 和较小的 G 会导致较小的 $|U_{M}|$（如图 4.1.9（a））. 对于给定的 Re_{Ω}，相同的 De 数将产生相似的 $|U_{M}|$ 峰值 . 这是因为流体的弹性效应使得 AC EOF 速度对于某些 De 数增加，而对于另一些 De 数则减小 . 此外，较大的弹性效应下（即 De 数较大），$|U_{M}|$ 随着 θ 的增加而减小，其原因是粗糙壁面从同相位（$\theta=0$）到反相位（$\theta=\pi$），流动的流体接触固体壁面面积增加导致有更大的阻力（如图 4.1.9（b））. 对于 $|U_{M}|$ 随波数的增加而无明显变化，对于较大的波数（如 $\lambda \geqslant 2.5$），θ 对 $|U_{M}|$ 的影响可忽略不计，$|U_{M}|$ 基本上无明显变化（如图 4.1.9（c））.

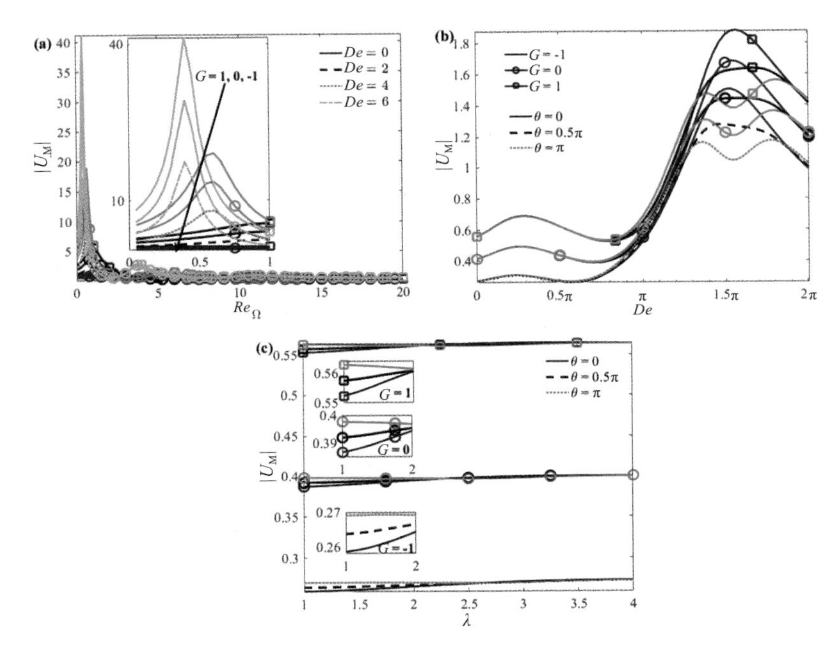

图 4.1.9　平均速度的复振幅 $|U_{M}|$ 随（a）Re_{Ω}；（b）De；（c）λ 的变化 .

（$K=10$，$\zeta=1$，$\delta=0.1$）

4.1.5　本节小结

在本节中，我们采用边界摄动展开法和线性叠加原理，对具有正弦形壁面粗糙的微平行板间 Maxwell 流体 AC EOF 问题进行了研究．通过上述理论和绘图分析，得到如下几个结论。

在流体速度分布中，壁面粗糙度显著影响了流动，引发了明显的波动现象，并且速度分布与 θ 有关．随着 Re_{Ω} 的增加，速度剖面快速振动且振幅逐渐减小．在一些给定参数下，De 越大，速度剖面更容易在外加电场的作用下振荡．当 ζ 电势较高时，速度会在 EDL 区域从零开始迅速增加到最大值．

随着 G 的增加，相位滞后 χ 减少，而对于较大的波数（如 $\lambda > 3$），电场和平均速度之间几乎没有 χ. 对于给定的 Re_{Ω}，χ 随着 θ 的增加而明显增大或减少，这进一步说明速度剖面随着 Re_{Ω} 的增大而快速振动且振幅逐渐减小．对于给定的较大的 De 数，不同的 θ 呈现出较明显的 χ，且随着 θ 的增加 χ 减少．χ 随着 K 的增加而先增加后减少，而对于 ζ 和 G 来说几乎没有相位滞后现象．

平均速度 $u_{\mathrm{M}}(t)$ 随着 G 增大而速度剖面变大，在不同的 θ 下速度剖面未显示出相位滞后现象．$u_{\mathrm{M}}(t)$随着 Re_{Ω} 的增加快速振荡且振幅逐渐减小．对于给定的 K，较大的 Re_{Ω} 和较小的 G 会导致较小的平均速度振幅 $|U_{\mathrm{M}}|$. 在给定的 Re_{Ω} 下，相同的 De 数将产生相似的 $|U_{\mathrm{M}}|$ 峰值．对于较大的 De 数，$|U_{\mathrm{M}}|$随着 θ 的增加而减小．$|U_{\mathrm{M}}|$随着 λ 的增加而无明显变化，对较大的波数（如 $\lambda \geqslant 2.5$），θ 对 $|U_{\mathrm{M}}|$ 的影响可以忽略不计．

4.2　具有正弦粗糙度的平行板微通道中 Jeffrey 流体周期电渗流动

4.2.1　数学模型和近似解

在微通道中考虑不可压缩、线性黏弹性 Jeffrey 流体的周期电渗流动（AC

EOF）. 微通道的平均高度为 $2H$，并假设微通道的长度和宽度远远大于微通道的高度 . 建立如图 4.1.1 所示的直角坐标系（x^*，y^*，z^*）且 x^* 轴位于平板中间，在通道两端施加强度为 E^*_0 的交流电场和周期性压力，此时认为 z^* 方向为流体的流动方向 . 上下波纹壁面分别用方程（4.1.1）来描述 . 同理，考虑 Debye–Hückel 线性化，根据方程（3.1.2）和（3.1.3），得到线性化的 P–B 方程（4.1.2），相应的边界条件为（4.1.3），而且上一节中已经求解，此处不再重复计算 .

不可压缩的 Jeffrey 流体应满足连续性方程（4.1.4）和柯西动量方程（4.1.5）. 线性黏弹性的广义 Jeffrey 流体本构关系如下[163,164]

$$\left(1+\lambda_1\frac{\partial}{\partial t^*}\right)\boldsymbol{\tau}=\eta_0\left(1+\lambda_2\frac{\partial}{\partial t^*}\right)[\nabla^*\boldsymbol{U}^*+(\nabla^*\boldsymbol{U}^*)^{\mathrm{T}}] . \tag{4.2.1}$$

认为只有沿 z^* 方向流动（流动速度 $\boldsymbol{U}=$（0，0，W））. 根据不可压缩条件（4.1.4），柯西动量方程（4.1.5）中的对流项将消失 . 结合本构方程（4.2.1），算子 $1+\lambda_1\dfrac{\partial}{\partial t^*}$ 作用到柯西动量方程（4.1.5）的两边，类似的控制方程（4.1.9）变为如下

$$\rho\left(1+\lambda_1\frac{\partial}{\partial t^*}\right)\frac{\partial W}{\partial t^*}=-\left(1+\lambda_1\frac{\partial}{\partial t^*}\right)\frac{\partial P}{\partial z^*}+\eta_0\left(1+\lambda_2\frac{\partial}{\partial t^*}\right)\nabla^{*2}W+\rho^*_{\mathrm{E}}(x,y)\left(1+\lambda_1\frac{\partial}{\partial t^*}\right)E^*_0(t) . \tag{4.2.2}$$

利用方程（4.1.10），方程（4.2.2）可简化为

$$\mathrm{i}\omega\rho\left(1+\mathrm{i}\lambda_1\omega\right)w^*=-\left(1+\mathrm{i}\lambda_1\omega\right)\frac{\partial p^*}{\partial z^*}+\eta_0\left(1+\mathrm{i}\lambda_2\omega\right)\nabla^{*2}w^*+\left(1+\mathrm{i}\lambda_1\omega\right)\rho^*_{\mathrm{E}}E_0 . \tag{4.2.3}$$

方程（4.2.3）对应的通道上壁面和下壁面的边界条件仍满足式（4.1.12）.

引入一组无量纲化参数（4.1.13），将等式（4.1.13）代入电渗流控制方程（4.2.2）和边界条件（4.1.12），其相应的无量纲化速度 w（x，y）所满足的方程

$$\frac{\partial^2 w}{\partial x^2}+\frac{\partial^2 w}{\partial y^2}-\frac{\mathrm{i}Re_\Omega\left(1+\mathrm{i}De\right)}{1+\mathrm{i}\lambda_2\omega}w=-\frac{1+\mathrm{i}De}{1+\mathrm{i}\lambda_2\omega}G-\frac{(1+\mathrm{i}De)K^2}{1+\mathrm{i}\lambda_2\omega}\varphi . \tag{4.2.4}$$

对应的边界条件为式（4.1.16）. 同理，假定 $\delta<<1$ 并电势 φ 和速度 w 按 δ 的幂次展开为式（4.1.17），并且上壁面 $y=y_u$ 和下壁面 $y=y_l$ 分别在 $y=1$ 和 $y=-1$ 处函数 R 的泰勒展开式仍满足（4.1.18）.

将方程（4.1.17）代入方程（4.2.4）中，得到关于 δ 的幂次所满足的微分方程边值问题

$$\delta^0:\frac{\mathrm{d}^2w_0}{\mathrm{d}y^2}-\frac{\mathrm{i}Re_\Omega\left(1+\mathrm{i}De\right)}{1+\mathrm{i}\lambda_2\omega}w_0=-\frac{1+\mathrm{i}De}{1+\mathrm{i}\lambda_2\omega}G-\frac{(1+\mathrm{i}De)K^2}{1+\mathrm{i}\lambda_2\omega}\varphi_0\,,\quad(4.2.5)$$

$$\delta^1:\frac{\partial^2w_1}{\partial x^2}+\frac{\partial^2w_1}{\partial y^2}-\frac{\mathrm{i}Re_\Omega\left(1+\mathrm{i}De\right)}{1+\mathrm{i}\lambda_2\omega}w_1=-\frac{(1+\mathrm{i}De)K^2}{1+\mathrm{i}\lambda_2\omega}\varphi_1\,,\quad(4.2.6)$$

$$\delta^2:\frac{\partial^2w_2}{\partial x^2}+\frac{\partial^2w_2}{\partial y^2}-\frac{\mathrm{i}Re_\Omega\left(1+\mathrm{i}De\right)}{1+\mathrm{i}\lambda_2\omega}w_2=-\frac{(1+\mathrm{i}De)K^2}{1+\mathrm{i}\lambda_2\omega}\varphi_2\,,\quad(4.2.7)$$

对应的边界条件（4.1.16）使用 $y=\pm1$ 处函数 R 的泰勒展开式（4.1.18），可得到边界条件（4.1.22）–（4.1.24）.

令

$$\frac{\mathrm{i}Re_\Omega\left(1+\mathrm{i}De\right)}{1+\mathrm{i}\lambda_2\omega}=\left(\alpha_0+\mathrm{i}\beta_0\right)^2,\quad(4.2.8)$$

则计算可得

$$\alpha_0=\left[\frac{Re_\Omega}{2(1+(\lambda_2\omega)^2)}\right]^{1/2}[\sqrt{\left(1+De^2\right)\left(1+(\lambda_2\omega)^2\right)}-(De-\lambda_2\omega)]^{1/2},\quad(4.2.9\mathrm{a})$$

$$\beta_0=\left[\frac{Re_\Omega}{2(1+(\lambda_2\omega)^2)}\right]^{1/2}[\sqrt{\left(1+De^2\right)\left(1+(\lambda_2\omega)^2\right)}+(De-\lambda_2\omega)]^{1/2}.\quad(4.2.9\mathrm{b})$$

结合式（4.2.8），方程（4.2.5）的通解为

$$w_0\left(y\right)=C_0\cosh\left[\left(\alpha_0+\mathrm{i}\beta_0\right)y\right]+D_0\sinh\left[\left(\alpha_0+\mathrm{i}\beta_0\right)y\right]+$$
$$a_0\cosh\left(Ky\right)+b_0\sinh\left(Ky\right)+\frac{G}{iRe_\Omega},\quad(4.2.10)$$

式（4.1.22）代入（4.2.10），可求得待定常数 C_0，D_0，a_0，b_0，

$$a_0=\frac{K^2(1+\mathrm{i}De)A_0}{[\left(\alpha_0+\mathrm{i}\beta_0\right)^2-K^2](1+\mathrm{i}\lambda_2\omega)}\quad,\quad(4.2.11\mathrm{a})$$

$$b_0=\frac{K^2(1+\mathrm{i}De)B_0}{[\left(\alpha_0+\mathrm{i}\beta_0\right)^2-K^2](1+\mathrm{i}\lambda_2\omega)},\quad(4.2.11\mathrm{b})$$

$$C_0 = -\frac{G + \mathrm{i}Re_\Omega \cosh(K) a_0}{\mathrm{i}Re_\Omega \cosh(\alpha_0 + \mathrm{i}\beta_0)}, \tag{4.2.11c}$$

$$D_0 = -\frac{\sinh(K)}{\sinh(\alpha_0 + \mathrm{i}\beta_0)} b_0 . \tag{4.2.11d}$$

其中，A_0，B_0 的表达式见附录 F.3.2.1.

根据边界条件（4.1.23），方程（4.2.6）解的形式可以表示为（4.1.28b），并将方程（4.1.28）代入方程（4.1.20），计算整理可得

$$F_1(y) = C_1 \cosh(\alpha_1 + \mathrm{i}\beta_1) y + D_1 \sinh(\alpha_1 + \mathrm{i}\beta_1) y + a_1 \cosh(K_1 y) + b_1 \sinh(K_1 y), \tag{4.2.12a}$$

$$G_1(y) = C_2 \cosh(\alpha_1 + \mathrm{i}\beta_1) y + D_2 \sinh(\alpha_1 + \mathrm{i}\beta_1) y + a_2 \cosh(K_1 y) + b_2 \sinh(K_1 y) . \tag{4.2.12b}$$

其中 $K_1^2 = K^2 + \lambda^2, (\alpha_1 + \mathrm{i}\beta_1)^2 = (\alpha_0 + \mathrm{i}\beta_0)^2 + \lambda^2$，待定常数 C_j，D_j，a_j，b_j（j=1，2），详细见附录 F.3.2.2 和 F.3.3.1.

根据边界条件（4.1.24），方程（4.1.21）解的形式可以表示为式（4.1.30b），并将方程（4.1.30）代入方程（4.1.21），计算整理可得

$$H(r) = C_3 \cosh[(\alpha_0 + \mathrm{i}\beta_0) y] + D_3 \sinh[(\alpha_0 + \mathrm{i}\beta_0) y] + a_3 \cosh(Ky) + b_3 \sinh(Ky), \tag{4.2.13a}$$

$$F_2(r) = C_4 \cosh[(\alpha_2 + \mathrm{i}\beta_2) y] + D_4 \sinh[(\alpha_2 + \mathrm{i}\beta_2) y] + a_4 \cosh(K_2 y) + b_4 \sinh(K_2 y), \tag{4.2.13b}$$

$$G_2(r) = C_5 \cosh[(\alpha_2 + \mathrm{i}\beta_2) y] + D_5 \sinh[(\alpha_2 + \mathrm{i}\beta_2) y] + a_5 \cosh(K_2 y) + b_5 \sinh(K_2 y) . \tag{4.2.13c}$$

其中 $K_2^2 = K^2 + 4\lambda^2, (\alpha_2 + \mathrm{i}\beta_2)^2 = (\alpha_0 + \mathrm{i}\beta_0)^2 + 4\lambda^2$，待定常数 C_j，D_j，a_j，b_j（j=3，4，5），详细见附录 F.3.2.3 和 F.3.3.2.

4.2.2 平均速度

通过微通道单位宽度的流率在壁面粗糙度的一个波长上平均，可推出平均速度的复振幅

$$\bar{u}=\frac{\lambda}{4\pi}\int_0^{\frac{2\pi}{\lambda}}\mathrm{d}x\int_{-1+\delta\sin(\lambda x+\theta)}^{1+\delta\sin(\lambda x)}w(x,y)\,\mathrm{d}y=u_{0\mathrm{M}}+\delta^2u_{2\mathrm{M}}+o(\delta^2),\quad(4.2.14)$$

其中 $u_{0\mathrm{M}}$，$u_{2\mathrm{M}}$ 的表达式见（4.1.33）.

因此，粗糙微通道的平均速度可表示为

$$u_{\mathrm{M}}(t)=\Re\{\bar{u}\exp(\mathrm{i}t)\}=|U_{\mathrm{M}}|\cos(t+\chi),\quad(4.2.15)$$

其中 χ 是平均速度 $\bar{u}$ 的主辐角，也代表电场和平均速度之间的相位差，称为相位滞后.

4.2.3　结果与讨论

本节推导了具有正弦粗糙度的微平行板间 Jeffreys 流体的 AC EOF 的近似解析解，它主要依赖于电动宽度 K，下壁面与上壁面 zeta 势比 ζ，粗糙壁面波数 λ，上下粗糙壁面之间的相位差 θ，震荡雷诺数 Re_Ω，无量纲压力梯度 G，波纹振幅与通道的平均半高度的比值 δ、Deborah 数 De 和滞后时间 $\lambda_2\omega$. 在实际工程问题中，参数 Re_Ω, De 和 $\lambda_2\omega$ 的取值范围取决于参数 ω，η_0，λ_1 和 λ_2 的范围值. 在下面的计算中，参数值如下选取[15，146，169，170]：$\rho=1.06\times10^3\mathrm{kg\cdot m^{-3}}$，$H$=100μm，$\eta_0\approx3\times10^{-3}\mathrm{kg\cdot m^{-1}s^{-1}}$. 外加电场的频率的参数范围从 0 变到 1.6kHz，相应的角频率 ω 从 0 变到 $10^4\mathrm{s^{-1}}$. 因此，Re_Ω 可以估计从 0 到 100. 松弛时间 λ_1 的取值没有限制，为了不破坏 EDL 条件 $De<2\pi$，根据参考文献［163，164］，松弛时间从 10^{-4}s 变化到 10^3s. 此外，由于滞后时间 λ_2 通常小于松弛时间 λ_1，所以松弛时间 λ_1 和滞后时间 λ_2 应满足条件 $\lambda_2\omega<De<2\pi$.

对于固定的 $x=0$，在不同的 De 和 $\lambda_2\omega$ 下，图 4.2.1 绘制了牛顿流体（$De=0$，$\lambda_2\omega=0$）、Maxwell 流体（$De=6$，$\lambda_2\omega=0$）和 Jeffrey 流体（$De=6$，$\lambda_2\omega=2$）的 AC EOF 速度振幅图. 从图 4.2.1 中可以看出牛顿流体、Maxwell 流体和 Jeffrey 流体之间的速度振幅显著差异，突显了研究 Jeffrey 流体在微通道中的 AC EOF 是非常必要的. 在物理意义上，通过观察图 4.2.1 可以发现，相对于牛顿流体和 Jeffreys 流体，Maxwell 流体由于其剪切变薄

效应表现出更高的 AC EOF 速度，剪切变薄现象指的是黏度随剪切应力的增加速率减小，这意味着随着剪切应力的增加，Maxwell 流体的流动速度会更快．然而，由于 Jeffreys 流体存在滞后时间的影响，其 AC EOF 速度相对较低．这意味着 Jeffrey 流体的流动速度不会因剪切应力的增加而显著提高．另外，从图 4.2.1 还可以观察到，粗糙微通道内速度振幅比光滑微通道小．这是由于下壁面波纹增加了与流体的接触面积，导致流体流动阻力增加，因此速度的振幅减小．此外，在光滑微通道中速度剖面呈现出中心对称的特点．图 4.2.1 中垂直虚线代表波纹壁面的下界，位置为 $y = -0.95$.

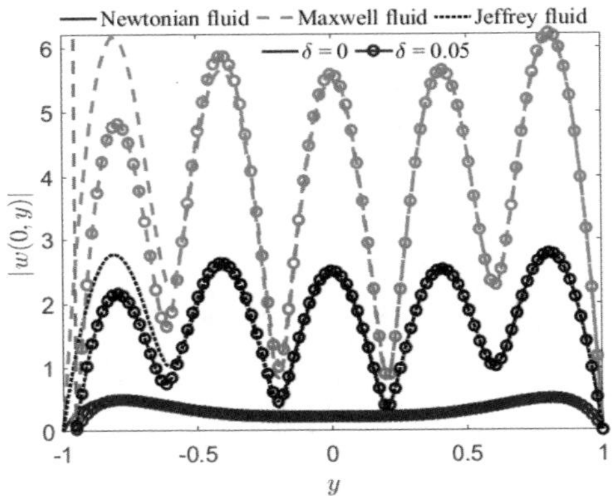

图 4.2.1　速度振幅 $|w(x, y)|$ 随 y 的变化（$K = 10, \lambda = 8, G = 0, Re_\Omega = 10, \theta = 0.5\pi$）

图 4.2.2 展示了在不同的 δ 和 θ 对应的 Jeffrey 流体三维纯 AC EOF 速度及等高线分布图．当 $\delta = 0$ 时，即光滑通道时，速度分布如图 4.2.2（a）所示．对于给定的 $\delta = 0.05$，在图 4.2.2（b）-（d）中，可以清楚地观察到当粗糙壁面从同相位（$\theta = 0$）到反相位（$\theta = \pi$）变化时，速度剖面受到壁面粗糙度的显著影响，出现了明显的波动现象，并且速度分布依赖于 θ. 在一些给定的参数下，结合图 4.2.3 发现，随着 Re_Ω 的增加，振幅逐渐减小（这一结论在图 4.2.5（b）中更为明显）．同时还发现速度剖面快速振动，这是因为振动周期比耗散时间尺度短得多，导致流体运动没有足够的时间扩散到微通道的中心流．对于给定的一些参数，随着滞后时间 $\lambda_2\omega$ 的增加，AC EOF 速度剖面变小，这是由于滞后时间的抑制效果导致流动对于变化的交流电场反应变慢．此外，速度分布出现负值是由 $\lambda_2\omega$ 的抑制效果和交流电

场引起的（速度剖面的负值，在以下具有相同的含义）.

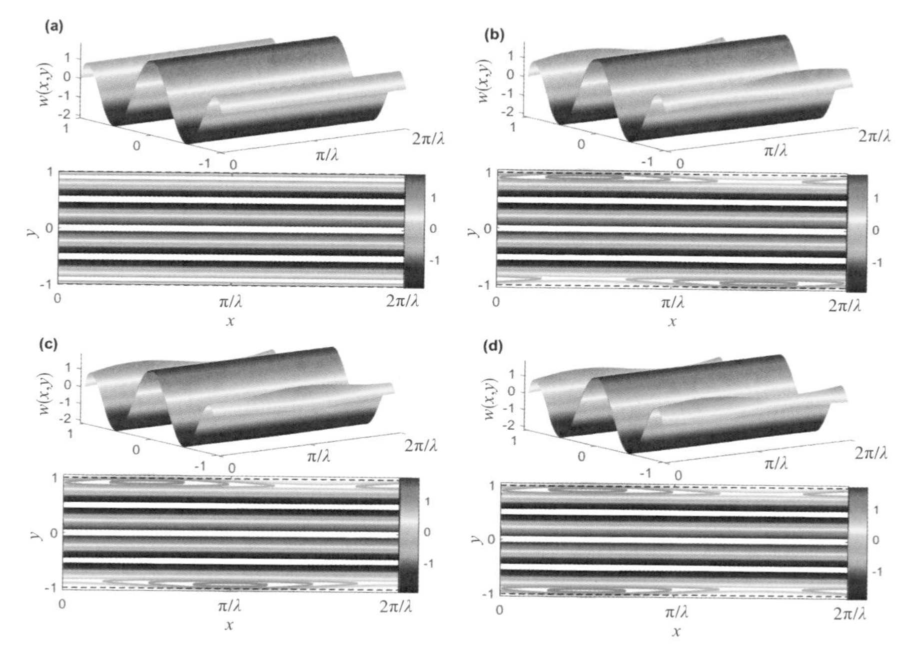

图 4.2.2　不同 δ 和 θ 对应的三维 AC EOF 速度及等高线分布图

（$K = 10$，$\lambda = 8$，$\zeta = 1$，$\delta = 0.05$，$G = 0$，$De = 6$，$Re_{\Omega} = 5$，$\lambda_2\omega = 1$）

注：（a）光滑微通道内的 AC EOF 速度分布；（b）$\theta = 0$；（c）$\theta = \pi/2$；（d）$\theta = \pi$.

图 4.2.4 绘制了在不同的 G 和 θ 值下的相位滞后 χ 随 λ，Re_{Ω}，De，$\lambda_2\omega$，K 和 ζ 的变化情况，对于较大的波数（如 $\lambda > 3.4$），电场和平均速度之间不存在 χ，而对于较小的波数（如 $\lambda \leqslant 3$），χ 更加明显，且随着 θ 的增大而增大[121]. 较小的波数对应于较大的波长，因此在长波粗糙波纹微通道中近似认为光滑微通道相似，这表明光滑通道中动量扩散所需的时间与电场驱动时间之间存在 χ. 此外，随着 G 的增加，χ 也会增加（如图 4.2.4（a））. 对于给定的 Re_{Ω}，χ 随着 θ 和 G 的变化也呈现出明显的增大或减少现象，但流动几乎不表现出 χ 现象，这同时证实了速度剖面随 Re_{Ω} 的增大而快速振动且振幅逐渐减小（如图 4.2.4（b））. 对于给定的较大的 De，不同的 θ 和 G 显示出明显的相位滞后 χ，且随着 θ 的增加 χ 先增大后减少趋势，这是因为粗糙壁面从同相位到反相位，一方面流动与固体壁面的接触面积增加导致阻

力增大，另一方面 Jeffrey 流体的滞后效应抑制流体的流动所致（如图 4.2.4（c））. 在一些给定参数下，相位滞后 χ 随着 $\lambda_2\omega$ 和粗糙度相位差 θ 的增加而单调递减，而 χ 随着 G 的增加则呈现相反的趋势 . 这与图 4.2.4（c）的情况类似（如图 4.2.4（d））. 随着 K 的增加，χ 呈现先增加后减少的趋势，而较大的 K 显示出更为明显的相位滞后 . 此外，固定的 K，随着 G 的增加，χ 呈现先增加后减少再增加的复杂变化趋势 . 增加 K 意味着 EDL 厚度减少，较大的 K 对应于薄层 EDL，因此电渗力增加导致相位滞后变大（如图 4.2.4（e））. 在 ζ 的情况下，当 $G=0$ 和 1 时，几乎没有观察到相位滞后现象 . 然而，当 $G=-1$ 时，则出现了奇异性现象 . 其根本原因在于当上下两个波纹壁面的电荷特性由相反变为相同（即 ζ 由负变为正）时，导致 EDL 内的电渗作用力的方向也随之改变 . 这个变化引发了相位滞后现象的变化，从而触发了奇异性现象的出现 . 这主要是因为在给定参数范围内分母趋近于零，具体情况可以从方程式（4.2.15）中得知（如图 4.2.4（f））.

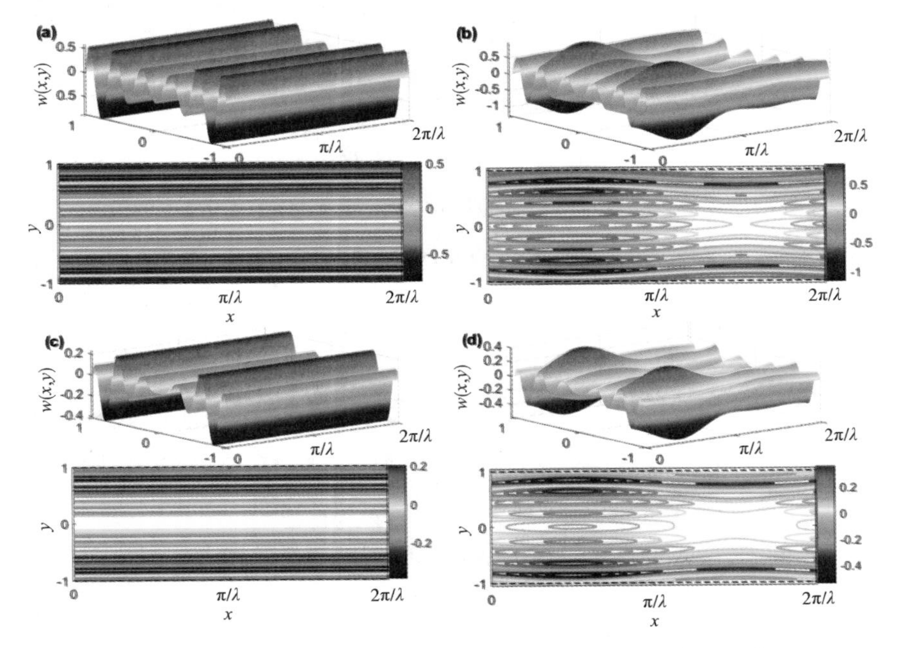

图 4.2.3　不同 δ 和 θ 对应的三维 AC EOF 速度及等高线分布图

（$K=10$，$\lambda=8$，$\zeta=1$，$G=0$，$De=6$，$Re_\Omega=50$，$\theta=\pi$）

注：（a）$\lambda_2\omega=1$，$\delta=0$;（b）$\lambda_2\omega=1$，$\delta=0.05$;（c）$\lambda_2\omega=3$，$\delta=0$;（d）$\lambda_2\omega=3$，$\delta=0.05$.

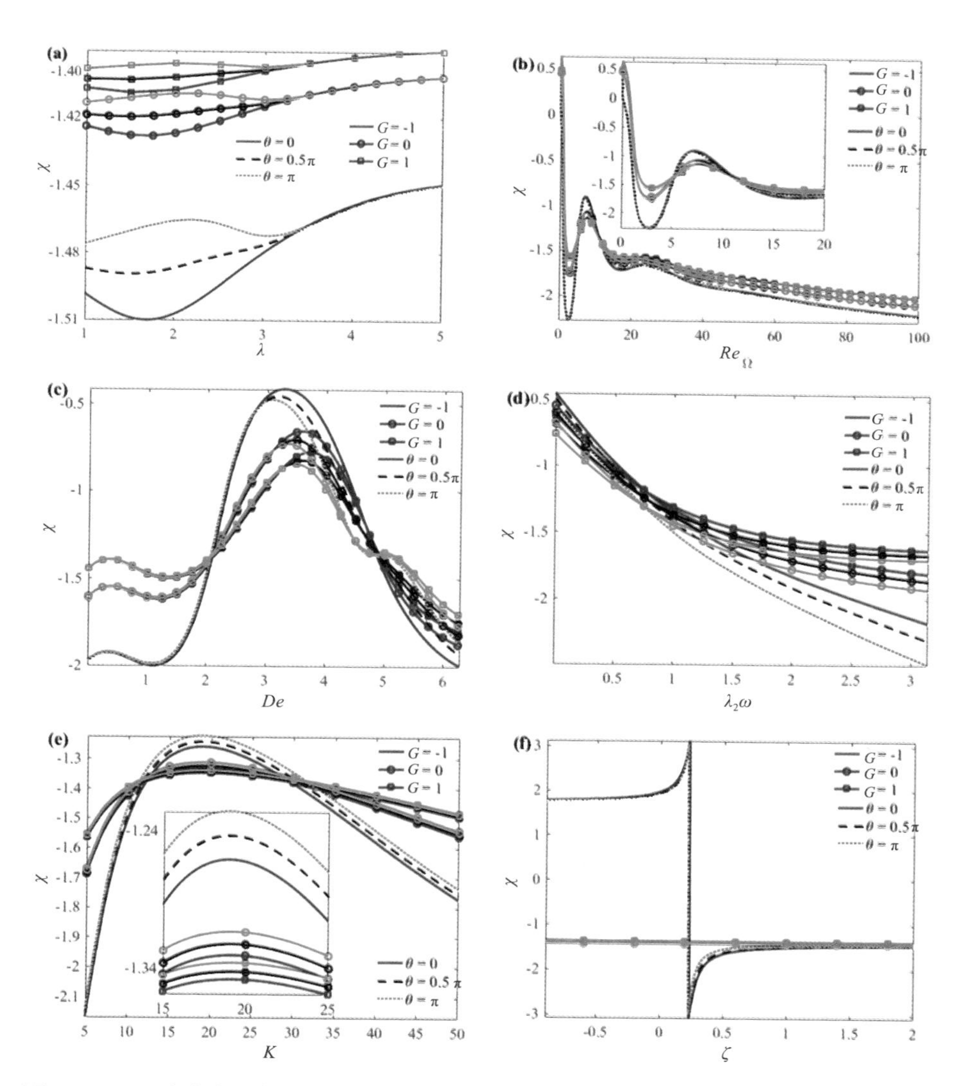

图 4.2.4　平均速度和电场势之间的相位滞后 χ 对不同的 θ 和 G 随（a）λ；（b）Re_Ω；（c）De；（d）$\lambda_2\omega$；（e）K；（f）ζ 的变化．

（$K=10$，$\zeta=1$，$De=2$，$Re_\Omega=5$，$\lambda_2\omega=0.8$，$\lambda=2$，$\delta=0.1$）

图 4.2.5 展示了在不同的 G 和 Re_Ω 下，粗糙微通道中 AC EOF 的平均速度 u_M（t）随时间 t 的变化情况．在图 4.2.5（a）中可以清晰地观察到，

当压力梯度从逆压力梯度（$G=-1$）变化至顺压力梯度（$G=1$）时，速度剖面发生改变，这是因为压力梯度对流体流动阻碍或促进的作用导致了此变化．对于给定的参数，平均速度 u_M（t）随着 Re_Ω 的增加而快速振荡，并且振幅逐渐减小（见图 4.2.5（b）），这与已知结果一致．从图 4.2.5 还可以观察到，平均速度 u_M（t）呈现周期性振荡，并且其周期与外加电场的周期一致．

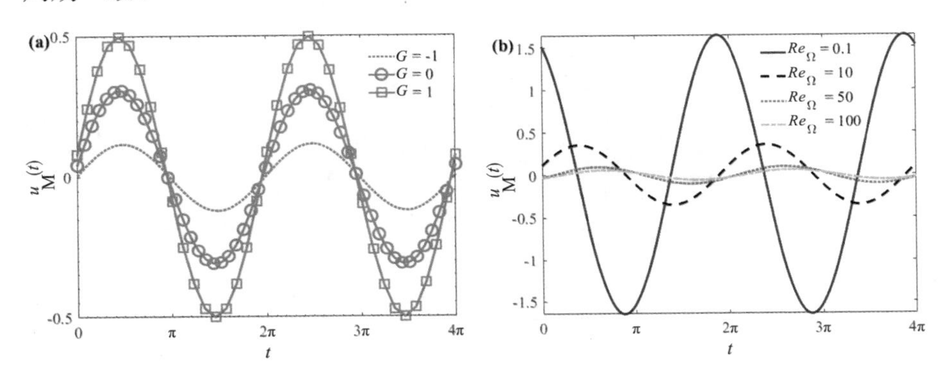

图 4.2.5　平均速度 u_M（t）随 t 的变化

（$K=10$，$\lambda=2$，$De=2$，$Re_\Omega=5$，$\lambda_2\omega=0.8$，$\zeta=1$，$\delta=0.1$）

注：（a）$G=-1$，0，1；（b）$Re_\Omega=0.1$，10，50，100.

在图 4.2.6 中，显示了平均速度的振幅 $|U_M|$ 随参数 Re_Ω、De、λ 和 $\lambda_2\omega$ 的变化情况．对于给定的 K，较大的 Re_Ω 和较小的 G 会导致较小的 $|U_M|$（如图 4.2.6（a））．对于给定的 Re_Ω，相同的 De 数将产生相似的 $|U_M|$ 峰值．这是因为流体的弹性效应会导致 AC EOF 速度对某些 De 数增加，而对另外一些 De 数减小．此外，在较大的弹性效应下（即较大的 De 数），$|U_M|$ 随着 θ 的增加而减小，这是因为粗糙壁面从同相位到反相位，流体接触固体壁面面积增加导致阻力增加（如图 4.2.6（b））．对于 λ 的变化，$|U_M|$ 并没有明显变化，对较大的 λ（如 $\lambda \geqslant 2$），θ 对 $|U_M|$ 的影响可以忽略不计（如图 4.2.6（c））．随着 $\lambda_2\omega$ 的增加，$|U_M|$ 逐渐减少，这是由于滞后时间的抑制效应导致流动对于变化的交流电场反应变慢（如图 4.2.6（d））．此外，

图 4.2.6（d）还可以看出，在给定的一些参数下，$|U_{\mathrm{M}}|$ 随着 θ 的增加而增加．这是因为 θ 的增加导致流体流动的阻力增加，而滞后时间的抑制效果对较大阻力的影响较小．

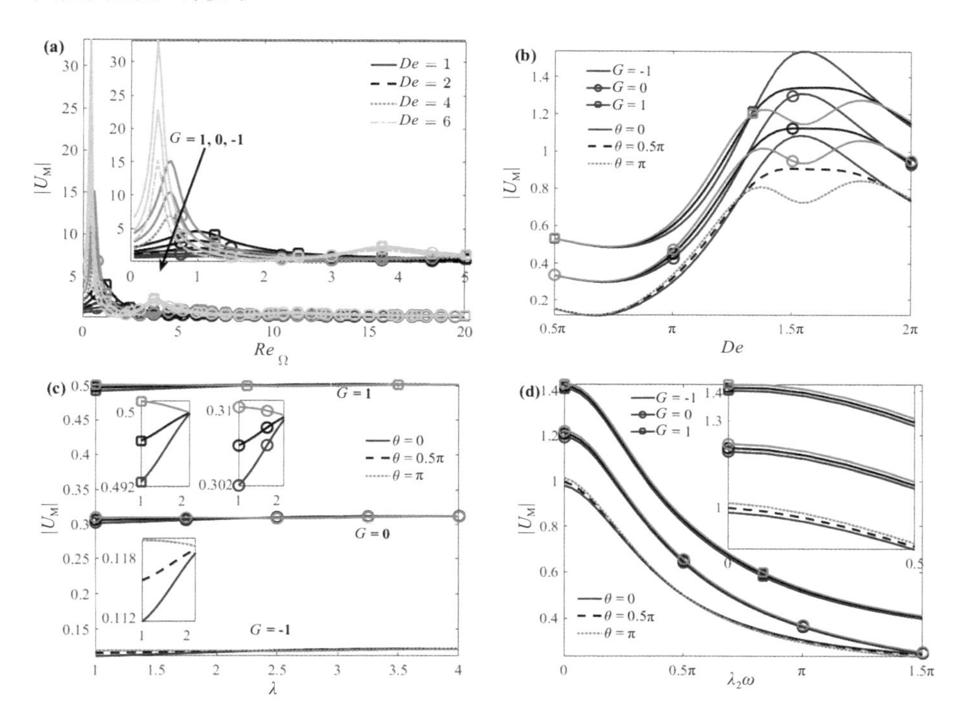

图 4.2.6　平均速度的复振幅 $|U_{\mathrm{M}}|$ 随（a）Re_{Ω}；（b）De；（c）λ；（d）$\lambda_2\omega$ 的变化．

（$K=10$，$\lambda=2$，$Re_{\Omega}=5$，$De=2$，$\lambda_2\omega=0.8$，$\zeta=1$，$\delta=0.1$）

4.2.4　本节小结

本节中采用边界摄动展开法和线性叠加原理探究了在微通道中具有正弦形波纹壁面的微平行板间 Jeffrey 流体的 AC EOF 问题．通过理论推导和图形分析，得出了如下结论。

牛顿流体、Maxwell 流体和 Jeffrey 流体之间的 AC EOF 速度振幅存在显著差异；因此深入研究 Jeffrey 流体在微通道中的 AC EOF 具有重要意义；在波纹微通道中，AC EOF 速度振幅比光滑微通道中的要小；波纹壁面显著影响速度剖面，引起明显的波动，速度分布也随之变化，与 θ 相关；随着 Re_{Ω} 的增加，速度剖面出现快速振动且振幅逐渐减小；随着 $\lambda_2\omega$ 的增加，AC EOF 速度剖面变小 .

在相位滞后 χ 方面，当波数较大时（如 $\lambda > 3.4$），电场和平均速度之间没有明显的相位滞后 χ 现象，而较小波数（如 $\lambda \leqslant 3$）的情况下更为显著；χ 随着 G 的增加呈现增加或减少的趋势；对于给定的 Re_{Ω}，虽然 θ 和 G 的变化对 χ 有影响，但流动基本上不存在 χ 现象；较大 De，不同的 θ 和 G 显示出不同的 χ，且随 θ 的增加，χ 先增大后减少；对于给定的参数下，χ 随着 $\lambda_2\omega$ 和 θ 的增加而单调递减；随着 K 的增加，χ 先增加后减少，较大的 K 显示出明显的相位滞后；随 ζ 来说几乎没有相位滞后，但在特定情况下（$G = -1$）出现奇异性现象 .

在 $u_{\mathrm{M}}(t)$ 方面，当 G 从逆压力梯度变为顺压力梯度时，$u_{\mathrm{M}}(t)$ 剖面呈现出变大的趋势；对于给定的参数，$u_{\mathrm{M}}(t)$ 随着 Re_{Ω} 的增加出现快速振荡且振幅逐渐减小；$u_{\mathrm{M}}(t)$ 随着 t 周期性振荡，其周期与外加电场一致 .

在 $|U_{\mathrm{M}}|$ 方面，对于给定的 K，较大的 Re_{Ω} 和较小的 G 会导致较小的 $|U_{\mathrm{M}}|$；对于给定的 Re_{Ω}，相同的 De 数会产生相似的 $|U_{\mathrm{M}}|$ 峰值；较大的弹性效应（即较大的 De 数）下，$|U_{\mathrm{M}}|$ 随着 θ 的增加而减小；随着波数 λ 的增加，$|U_{\mathrm{M}}|$ 无明显变化，对较大的 λ（如 $\lambda \geqslant 2$），θ 对 $|U_{\mathrm{M}}|$ 的影响可忽略；$|U_{\mathrm{M}}|$ 随着 $\lambda_2\omega$ 的增加而减少；在给定的一些参数下，$|U_{\mathrm{M}}|$ 随着 θ 的增加而增加 .

第 5 章　具有正弦粗糙度的导电－绝缘流体的电渗流动

5.1　具有正弦粗糙度和上层导电两层牛顿流体的电渗流动

5.1.1　几何模型的建立

本节所研究的流动是两个不可压缩且不混溶的黏性牛顿流体的定常、完全发展的通道流，同时这两层流体的导电性也存在显著差异．这类流动在一些 EOF 泵中得以实现[76]，其中非导电流体位于系统下部，被上层的导电流体拖动，如图 5.1.1 所示．尽管坐标系建立在两种流体之间的界面处，但它们的厚度并不一定相同．

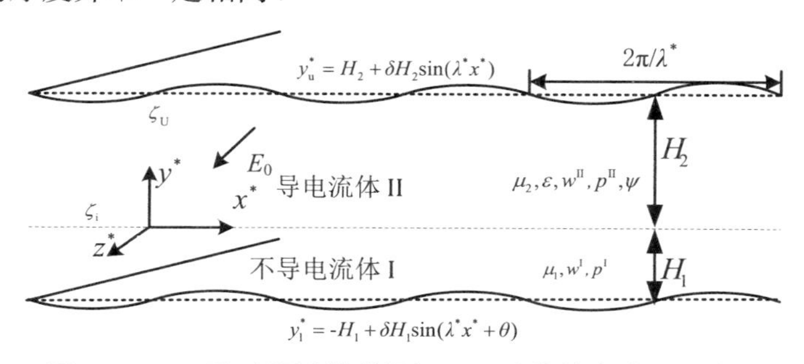

图 5.1.1　正弦形粗糙微道通间两层流体的电渗流示意图

由于上壁和导电流体之间的相互作用，自然会形成 EDL. 在上部通道入口和出口处的两个电极之间施加直流电场，该电场对 EDL 的反离子产生库仑力，这些反离子沿着上部通道移动，由黏性力将剩余的流体拖动 . 类似的情况出现在流体 – 流体界面处，同时在界面附近的导电流体中形成第二个 EDL，这是由于存在介电相互作用 . 导电流体（流体 II）在库仑力（电渗体积力）的作用下移动，其影响通过黏性剪切应力，传递到底层非导电流体（流体 I）.

可独立施加于上、下通道入口和出口之间的压差可作用于电场的相同或相反方向 . 或者，流向电势差可能不是独立施加的，而是由于施加的压力差迫使流动而导致离子在通道末端积聚的结果 . 这种特殊情况被称为流向势，其暗示了施加的有利压力梯度与随之而来的不利外部电场之间的特定关系[10]，为简洁起见，本书不对这种情况进行分析 .

为了分析该系统，建立三维笛卡尔正交坐标系（x^*，y^*，z^*），其中坐标原点位于流体 – 流体界面处，并认为微通道的上层导电流体（conducting fluid II）和下层不导电流体（nonconducting Fluid I）的平均高度分别为 H_2 和 H_1，微通道的长度和宽度远远大于微通道的高度 H_2+H_1. 如图 5.1.1 所示 . 在通道上层两端施加强度为 E_0 的直流（DC）电场，此时认为沿 z^* 方向为流体的流动方向 . 下板波纹壁面和上板波纹壁面分别用 $y_l^* = H_1[-1+\delta\sin(\lambda^* x^*+\theta)]$ 和 $y_u^* = H_2[1+\delta\sin(\lambda^* x^*)]$ 来描述 . 与导电流体（流体 II）接触的顶部通道壁面附近形成的双电层具有 zeta 电势 ζ_U，流体 II 中的第二个 EDL，与流体 I 接触的界面处，具有界面 zeta 电势 ζ_i，它取决于两种流体的性质，并且随电解质溶液的 pH 值、导电流体中的离子浓度和离子表面活性剂等有关[79]. 这种界面 zeta 电势会影响两个 EDL 中的电势分布，从而影响电渗力分布，进而影响整个流体的流动速度 .

5.1.2 数学模型和近似解

对于不导电流体（流体 I）和导电流体（流体 II），描述完全发展的不可压缩的牛顿流体应满足连续性方程和 Navier–Stokes 方程

$$\nabla^* \cdot \boldsymbol{U}^i = 0, i = \mathrm{I}, \mathrm{II} \qquad (5.1.1)$$

$$\rho_i\left(\frac{\partial \boldsymbol{U}^i}{\partial t^*}+\left(\boldsymbol{U}^i \cdot \nabla^*\right)\boldsymbol{U}^i\right)=-\nabla^* p^i+\mu_i \nabla^{*2}\boldsymbol{U}^i+\rho_{\mathrm{E}}^* E_0 \mathbf{e}_{\mathbf{z}^*} \delta_{i2} \ . \qquad (5.1.2)$$

其中 $\boldsymbol{U}^i$ 和 p^i 分别表示沿 z^* 轴方向第 I 和 II 层流体的速度矢量和压强，μ_i 是流体动力学黏性系数（$i=1$ 表示流体层 I，$i=2$ 表示流体层 II），式（5.1.2）中的 $\rho_{\mathrm{E}}^* E_0$ 项表示单位体积的库仑力，其中 E_0 为外加电场，ρ_{E}^* 为单位体积电荷密度，$\mathbf{e}_z$ 表示 z 轴方向的单位向量，$\boldsymbol{\delta}_{i2}$ 为克罗内克（Kronecker）张量 . 当前分析中的主要简化假设和考虑如下：（i）两种流体是导电性不同的黏性牛顿流体；（ii）假定流体性质与局部电场、离子浓度和温度无关（这一假设适用于本书的情况）；（iii）在通道壁面无滑移边界条件下，流动恒定且充分发展；（iv）两种流体是不能混溶的，并且在流体之间存在具有平面界面的分层，此界面处形成第二个 EDL；（v）压力梯度可以同时沿通道施加；（vi）经典电动力学理论条件适用[161].

对于导电流体（流体 II），根据双电层理论，电势 ψ（x^*, y^*）和净电荷密度 ρ_{E}^*（x^*, y^*）的关系可以由方程（3.1.2）和（3.1.3）描述 . 同理，考虑 Debye–Hückel 线性化，方程（3.1.2）和（3.1.3），直角坐标系下的线性化的 P–B 方程为

$$\frac{\partial^2 \Psi}{\partial x^{*2}}+\frac{\partial^2 \Psi}{\partial y^{*2}}=\kappa^2 \Psi \ , \qquad (5.1.3)$$

相应的边界条件为

$$\Psi(x^*, y^*)=\zeta_{\mathrm{U}}\text{，在 } y=y_{\mathrm{u}}^* \text{ 处，} \qquad (5.1.4\mathrm{a})$$

$$\Psi(x^*, y^*)=\zeta_{\mathrm{i}}\text{，在 } y=0 \text{ 处，} \qquad (5.1.4\mathrm{b})$$

这里假设上壁面和界面处的 zeta 电势 ζ_{U} 和 ζ_{i} 是常数[119].

根据前面的假设，认为只有沿 z^* 方向流动（流动速度 $\boldsymbol{U}=$（0, 0, W））. 根据不可压缩条件（5.1.1），Navier–Stokes 方程（5.1.2）中的对流项将消失，控制方程（5.1.2）简化为如下

$$-\frac{\partial P^i}{\partial x^*}=0\,, \tag{5.1.5}$$

$$-\frac{\partial P^i}{\partial y^*}=0\,, \tag{5.1.6}$$

$$-\frac{\partial P^i}{\partial z^*}+\mu_i\nabla^{*2}W^i+\rho_{\mathrm{E}}^*E_0\delta_{i2}=0\ . \tag{5.1.7}$$

方程（5.1.7）对应的通道上壁面和下壁面的边界条件为

$$W^{\mathrm{II}}(x^*,y^*)=0\,,\ 在\ y=y_u^*处, \tag{5.1.8a}$$

$$W^{\mathrm{I}}(x^*,y^*)=0\,,\ 在\ y=y_l^*处\ . \tag{5.1.8b}$$

方程（5.1.7）对应的界面处边界条件为速度连续和剪切应力连续

$$W^{\mathrm{I}}(x^*,y^*)=W^{\mathrm{II}}(x^*,y^*),\mu_1\frac{\partial W^{\mathrm{I}}(x^*,y^*)}{\partial y^*}=\mu_2\frac{\partial W^{\mathrm{II}}(x^*,y^*)}{\partial y^*}\,,\ 在\ y=0\ 处\ . \tag{5.1.8c, d}$$

引入一组无量纲化参数

$$(x,y)=\frac{(x^*,y^*)}{H_2},K=\kappa H_2,\varphi(x,y)=\frac{\Psi\left(x^*,y^*\right)}{\zeta_{\mathrm{U}}},w^i\left(x,y\right)=\frac{W^i(x^*,y^*)}{U_{\mathrm{EO}}}\,,$$

$$U_{\mathrm{EO}}=-\frac{\varepsilon\zeta_{\mathrm{U}}E_0}{\mu_2},G^i=-\frac{H_2^2}{\mu_iU_{\mathrm{EO}}}\frac{\partial P^i}{\partial z^*},\zeta=\frac{\zeta_{\mathrm{i}}}{\zeta_{\mathrm{U}}},h_r=\frac{H_1}{H_2},\mu_r=\frac{\mu_1}{\mu_2}\,, \tag{5.1.9}$$

上式中，无量纲化的电动宽度 K 表示微通道的上层导电流体的平均高度（H_2）与 Debye 长度（$1/\kappa$，其中 $\kappa=z_ve\left(2n_0/\varepsilon k_{\mathrm{B}}T\right)^{1/2}$）的比值；$G^i$ 表示施加在通道轴向的无量纲压力梯度 .

将无量纲表示（5.1.9）代入 P–B 方程（5.1.3）、电渗流控制方程（5.1.7）和边界条件（5.1.4）和（5.1.8），其相应的无量纲化电势 φ（x，y）和速度 w^i（x，y）所满足的方程为

$$\frac{\partial^2\varphi}{\partial x^2}+\frac{\partial^2\varphi}{\partial y^2}=K^2\varphi\,, \tag{5.1.10}$$

$$\frac{\partial^2w^i}{\partial x^2}+\frac{\partial^2w^i}{\partial y^2}=-G^i-\frac{\mu_i}{\mu_2}K^2\varphi\delta_{i2}\ . \tag{5.1.11a, b}$$

对应的边界条件为

$$\varphi(x,y)=1, w^{\mathrm{II}}(x,y)=0\text{，在 }y=y_u\text{ 处，}\qquad (5.1.12\text{a，b})$$

$$\varphi(x,y)=\zeta, w^{\mathrm{II}}(x,y)=w^{\mathrm{I}}(x,y), \mu_r\frac{\partial w^{\mathrm{I}}(x,y)}{\partial y}=\frac{\partial w^{\mathrm{II}}(x,y)}{\partial y}\text{，在 }y=0\text{ 处，}\qquad (5.1.12\text{c，d，e})$$

$$w^{I}(x,y)=0\text{，在 }y=y_l\text{ 处 .}\qquad (5.1.12\text{f})$$

同理，假定 $\delta<<1$ 并电势 φ 和速度 w^i 按 δ 的幂次展开为式（4.1.17）. 在上壁面 $y=y_u$ 和下壁面 $y=y_l$ 分别在 $y=1$ 和 $y=-h_r$ 处函数 R 的泰勒展开式为

$$\begin{aligned}R(x,1+\delta\sin(\lambda x))&=R(x,1)+\delta\sin(\lambda x)R_y(x,1)+\frac{\delta^2\sin^2(\lambda x)}{2}R_{yy}(x,1)+\cdots\\&=R_0(1)+\delta[\sin(\lambda\theta)R_0'(1)+R_1(x,1)]+\delta^2\left[\frac{\sin^2(\lambda\theta)}{2}R_0''(1)+\right.\\&\quad\left.\sin(\lambda\theta)R_{1y}(x,1)+R_2(x,1)\right]+\cdots .\end{aligned}\qquad (5.1.13\text{a})$$

$$\begin{aligned}R(x,-h_r+\delta h_r\sin(\lambda x+\theta))&=R(x,-h_r)+\delta h_r\sin(\lambda x+\theta)R_y(x,-h_r)+\\&\quad\frac{\delta^2h_r^2\sin^2(\lambda x+\theta)}{2}R_{yy}(x,-h_r)+\cdots\\&=R_0(-h_r)+\delta[h_r\sin(\lambda x+\theta)R_0'(-h_r)+R_1(x,-h_r)]+\delta^2\left[\frac{h_r^2\sin^2(\lambda\theta+\theta)}{2}R_0''(-h_r)+\right.\\&\quad\left.h_r\sin(\lambda x+\theta)R_{1y}(x,-h_r)+R_2(x,-h_r)\right]+\cdots.\end{aligned}\qquad (5.1.13\text{b})$$

将方程（4.1.17）代入方程（5.1.10）和（5.1.11）中，得到关于 δ 的幂次所满足的微分方程边值问题

$$\delta^0:\frac{\mathrm{d}^2\varphi_0}{\mathrm{d}y^2}=K^2\varphi_0,\qquad (5.1.14\text{a})$$

$$\frac{\mathrm{d}^2w_0^{\mathrm{II}}}{\mathrm{d}y^2}=-G^{\mathrm{II}}-K^2\varphi_0^{\mathrm{II}},\qquad (5.1.14\text{b})$$

$$\frac{\mathrm{d}^2w_0^{\mathrm{I}}}{\mathrm{d}y^2}=-G^{\mathrm{I}},\qquad (5.1.14\text{c})$$

$$\delta^1:\frac{\partial^2\varphi_1}{\partial x^2}+\frac{\partial^2\varphi_1}{\partial y^2}=K^2\varphi_1,\qquad (5.1.15\text{a})$$

$$\frac{\partial^2 w_1^{\mathrm{II}}}{\partial x^2}+\frac{\partial^2 w_1^{\mathrm{II}}}{\partial y^2}=-K^2\varphi_1 , \tag{5.1.15b}$$

$$\frac{\partial^2 w_1^{\mathrm{I}}}{\partial x^2}+\frac{\partial^2 w_1^{\mathrm{I}}}{\partial y^2}=0 , \tag{5.1.15c}$$

$$\delta^2:\frac{\partial^2 \varphi_2}{\partial x^2}+\frac{\partial^2 \varphi_2}{\partial y^2}=K^2\varphi_2 , \tag{5.1.16a}$$

$$\frac{\partial^2 w_2^{\mathrm{II}}}{\partial x^2}+\frac{\partial^2 w_2^{\mathrm{II}}}{\partial y^2}=-K^2\varphi_2 , \tag{5.1.16b}$$

$$\frac{\partial^2 w_2^{\mathrm{I}}}{\partial x^2}+\frac{\partial^2 w_2^{\mathrm{I}}}{\partial y^2}=0 . \tag{5.1.16c}$$

对应的边界条件（5.1.12a，b，f）使用 $y=1$ 和 $y=-h_r$ 处函数 R 的泰勒展开式（5.1.13）和界面处的边界条件分别整理，可得到

$$\delta^0:\quad \varphi_0(1)=1 , \tag{5.1.17a}$$

$$w_0^{\mathrm{II}}(1)=0 , \tag{5.1.17b}$$

$$w_0^{\mathrm{I}}(-h_r)=0 , \tag{5.1.17c}$$

$$\varphi_0(0)=\zeta , \tag{5.1.17d}$$

$$w_0^{\mathrm{II}}(0)=w_0^{\mathrm{I}}(0) , \tag{5.1.17e}$$

$$\left.\frac{\mathrm{d}w_0^{\mathrm{II}}}{\mathrm{d}y}\right|_{y=0}=\mu_r\left.\frac{\mathrm{d}w_0^{\mathrm{I}}}{\mathrm{d}y}\right|_{y=0} , \tag{5.1.17f}$$

$$\delta^1:\quad \varphi_1(x,1)=-\sin(\lambda x)\varphi_0'(1) , \tag{5.1.18a}$$

$$\varphi_1(x,0)=0 , \tag{5.1.18b}$$

$$w_1^{\mathrm{II}}(x,1)=-\sin(\lambda x)\left.\frac{\mathrm{d}w_0^{\mathrm{II}}}{\mathrm{d}y}\right|_{y=1} , \tag{5.1.18c}$$

$$w_1^{I}(x,-h_r)=-h_r\sin(\lambda x+\theta)\left.\frac{\mathrm{d}w_0^{\mathrm{I}}}{\mathrm{d}y}\right|_{y=-h_r} , \tag{5.1.18d}$$

$$w_1^{\mathrm{II}}(x,0)=w_1^{\mathrm{I}}(x,0) , \tag{5.1.18e}$$

$$\left.\frac{\partial w_1^{\mathrm{II}}}{\partial y}\right|_{y=0}=\mu_r\left.\frac{\partial w_1^{\mathrm{I}}}{\partial y}\right|_{y=0} , \tag{5.1.18f}$$

$$\delta^2:\ \varphi_2(x,1) = -\frac{\sin^2(\lambda x)}{2}\varphi_0''(1) - \sin(\lambda x)\frac{\partial \varphi_1}{\partial y}\bigg|_{y=1}, \tag{5.1.19a}$$

$$\varphi_2(x,0) = 0 \tag{5.1.19b}$$

$$w_2^{\mathrm{II}}(x,1) = -\frac{\sin^2(\lambda x)}{2}\frac{\mathrm{d}^2 w_0^{\mathrm{II}}}{\mathrm{d}y^2}\bigg|_{y=1} - \sin(\lambda x)\frac{\partial w_1^{\mathrm{II}}}{\partial y}\bigg|_{y=1}, \tag{5.1.19c}$$

$$w_2^{\mathrm{I}}(x,-h_r) = -\frac{h_r^2\sin^2(\lambda x+\theta)}{2}\frac{\mathrm{d}^2 w_0^{\mathrm{I}}}{\mathrm{d}y^2}\bigg|_{y=-h_r} - h_r\sin(\lambda x+\theta)\frac{\partial w_1^{\mathrm{I}}}{\partial y}\bigg|_{y=-h_r}, \tag{5.1.19d}$$

$$w_2^{\mathrm{II}}(x,0) = w_2^{\mathrm{I}}(x,0), \tag{5.1.19e}$$

$$\frac{\partial w_2^{\mathrm{II}}}{\partial y}\bigg|_{y=0} = \mu_r\frac{\partial w_2^{\mathrm{I}}}{\partial y}\bigg|_{y=0}. \tag{5.1.19f}$$

方程（5.1.14）的通解为

$$\varphi_0(y) = A_1\cosh(Ky) + A_2\sinh(Ky), \tag{5.1.20a}$$

$$w_0^{\mathrm{II}}(y) = C_1 + C_2 y - \frac{G^{\mathrm{II}}}{2}y^2 - A_1\cosh(Ky) - A_2\sinh(Ky), \tag{5.1.20b}$$

$$w_0^{\mathrm{I}}(y) = D_1 + D_2 y - \frac{G^{\mathrm{I}}}{2}y^2. \tag{5.1.20c}$$

式（5.1.17）代入（5.1.20），可求得待定常数 A_j，C_j，D_j（$j=1$，2），详细见附录 F.3.4.1.

根据边界条件（5.1.18），方程（5.1.15）解的形式可以表示为

$$\varphi_1(x,y) = f_1(y)\sin(\lambda x), \tag{5.1.21a}$$

$$w_1^{\mathrm{II}}(x,y) = F_1(y)\sin(\lambda x) + F_2(y)\cos(\lambda x), \tag{5.1.21b}$$

$$w_1^{\mathrm{I}}(x,y) = G_1(y)\sin(\lambda x) + G_2(y)\cos(\lambda x). \tag{5.1.21c}$$

方程（5.1.21）代入方程（5.1.15），并分离整理计算可得

$$f_1(y) = A_3\cosh(K_1 y) + A_4\sinh(K_1 y), \tag{5.1.22a}$$

$$F_1(y) = C_3\cosh\lambda y + C_4\sinh\lambda y - A_3\cosh(K_1 y) - A_4\sinh(K_1 y), \tag{5.1.22b}$$

$$F_2(y) = C_5\cosh\lambda y + C_6\sinh\lambda y, \tag{5.1.22c}$$

$$G_1(y) = D_3\cosh\lambda y + D_4\sinh\lambda y, \tag{5.1.22d}$$

$$G_2(y)=D_5\cosh\lambda y+D_6\sinh\lambda y\,, \tag{5.1.22e}$$

其中 $K_1^2=K^2+\lambda^2$，待定常数 A_j，C_k，D_k（$j=3$，4；$k=3$，4，5，6），详细见附录 F.3.4.2.

根据边界条件（5.1.19），方程（5.1.16）解的形式可以表示为

$$\varphi_2(x,y)=f_2(y)+f_3(y)\sin(2\lambda x)\,, \tag{5.1.23a}$$

$$w_2^{\mathrm{II}}(x,y)=F_3(y)+F_4(y)\sin(2\lambda x)+F_5(y)\cos(2\lambda x)\,, \tag{5.1.23b}$$

$$w_2^{\mathrm{I}}(x,y)=G_3(y)+G_4(y)\sin(2\lambda x)+G_5(y)\cos(2\lambda x). \tag{5.1.23c}$$

方程（5.1.23）代入方程（5.1.16），并分离整理计算可得

$$f_2(y)=A_5\cosh(Ky)+A_6\sinh(Ky)\,, \tag{5.1.24a}$$

$$f_3(y)=A_7\cosh(K_2y)+A_8\sinh(K_2y)\,, \tag{5.1.24b}$$

$$F_3(y)=C_7+C_8y-A_5\cosh(Ky)-A_6\sinh(Ky)\,, \tag{5.1.24c}$$

$$F_4(y)=C_9\cosh(2\lambda y)+C_{10}\sinh(2\lambda y)\,, \tag{5.1.24d}$$

$$F_5(y)=C_{11}\cosh(2\lambda y)+C_{12}\sinh(2\lambda y)-A_7\cosh(K_2y)-A_8\sinh(K_2y)\,, \tag{5.1.24e}$$

$$G_3(y)=D_7+D_8y\,, \tag{5.1.24f}$$

$$G_4(y)=D_9\cosh(2\lambda y)+D_{10}\sinh(2\lambda y)\,, \tag{5.1.24g}$$

$$G_5(y)=D_{11}\cosh(2\lambda y)+D_{12}\sinh(2\lambda y)\,, \tag{5.1.24h}$$

其中 $K_2^2=K^2+4\lambda^2$，待定常数 A_j，C_k，D_k（$j=5$，6，7，8；$k=7$，8，…，12），详细见附录 F.3.4.3.

5.1.3 平均速度

通过微通道单位宽度的流率在壁面粗糙度的一个波长上平均，可推导出上层导电流体的平均速度

$$\begin{aligned}\bar{u}^{\mathrm{II}}&=\frac{\lambda}{2\pi}\int_0^{\frac{2\pi}{\lambda}}\mathrm{d}x\int_0^{1+\delta\sin(\lambda x)}w^{\mathrm{II}}(x,y)\mathrm{d}y\\&=\frac{\lambda}{2\pi}\int_0^{\frac{2\pi}{\lambda}}\left\{\int_0^1 w(x,y)\mathrm{d}y+\int_1^{1+\delta\sin(\lambda x)}w^{\mathrm{II}}(x,y)\mathrm{d}y\right\}\mathrm{d}x\\&=u_{0\mathrm{M}}^{\mathrm{II}}+\delta^2u_{2\mathrm{M}}^{\mathrm{II}}+o(\delta^2)\,,\end{aligned} \tag{5.1.25}$$

其中

$$u_{0\mathrm{M}}^{\mathrm{II}}=C_1+\frac{C_2}{2}-\frac{G^{\mathrm{II}}}{6}-\frac{(\cosh K-1)A_2+A_1\sinh K}{K},\qquad(5.1.26\mathrm{a})$$

$$u_{2\mathrm{M}}^{\mathrm{II}}=C_7+\frac{1}{2}C_8+\frac{(1-\cosh K)A_6}{K}+\frac{1}{4}\frac{\mathrm{d}W_0^{\mathrm{II}}}{\mathrm{d}y}\bigg|_{y=1}.\qquad(5.1.26\mathrm{b})$$

通过微通道单位宽度的流率在壁面粗糙度的一个波长上平均，可推导出下层不导电流体的平均速度

$$\begin{aligned}\bar{u}^{\mathrm{I}}&=\frac{\lambda}{2\pi h_r}\int_0^{\frac{2\pi}{\lambda}}\mathrm{d}x\int_{-h_r+\delta h_r\sin(\lambda x+\theta)}^{0}w^{\mathrm{I}}(x,y)\,\mathrm{d}y\\&=\frac{\lambda}{2\pi h_r}\int_0^{\frac{2\pi}{\lambda}}\left\{\int_{-h_r}^{0}w^{\mathrm{I}}(x,y)\,\mathrm{d}y+\int_{-h_r+\delta h_r\sin(\lambda x+\theta)}^{-h_r}w^{\mathrm{I}}(x,y)\,\mathrm{d}y\right\}\mathrm{d}x\\&=u_{0\mathrm{M}}^{\mathrm{I}}+\delta^2u_{2\mathrm{M}}^{\mathrm{I}}+o(\delta^2),\end{aligned}\qquad(5.1.27)$$

其中

$$u_{0\mathrm{M}}^{\mathrm{I}}=D_1-\frac{h_r}{6}\left(3D_2+G^{\mathrm{I}}h_r\right),\qquad(5.1.28\mathrm{a})$$

$$u_{2\mathrm{M}}^{\mathrm{I}}=D_7-\frac{h_r}{2}D_8+\frac{1}{2}G_2(-h_r)\sin\theta+\frac{1}{2}G_1(-h_r)\cos\theta+\frac{h_r}{4}\frac{\mathrm{d}W_0^{\mathrm{I}}}{\mathrm{d}y}\bigg|_{y=-h_r}.\qquad(5.1.28\mathrm{b})$$

5.1.4　结果与讨论

本节推导了具有正弦粗糙度、顶层导电（流体 II）、底层不导电（流体 I）牛顿流体的电渗压力混合驱动流的近似解析解，它主要依赖于电动宽度 K、界面（流体－流体）与上壁面 zeta 势比 ζ、粗糙壁面波数 λ、上下粗糙壁面之间的相位差 θ、无量纲压力梯度 G、底层流体与顶层流体深度比 h_r、底层流体与顶层流体黏度比 μ_r 和波纹振幅与顶层流体平均高度的比值 δ. 本节中未说明情况下，以下参数取值为 $K=10$，$h_r=0.5$，$\lambda=8$，$G^{\mathrm{I}}=G^{\mathrm{II}}=0$.

图 5.1.2 展示了在不同的 δ 和 θ 下，顶层导电（流体 II）底层不导电（流体 I）牛顿流体的三维速度及等高线分布图 . 速度分布明显受到上下壁面粗糙度相位差 θ 的影响 . 此外，从图中还可以观察到流体 II 的流动是外加电

场作用下，EDL 内电渗力作用下的纯 EOF，且速度在流体 – 流体界面处取得最大值 . 而流体 I 的流动则是由导电流体（流体 II）与不导电流体（流体 I）的界面处黏性剪切应力和顶层外加的电场力拖拽而产生，因此速度剖面呈现出线性递减 .

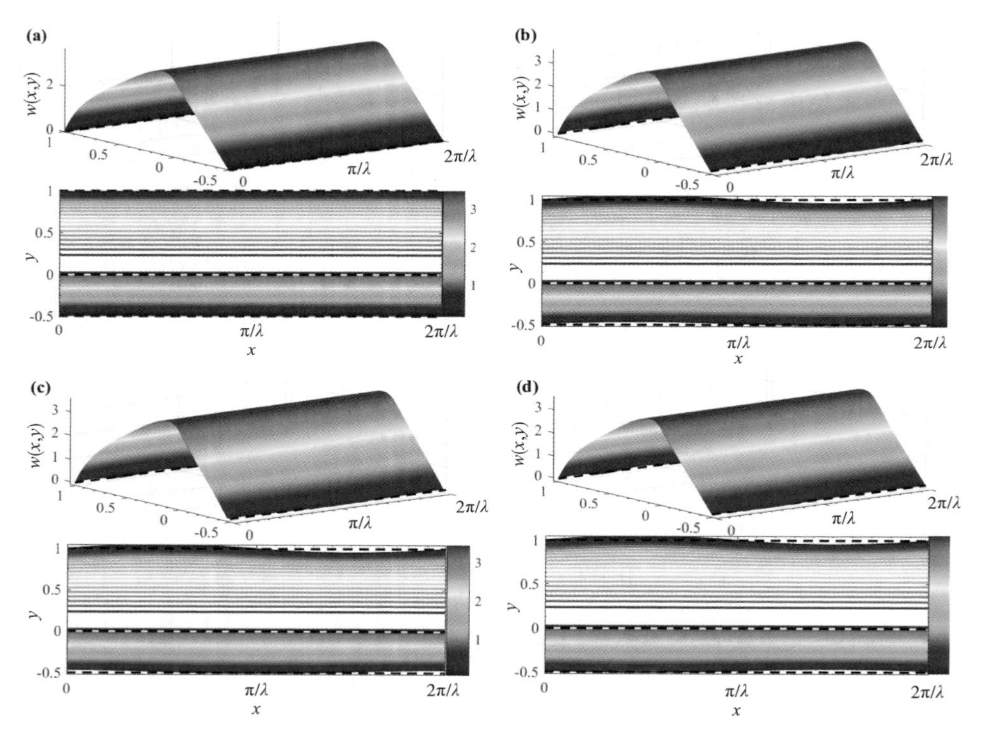

图 5.1.2　不同 δ 和 θ 对应的三维速度及等高线分布图（$\mu_r=1$，$\zeta=1$）

注：（a）$\delta=0$；（b）$\theta=0$，$\delta=0.05$；（c）$\theta=\pi/2$，$\delta=0.05$；（d）$\theta=\pi$，$\delta=0.05$.

图 5.1.3 展示了在不同的 μ_r 下，两层牛顿流体的三维速度及等高线分布图 . 从图 5.1.3 和图 5.1.2（d）的对比中可以得出，速度随着 μ_r 的增加而减少 . 不难理解，黏度较低的流体 I 速度最大，其原因是 μ_r 的增加表示不导电流体（流体 I）的黏度增加，因此界面处的黏性应力阻力增加，导致流体 II 对流体 I 的拖拽合力减少 .

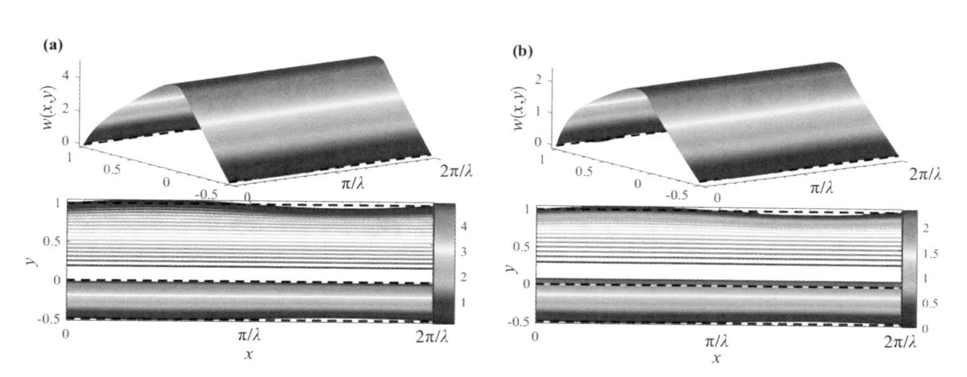

图 5.1.3　不同 μ_r 对应的三维速度及等高线分布图（$\theta=\pi$，$\delta=0.05$，$\zeta=1$）

注：（a）$\mu_r=0.5$；（b）$\mu_r=2$.

图 5.1.4 展示了在不同的 G^{I} 和 G^{II} 下，两层牛顿流体的三维速度及等高线分布图 . 从图 5.1.4 和图 5.1.2（d）的对比中可以观察到，速度随着 G 的增加而增加 . 即无量纲压力梯度对流体流动起促进（$G^{\mathrm{I}}>0$ 和 $G^{\mathrm{II}}>0$）作用或阻碍（$G^{\mathrm{I}}<0$ 和 $G^{\mathrm{II}}<0$）作用 .

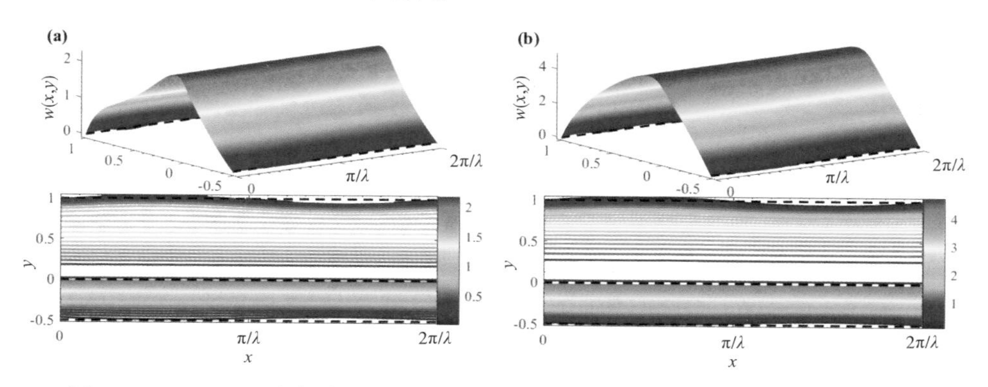

图 5.1.4　不同 G 对应的三维速度及等高线分布图（$\theta=\pi$，$\delta=0.05$，$\zeta=1$）

注：（a）$G^{\mathrm{I}}=G^{\mathrm{II}}=-5$；（b）$G^{\mathrm{I}}=G^{\mathrm{II}}=5$.

图 5.1.5 展示了在不同的 ζ 下，两层牛顿流体的三维速度及等高线分布图 . 从图 5.1.5 和图 5.1.2（d）的对比中可以看出，速度随着 ζ 的增加而增加 . 在两流体界面处，速度分布受到一个有利的额外库仑力的影响，导致速度显著增加 . 此外，当流体 – 流体界面和上板带有相反电荷时（即 $\zeta<0$），

流体 II 中 EOF 的方向与通道壁面带电极性直接相关，这与前面所得的结论一致 .

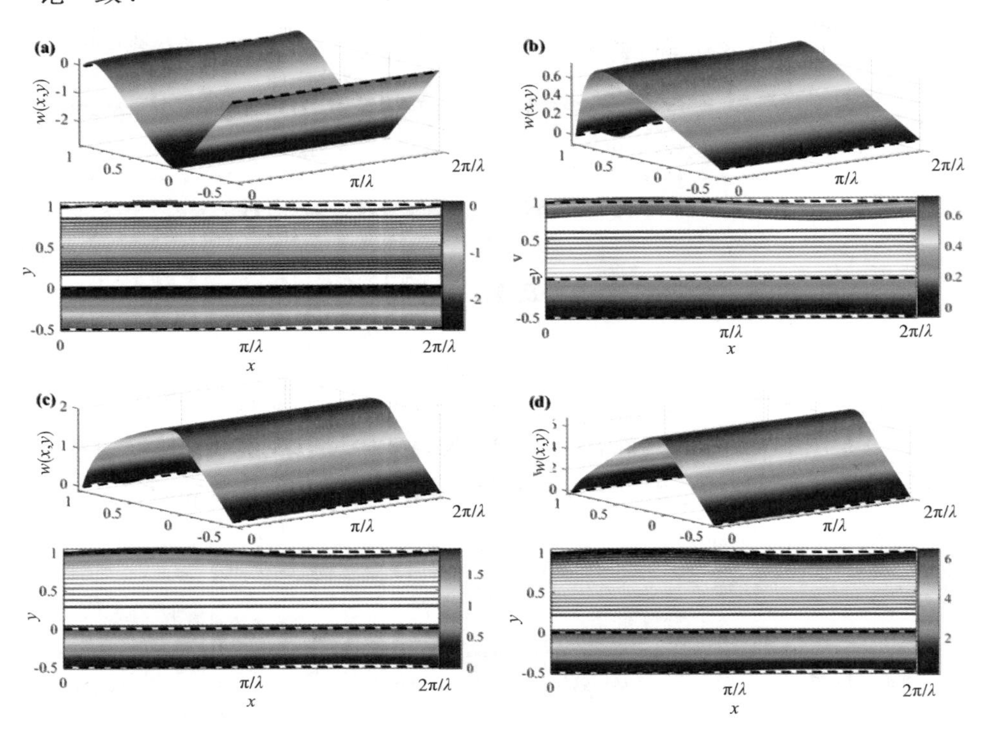

图 5.1.5 不同 ζ 对应的三维速度及等高线分布图（$\theta=\pi$，$\delta=0.05$）

注：（a）$\zeta=-1$；（b）$\zeta=0$；（c）$\zeta=0.5$；（d）$\zeta=2$.

图 5.1.6 呈现了不同的 θ 下平均速度的增量（粗糙度函数）u_{2M} 随 λ、K、ζ、h_r、μ_r 和 G 的变化（$\zeta=1$，$\lambda=2$，$\delta=0.1$，$h_r=1$，$\mu_r=1$）. u_{2M} 随着 λ、K、ζ、h_r 和 G 的增加而减少 . 正如预期的一样，较大的波数（如 $\lambda>2.8$），θ 对流速的影响可以忽略 . u_{2M} 随 θ 的增大而增大，对于较小的波数（如 $\lambda\leqslant 2.8$），这种影响更为显著，这与前期的结果一致 . 较小的 λ 对应于较大的波长，因此在长波粗糙波纹微通道中，可以近似认为是光滑微通道，通道壁面的粗糙度对长波的影响较小（当流体通过一个粗糙的微通道时，其壁面会受到摩擦力的作用，并形成一个较为复杂的界面 . 这些界面会增加了摩擦损

失和阻力 . 当液体在长波下运动时，界面的影响会被平滑掉，因此平均速度会减小）（如图 5.1.6（a））. 当 EDL 很薄时（较大的 K），离子只需克服很小的电势差即可到达电极表面，这时流速较快，然而，流体在微通道壁面的运动会受到波纹和粗糙度的影响，导致流动阻力较大 . 因此，u_{2M} 随着 K 的增加而减少（如图 5.1.6（b）所示）. 对 u_{2M} 的主要影响是非零界面 zeta 势，如图 5.1.6（c）所示 . 当 $\zeta > 0$ 时，两种流体界面的速度分布中出现一个有利的额外库仑力，导致粗糙度函数 u_{2M} 显著减少 . 当 $\zeta < 0$ 时，不利的局域静电力会降低泵送作用和相应的粗糙度函数 u_{2M}. 此外，当 $\zeta = 0$ 时，底层（不导电）流体的粗糙度函数 $u_{2M} = 0$. 正如预期的一样，较大的 h_r，对应底层（不导电）流体 I 厚度增加，顶层（导电）流体 II 厚度减少，因此 u_{2M} 减少（如图 5.1.6（d）所示）. u_{2M} 随着 μ_r 的增加而增加（如图 5.1.6（e）所示），其中 μ_r 表示不导电流体（流体 I）与导电流体（流体 II）的黏度之比 . 因此，μ_r 的增加意味着流体 I 的黏度增加，界面处的黏性应力的阻力增加，流体 II 对流体 I 的拖拽合力减少 . 从图 5.1.6（f）很容易看出 u_{2M} 随着 G 的增加而减少 . 无量纲压力梯度对流体流动起促进（$G^{\mathrm{I}} > 0$ 和 $G^{\mathrm{II}} > 0$）作用或阻碍（$G^{\mathrm{I}} < 0$ 和 $G^{\mathrm{II}} < 0$）作用，因此 u_{2M} 正好跟速度呈现效果相反 . 此外，从图 5.1.6 还可以看出，u^{I}_{2M} 比 u^{II}_{2M} 受壁面粗糙波纹的影响较小，其原因是流体 I 的驱动力是界面处黏性剪切应力的拖拽而产生，相对于流体 II 受到的阻力小 .

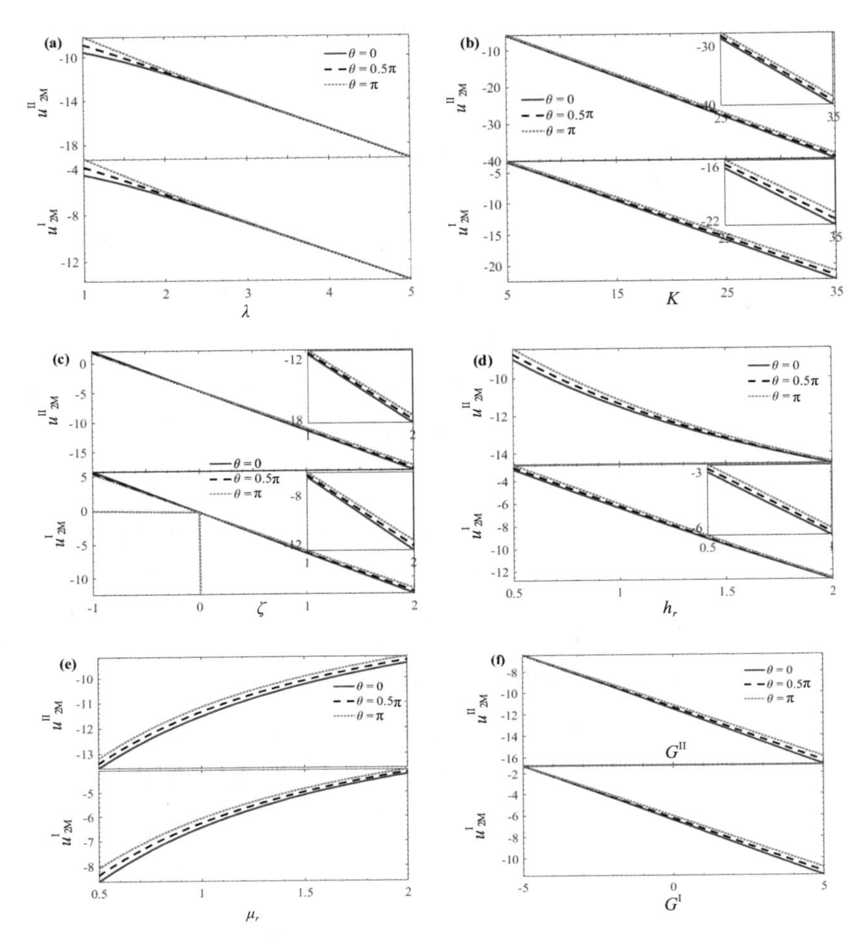

图 5.1.6　平均速度的增量 u_{2M} 对不同的 θ，随（a）λ；（b）K；（c）ζ；（d）h_r；（e）μ_r；（f）G 的变化（$K=10$，$\zeta=1$，$\lambda=2$，$\delta=0.1$，$h_r=1$，$G^{\mathrm{II}}=G^{\mathrm{I}}=0$，$\mu_r=1$）

5.1.5　本节小结

在本节中，利用边界摄动展开法和线性叠加原理对微平行板间具有正弦形壁面粗糙的两个不可压缩和不混溶的黏性牛顿流体进行了定常、完全发展的通道流研究，其中顶层（导电）流体 II 和底层（不导电）流体 I 的导电性也存在显著差异 . 通过上述理论和绘图分析，得出以下几个结论。

流体速度分布受到上下壁面粗糙度相位差 θ 的显著影响，这与之前的研究结果一致 . 此外，在流体 II 中，速度在流体 – 流体的界面处达到最大值，而在流体 I 中，速度剖面呈现出线性递减 . 速度随着 μ_r 的增加而减少，随着 G 和 ζ 的增加而增加 . 平均速度的增量（粗糙度函数）u_{2M} 随着 λ、K、ζ、h_r 和 G 的增加而减少，而随着 μ_r 的增加而增加 . 此外，u^{I}_{2M} 相对于 u^{II}_{2M}，壁面粗糙波纹的影响较小 .

5.2 Maxwell 应力效应对单层导电两层牛顿流体的电渗流动的影响

5.2.1 数学模型和近似解

本节继续考虑前一节的复杂情况：即流体 – 流体界面处总应力包括剪切应力和 Maxwell 应力 . 牛顿流体的剪切应力为 $\boldsymbol{\tau}_{\text{Fluid}}=\mu\left[(\nabla\boldsymbol{u})+(\nabla\boldsymbol{u})^{\mathrm{T}}\right]$，Maxwell 应力为 $\boldsymbol{\tau}_{\text{Maxwell}}=\varepsilon(\boldsymbol{EE}-E^2\mathbf{I}/2)$，其中 $\boldsymbol{E}=-\nabla\boldsymbol{\phi}$，$\boldsymbol{\phi}$ 为外加电场势和内部双电层所产生的电场势之和 . 因此，上一节中导电流体和不导电流体的界面处剪切应力连续的条件（5.1.8d）修正为总应力连续的条件[94]

$$\mu_1\frac{\partial W^{\mathrm{I}}(x^*,y^*)}{\partial y^*}=\mu_2\frac{\partial W^{\mathrm{II}}(x^*,y^*)}{\partial y^*}-\varepsilon E_0\frac{\partial \Psi(x^*,y^*)}{\partial y^*}\text{，在 } y^*=0\text{ 处 .}\tag{5.2.1}$$

用（5.1.9）式无量纲化，式（5.1.12e）变为

$$\mu_r\frac{\partial w^{\mathrm{I}}(x,y)}{\partial y}=\frac{\partial w^{\mathrm{II}}(x,y)}{\partial y}+\frac{\partial \varphi(x,y)}{\partial y}\text{，在 } y=0\text{ 处 .}\tag{5.2.2}$$

用（4.1.17）式，式（5.2.2）摄动展开后的各阶界面条件（5.1.17f）、（5.1.18f）和（5.1.19f）如下

$$\left.\frac{\mathrm{d}w_0^{\mathrm{II}}}{\mathrm{d}y}\right|_{y=0}+\left.\frac{\mathrm{d}\varphi_0}{\mathrm{d}y}\right|_{y=0}=\mu_r\left.\frac{\mathrm{d}w_0^{\mathrm{I}}}{\mathrm{d}y}\right|_{y=0},\tag{5.2.3}$$

$$\left.\frac{\partial w_1^{\mathrm{II}}}{\partial y}\right|_{y=0}+\left.\frac{\partial \varphi_1}{\partial y}\right|_{y=0}=\mu_r\left.\frac{\partial w_1^{\mathrm{I}}}{\partial y}\right|_{y=0}, \tag{5.2.4}$$

$$\left.\frac{\partial w_2^{\mathrm{II}}}{\partial y}\right|_{y=0}+\left.\frac{\partial \varphi_2}{\partial y}\right|_{y=0}=\mu_r\left.\frac{\partial w_2^{\mathrm{I}}}{\partial y}\right|_{y=0}. \tag{5.2.5}$$

方程（5.1.14）~（5.1.16）的通解以及平均速度和粗糙度之间的关系式跟前一节一样，只不过待定系数 C_k，D_k（$k=1$，2，…，11，12）不一样，此处不再求解．详细情况见附录 F.3.5.

5.2.2 结果与讨论

本节推导了界面处 Maxwell 应力效应和壁面正弦粗糙效应的顶层导电（流体 II）底层不导电（流体 I）牛顿流体的电渗压力混合驱动流的近似解析解，它主要依赖于电动宽度 K、界面（流体与流体）与上壁面 zeta 势比 ζ、粗糙壁面波数 λ、上下粗糙壁面之间的相位差 θ、无量纲压力梯度 G、底层流体与顶层流体深度比 h_r、底层流体与顶层流体黏度比 μ_r 和波纹振幅与顶层流体平均高度的比值 δ. 本节中未说明情况下，以下参数取值为 $K=10$，$\lambda=8$，$G^{\mathrm{I}}=G^{\mathrm{II}}=0$，$h_r=1$，$\zeta=0.5$，$\mu_r=1$，$\delta=0.05$，$\theta=\pi/2$，$x=0$. 另外，图 5.2.2 至图 5.2.7 是利用 5.1 节和 5.2 节的解析结果绘制比较的．

图 5.2.1 展示了当前研究结果与 Gaikwad 等人[94]的研究结果的比较．Gaikwad 等人[94]研究了具有滑移边界条件的上层导电下层不导电流体的两个平行板之间的流动．在特定条件下，发现光滑微通道（$\delta=0$）的结果与参考文献［94］中的结果一致．从图 5.2.1 可以观察到，在光滑微通道和下壁面粗糙微通道（$\delta=0.05$）中，粗糙微通道内的速度比光滑微通道中的速度小，这是因为下壁面波纹增大了与流体的接触面积，导致流体的流动阻力增加，因此速度减小．此外，图 5.2.1 还显示出，纯 EO（$G=0$）驱动的流速比电渗压力混合驱动的流速小．这是因为压力梯度对流动的促进（$G>0$）或阻碍（$G<0$）作用导致的．进一步观察图 5.2.1，可以发现，由于底层流体是不导电的，在给定的 $G^{\mathrm{I}}=0$ 情况下，底层流体没有体积力作用

导致流动，而顶层流体通过界面（流体与流体）交换法向动量通量传输到底层流体中．因此，底层（不导电）流体的速度比顶层（导电）流体的速度小．对于给定的 $G^{\mathrm{I}}=2$，施加的压力梯度和外电场（顶层）混合驱动下，速度剖面呈现出明显抛物型剖面．

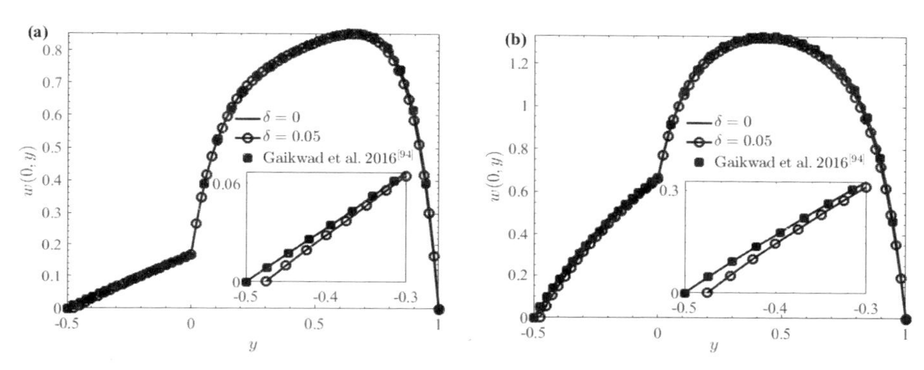

图 5.2.1　速度 $w\,(x,\ y)$ 随 y 的变化（$h_r=0.5$）

注：（a）$G^{\mathrm{I}}=G^{\mathrm{II}}=0$；（b）$G^{\mathrm{I}}=G^{\mathrm{II}}=2$.

图 5.2.2 呈现了界面处 Maxwell 应力和无量纲压力梯度 G 对速度分布、平均速度 $\bar{u}$ 和粗糙度函数 $u_{2\mathrm{M}}$ 的影响．从图 5.2.2 很容易观察到，速度和平均速度 $\bar{u}$ 随着 G 的增加而增加，而粗糙度函数 $u_{2\mathrm{M}}$ 随着 G 的增加而减少．这是因为 G 对于顶层导电底层不导电的流体起促进（$G^{\mathrm{I}}>0$ 和 $G^{\mathrm{II}}>0$）或阻碍（$G^{\mathrm{I}}<0$ 和 $G^{\mathrm{II}}<0$）的作用，这一结论与前述研究一致．在给定的参数下，界面处不考虑 Maxwell 电应力时，速度基本上都大于零，而在考虑 Maxwell 电应力的逆压力梯度情况下，除了 EDL 附近的狭窄区域外，速度都小于零．更准确的分析可以结合式（6.1.21）至（6.1.24）计算，得到逆压力梯度的临界回流值．此外，图 5.2.2（b）中的流量大幅增加明显体现了有益的剪切变薄效应，但对流体 II 中剪切变薄作用的影响更强，而流体 I 的黏度则限制了流量的增强．

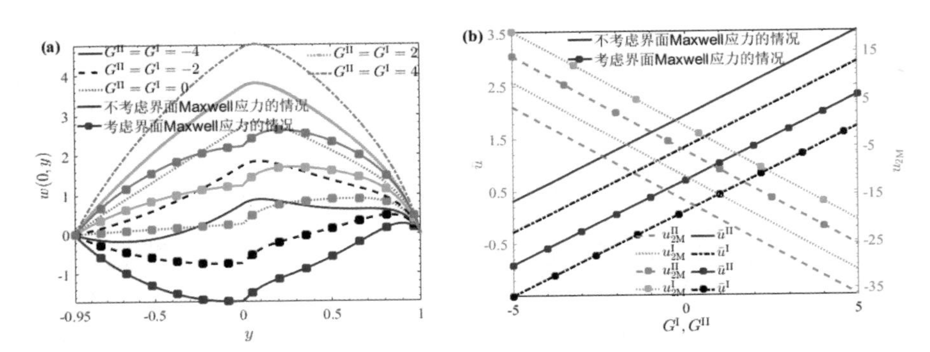

图 5.2.2 （a）不同的 G 对应的速度 w（0，y）随 y 的变化，（b）平均速度 $\bar{u}$ 和粗糙度函数 u_{2M} 随 G 的变化

图 5.2.3 展示了界面处 Maxwell 应力和黏性比 μ_r 对 EOF 速度分布、平均速度 $\bar{u}$ 和粗糙度函数 u_{2M} 的影响．当 $\mu_r>1$ 时，流体层 I（底层）的黏性系数大于流体层 II（顶层）的黏性系数，导致底层流体的流动阻力增加，EOF 速度减小；而顶层流体的流动阻力小，容易被驱动，速度较大．当 $\mu_r<1$ 时，底层流体的黏性系数小，流动阻力降低，界面处剪切黏性应力更容易拖拽．速度分布 w（0，y）和平均速度 $\bar{u}$ 随着 μ_r 的增加而减少，而粗糙度函数 u_{2M} 随着 μ_r 的增加而递增．

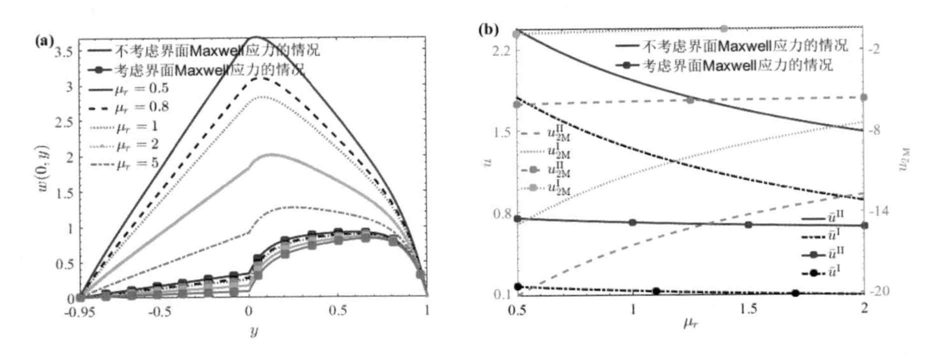

图 5.2.3 （a）不同的 μ_r 对应的 EOF 速度 w（0，y）随 y 的变化，（b）平均速度 $\bar{u}$ 和粗糙度函数 u_{2M} 随 μ_r 的变化

图 5.2.4 呈现了界面处 Maxwell 应力和界面与顶部平行板 zeta 电势之比 ζ 对速度分布、平均速度 $\bar{u}$ 以及粗糙度函数 u_{2M} 的影响．速度和平均速

度 $\bar{u}$ 随着 ζ 的增加而增加，而粗糙度函数 u_{2M} 随着 ζ 的增加而减少．当界面与顶部平行板带相反电荷时（即 $\zeta<0$），微平行通道中 EOF 的方向与通道壁面与界面处所带电极性直接相关，该结论与 Afonso 等人[77]的结论一致．当 $\zeta>0$ 时，两种流体壁面 EDL 区域中出现一个有利的额外库仑力，导致速度显著增加．当 $\zeta<0$ 时，不利的局部静电力会降低泵送作用和相应的速度，这与前面所得结论一致．

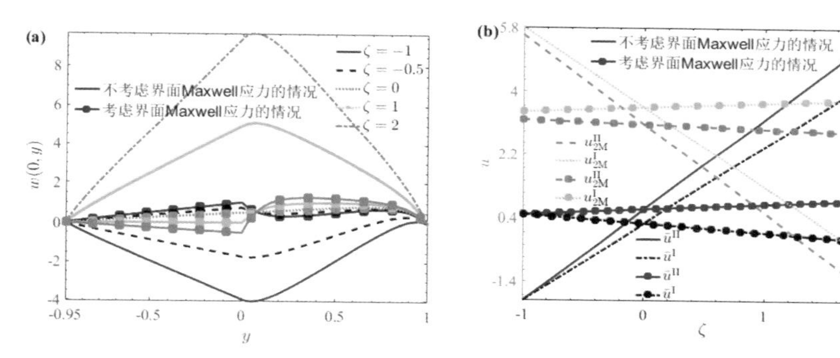

图 5.2.4　（a）不同的 ζ 对应的 EOF 速度 $w(0, y)$ 随 y 的变化，（b）平均速度 $\bar{u}$ 和粗糙度函数 u_{2M} 随 ζ 的变化

图 5.2.5 展示了界面处 Maxwell 应力和顶层双电层厚度相关参数 K 对速度分布、平均速度 $\bar{u}$ 以及粗糙度函数 u_{2M} 的影响．速度和平均速度 $\bar{u}$ 随着 K 的增加而增加，而粗糙度函数 u_{2M} 随着 K 的增加而减少．流体 II 的电动宽度 K 增加会导致 EDL 内部的电场强度增加，从而增加 EDL 内的电荷密度及剪切变薄效应．由于 EDL 层内的剪切变薄效应，速度增加了 4 倍以上，从而提高通道中心区域中整体传输的速度值．这也有助于增加底壁附近和两种流体界面处的剪切速率，从而通过界面处的流体动力黏性剪切力增加非导电流体的拖拽力．因此，无量纲平均速度（体积流率）增加（如图 5.2.5（b））．

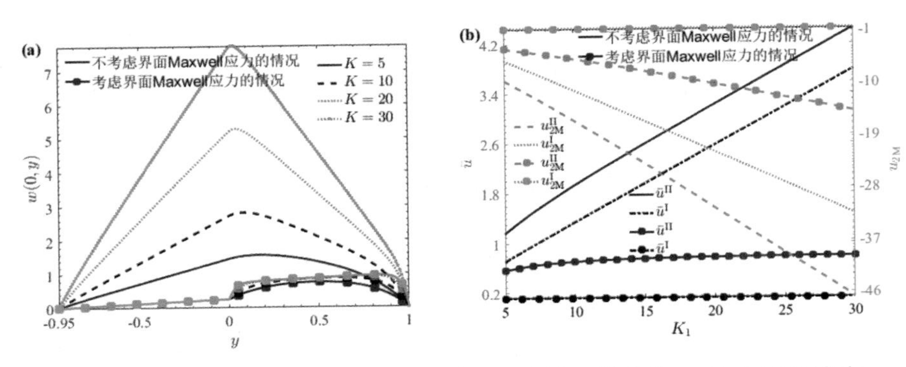

图 5.2.5 （a）不同的 K 对应的速度 w（0，y）随 y 的变化，（b）平均速度 $\bar{u}$ 和粗糙度函数 u_{2M} 随 K 的变化

图 5.2.6 呈现了界面处 Maxwell 应力和底层与顶层流体厚度比 h_r 对速度分布、平均速度 $\bar{u}$ 以及粗糙度函数 u_{2M} 的影响. 速度和平均速度 $\bar{u}$ 随着 h_r 的增加而增加，而粗糙度函数 u_{2M} 随着 h_r 的增加而减少. 此外，两层流体的厚度不同，底层流体位置相应地发生了改变，从而影响了整个通道内流体流动的分布.

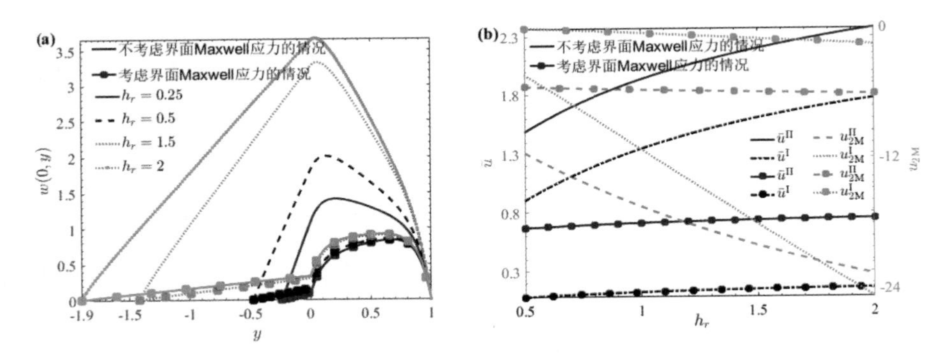

图 5.2.6 （a）不同的 h_r 对应的速度 w（0，y）随 y 的变化，（b）平均速度 $\bar{u}$ 和粗糙度函数 u_{2M} 随 h_r 的变化

图 5.2.7 呈现了界面处 Maxwell 应力和粗糙壁面波数 λ 对速度分布、平均速度 $\bar{u}$ 以及粗糙度函数 u_{2M} 的影响. 很容易看出速度和平均速度 $\bar{u}$ 随着 λ 的增加而不明显地增加，而粗糙度函数 u_{2M} 随着 λ 的增加而减少. 此

外，较小的波数对速度剖面影响明显，对于较大的波数粗糙波纹的影响可以忽略不计 .

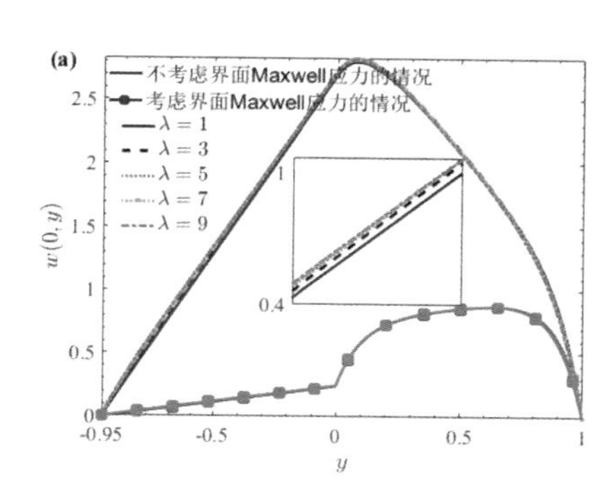

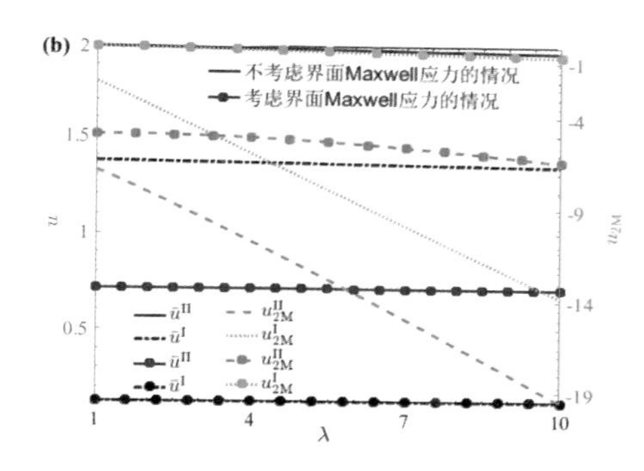

图 5.2.7　（a）不同的 λ 对应的速度 w（0，y）随 y 的变化，（b）平均速度 $\bar{u}$ 和粗糙度函数 u_{2M} 随 λ 的变化

从图 5.2.2– 图 5.2.7 中还可以观察到，在给定的一些参数的情况下，界面处考虑 Maxwell 应力效应的速度和平均速度（单位体积流率）比不考虑 Maxwell 应力效应的速度和平均速度（单位体积流率）小，而粗糙度函数 u_{2M} 表现出相反的结果 . 根据式（5.2.1）知，界面处考虑 Maxwell 应力效应会对于两个不能混溶液的顶层与底层中增加阻力项，导致速度减少 .

5.2.3　本节小结

在本节中，采用边界摄动展开法和线性叠加原理研究了两个不可压缩、不混溶的黏性牛顿流体，其导电系数不同，在具有正弦形壁面粗糙度的微平行板之间的稳态完全发展流动 . 此外，在两层流体的界面处，还考虑了 Maxwell 电应力效应 . 通过这些方法，我们得到了流体速度和体积流率（平均速度）的近似解析解，并进一步研究了界面电势和 Maxwell 电应力对流体流动特性的影响 . 从上面的理论和绘图分析，得出以下几个结论。

在粗糙微通道内，速度比光滑微通道中的速度更小 . 压力梯度对流动具有促进（$G>0$）或阻碍（$G<0$）的作用 . 速度和平均速度（体积流率）$\bar{u}$ 随着 G、ζ、K、h_r 和 λ 的增加而增加，但随着 μ_r 的增加而减少 . 相反，

粗糙度函数 u_{2M} 随着 G、ζ、K、h_r 和 λ 的增加而减少，但随着 μ_r 的增加而递增．较小的波数对速度剖面影响明显，对于较大的波数，粗糙波纹的影响可以忽略不计．此外，界面处考虑 Maxwell 应力效应的速度和平均速度（单位体积流率）比不考虑 Maxwell 应力效应的速度和平均速度（单位体积流率）小，而粗糙度函数 u_{2M} 表现出相反的趋势．

第 6 章　具有正弦粗糙度的两层牛顿流体电渗流动

6.1　具有正弦粗糙度和两层导电牛顿流体的电渗流动

6.1.1　几何模型的建立

本章将研究具有正弦形粗糙度的平行板微通道中的双层流体的定常不可压缩电渗流．为了分析该系统，建立三维笛卡尔正交坐标系（x^*，y^*，z^*），其中坐标原点位于流体—流体界面处．微通道的上层和下层导电流体（Conducting Fluid II 和 Conducting Fluid I）的平均高度分别为 H_2 和 H_1，且微通道的长度和宽度远远大于微通道的高度 H_2+H_1. 如图 6.1.1 所示．流动区域在 $y^* = 0$ 处分为两层，两种不同密度和黏度的流体分别被限制在第 I 层（$y^*_l \leqslant y^* \leqslant 0$）和第 II 层（$0 \leqslant y^* \leqslant y^*_u$）．电解质溶液和刚性壁的化学相互作用会产生 EDL，即固液界面处非常薄的带电液体层，且假设 EDL 无重叠，并且流体—流体界面允许电荷积累．平行板保持在不同的 zeta 电势，在通道的两端施加强度为 E_0 的直流（DC）电场，此时认为沿 z^* 方向为流体的流动方向．下板波纹壁面和上板波纹壁面分别用 $y_l^* = H_1$［$-1+\delta\sin$（$\lambda^* x^*+\theta$）］和 $y_u^* = H_2$ ［$1+\delta\sin$（$\lambda^* x^*$）］来描述．与上层导电流体（流体

II）接触的顶部通道壁面附近形成的双电层具有 zeta 电势 ζ_U，下层导电流体（流体 I）接触的底部通道壁面附近形成的双电层具有 zeta 电势 ζ_L. 这种界面 zeta 电势会影响两个 EDL 中的电势分布，从而影响电渗力分布，进而影响整个流体的流动速度 .

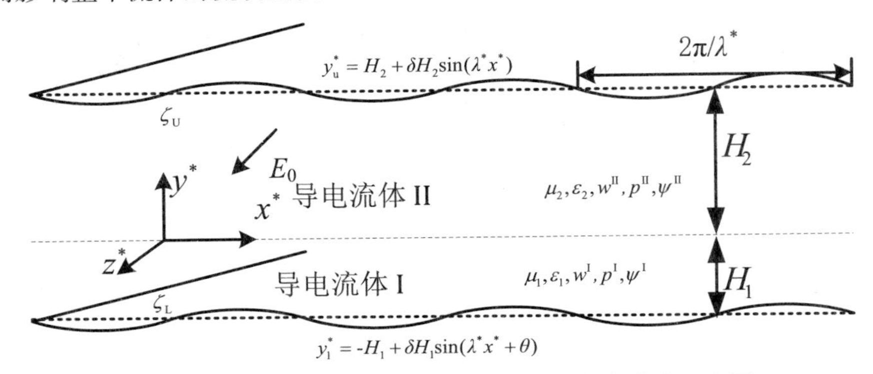

图 6.1.1　正弦形粗糙微道通间两层流体的电渗流示意图

6.1.2　数学模型和近似解

对于两层导电流体，描述完全发展的不可压缩的牛顿流体应满足连续性方程（5.1.1）和 Navier–Stokes 方程（5.1.2）（注意，单位体积的库仑力上下层都有）. 根据双电层理论，电势 ψ^i（x^*，y^*）和净电荷密度 ρ^{i*}_E（x^*，y^*）的关系可以方程（3.1.2）和（3.1.3）描述 . 同理，考虑 Debye–Hückel 线性化，方程（3.1.2）和（3.1.3）在直角坐标系下的线性化的 P–B 方程为

$$\frac{\partial^2 \Psi^i}{\partial x^{*2}} + \frac{\partial^2 \Psi^i}{\partial y^{*2}} = \kappa_i^2 \Psi^i ,\tag{6.1.1}$$

相应固壁的边界条件为

$$\Psi^{II}(x^*, y^*) = \zeta_U，在 y = y_u^* 处\tag{6.1.2a}$$

$$\Psi^{I}(x^*, y^*) = \zeta_L，在 y = y_l^* 处\tag{6.1.2b}$$

这里假设上、下壁面的 zeta 电势 ζ_U 和 ζ_L 是常数[119]. 流体—流体界面处，存在电势差 $\Delta\psi$，并且电势满足高斯公式

$$\Psi^{I} - \Psi^{II} = \Delta \Psi, \varepsilon_2 \frac{\partial \Psi^{II}}{\partial y} - \varepsilon_1 \frac{\partial \Psi^{I}}{\partial y} = -q_S，在 y = 0 处，\tag{6.1.2c，d}$$

其中 q_S 表示界面处单位面积的电荷密度 .

根据前面的假设，认为只有沿 z^* 方向流动（流动速度 $\boldsymbol{U}=(0,0,W)$）. 由不可压缩条件（5.1.1），Navier-Stokes 方程（5.1.2）中的对流项将消失，控制方程（5.1.2）简化为如下

$$-\frac{\partial P^i}{\partial x^*}=0\ , \tag{6.1.3}$$

$$-\frac{\partial P^i}{\partial y^*}=0\ , \tag{6.1.4}$$

$$-\frac{\partial P^i}{\partial z^*}+\mu_i\nabla^{*2}W^i+\rho_{\mathrm{E}}^{*i}E_0=0\ . \tag{6.1.5}$$

方程（6.1.5）满足边界条件（5.1.8），并引入无量纲参数

$$(x,y)=\frac{(x^*,y^*)}{H_2},K_i=\kappa_iH_2,[\varphi^i(x,y),Z]=\frac{[\Psi^i(x^*,y^*),\Delta\Psi]}{\zeta_{\mathrm{U}}},w^i(x,y)=\frac{W^i(x^*,y^*)}{U_{\mathrm{EO}}},$$

$$U_{\mathrm{EO}}=-\frac{\varepsilon_2\zeta_{\mathrm{U}}E_0}{\mu_2},G^i=-\frac{H_2^2}{\mu_iU_{\mathrm{EO}}}\frac{\partial P^i}{\partial z^*},Q_{\mathrm{S}}=\frac{q_{\mathrm{S}}H_2}{\varepsilon_2\zeta_{\mathrm{U}}},\zeta=\frac{\zeta_{\mathrm{L}}}{\zeta_{\mathrm{U}}},h_r=\frac{H_1}{H_2},\mu_r=\frac{\mu_1}{\mu_2},\varepsilon_r=\frac{\varepsilon_1}{\varepsilon_2},K_2=\sqrt{\varepsilon_r}K_1, \tag{6.1.6}$$

其中 Debye 长度 $\kappa_i=z_ve(2n_0/\varepsilon_ik_{\mathrm{B}}T)^{1/2}$.

将等式（6.1.6）代入 P-B 方程（6.1.1）、电渗流控制方程（6.1.5）和边界条件（6.1.2）和（5.1.8），其相应的无量纲化电势 $\varphi^i(x,y)$ 和速度 $w^i(x,y)$ 所满足的方程

$$\frac{\partial^2\varphi^i}{\partial x^2}+\frac{\partial^2\varphi^i}{\partial y^2}=K_i^2\varphi^i\ , \tag{6.1.7}$$

$$\frac{\partial^2w^i}{\partial x^2}+\frac{\partial^2w^i}{\partial y^2}=-G^i-\frac{\mu_2}{\mu_i}\frac{\varepsilon_i}{\varepsilon_2}K_i^2\varphi^i\ . \tag{6.1.8}$$

对应的边界条件为

$$\varphi^{\mathrm{II}}(x,y)=1,w^{\mathrm{II}}(x,y)=0\ ，\ 在\ y=y_u\ 处， \tag{6.1.9a, b}$$

$$\varphi^{\mathrm{I}}(x,y)-\varphi^{\mathrm{II}}(x,y)=Z,w^{\mathrm{II}}(x,y)=w^{\mathrm{I}}(x,y)\ ，\ 在\ y=0\ 处， \tag{6.1.9c, d}$$

$$\mu_r\frac{\partial w^{\mathrm{I}}(x,y)}{\partial y}=\frac{\partial w^{\mathrm{II}}(x,y)}{\partial y},\frac{\partial\varphi^{\mathrm{II}}(x,y)}{\partial y}-\varepsilon_r\frac{\partial\varphi^{\mathrm{I}}(x,y)}{\partial y}=-Q_{\mathrm{S}}\ ，\ 在\ y=0\ 处， \tag{6.1.9e, f}$$

$$\varphi^{\mathrm{I}}(x,y)=\zeta, w^{\mathrm{I}}(x,y)=0\text{，在 } y=y_l \text{ 处}. \qquad (6.1.9\mathrm{g}，\mathrm{h})$$

同理，假定 $\delta<<1$ 并电势 φ^i 和速度 w^i 按 δ 的幂次展开为式（4.1.17），并在上壁面 $y=y_u$ 和下壁面 $y=y_l$ 分别在 $y=1$ 和 $y=-h_r$ 处函数 R 的泰勒展开式为（5.1.13）. 将方程（4.1.17）代入方程（6.1.7）和（6.1.8）中，得到关于 δ 的幂次所满足的微分方程边值问题

$$\delta^0: \frac{\mathrm{d}^2\varphi_0^{\mathrm{II}}}{\mathrm{d}y^2}=K_2^2\varphi_0^{\mathrm{II}}, \qquad (6.1.10\mathrm{a})$$

$$\frac{\mathrm{d}^2\varphi_0^{\mathrm{I}}}{\mathrm{d}y^2}=K_1^2\varphi_0^{\mathrm{I}}, \qquad (6.1.10\mathrm{b})$$

$$\frac{\mathrm{d}^2 w_0^{\mathrm{II}}}{\mathrm{d}y^2}=-G^{\mathrm{II}}-K_2^2\varphi_0^{\mathrm{II}}, \qquad (6.1.10\mathrm{c})$$

$$\frac{\mathrm{d}^2 w_0^{\mathrm{I}}}{\mathrm{d}y^2}=-G^{\mathrm{I}}-\frac{\varepsilon_r}{\mu_r}K_1^2\varphi_0^{\mathrm{I}}, \qquad (6.1.10\mathrm{d})$$

$$\delta^1: \frac{\partial^2\varphi_1^{\mathrm{II}}}{\partial x^2}+\frac{\partial^2\varphi_1^{\mathrm{II}}}{\partial y^2}=K_2^2\varphi_1^{\mathrm{II}}, \qquad (6.1.11\mathrm{a})$$

$$\frac{\partial^2\varphi_1^{\mathrm{I}}}{\partial x^2}+\frac{\partial^2\varphi_1^{\mathrm{I}}}{\partial y^2}=K_1^2\varphi_1^{\mathrm{I}}, \qquad (6.1.11\mathrm{b})$$

$$\frac{\partial^2 w_1^{\mathrm{II}}}{\partial x^2}+\frac{\partial^2 w_1^{\mathrm{II}}}{\partial y^2}=-K_2^2\varphi_1^{\mathrm{II}}, \qquad (6.1.11\mathrm{c})$$

$$\frac{\partial^2 w_1^{\mathrm{I}}}{\partial x^2}+\frac{\partial^2 w_1^{\mathrm{I}}}{\partial y^2}=-\frac{\varepsilon_r}{\mu_r}K_1^2\varphi_1^{\mathrm{I}}, \qquad (6.1.11\mathrm{d})$$

$$\delta^2: \frac{\partial^2\varphi_2^{\mathrm{II}}}{\partial x^2}+\frac{\partial^2\varphi_2^{\mathrm{II}}}{\partial y^2}=K_2^2\varphi_2^{\mathrm{II}}, \qquad (6.1.12\mathrm{a})$$

$$\frac{\partial^2\varphi_2^{\mathrm{I}}}{\partial x^2}+\frac{\partial^2\varphi_2^{\mathrm{I}}}{\partial y^2}=K_1^2\varphi_2^{\mathrm{I}}, \qquad (6.1.12\mathrm{b})$$

$$\frac{\partial^2 w_2^{\mathrm{II}}}{\partial x^2}+\frac{\partial^2 w_2^{\mathrm{II}}}{\partial y^2}=-K_2^2\varphi_2^{\mathrm{II}}, \qquad (6.1.12\mathrm{c})$$

$$\frac{\partial^2 w_2^{\mathrm{I}}}{\partial x^2}+\frac{\partial^2 w_2^{\mathrm{I}}}{\partial y^2}=-\frac{\varepsilon_r}{\mu_r}K_1^2\varphi_2^{\mathrm{I}}. \qquad (6.1.12\mathrm{d})$$

对应的边界条件（6.1.9）使用 $y=1$ 和 $y=-h_r$ 处函数 R 的泰勒展开式

（5.1.13）和界面处的边界条件分别整理，可得到如下

$$\delta^0:\ \varphi_0^{\mathrm{II}}(1)=1\ , \tag{6.1.13a}$$

$$w_0^{\mathrm{II}}(1)=0\ , \tag{6.1.13b}$$

$$\varphi_0^{\mathrm{I}}(-h_r)=\zeta\ , \tag{6.1.13c}$$

$$w_0^{\mathrm{I}}(-h_r)=0\ , \tag{6.1.13d}$$

$$\varphi_0^{\mathrm{I}}(0)-\varphi_0^{\mathrm{II}}(0)=Z\ , \tag{6.1.13e}$$

$$\left.\frac{\mathrm{d}\varphi_0^{\mathrm{II}}}{\mathrm{d}y}\right|_{y=0}-\varepsilon_r\left.\frac{\mathrm{d}\varphi_0^{\mathrm{I}}}{\mathrm{d}y}\right|_{y=0}=-Q_S\ , \tag{6.1.13f}$$

$$w_0^{\mathrm{II}}(0)=w_0^{\mathrm{I}}(0)\ , \tag{6.1.13g}$$

$$\left.\frac{\mathrm{d}w_0^{\mathrm{II}}}{\mathrm{d}y}\right|_{y=0}=\mu_r\left.\frac{\mathrm{d}w_0^{\mathrm{I}}}{\mathrm{d}y}\right|_{y=0}\ , \tag{6.1.13h}$$

$$\delta^1:\ \varphi_1^{\mathrm{II}}(x,1)=-\sin(\lambda x)\left.\frac{\mathrm{d}\varphi_0^{\mathrm{II}}}{\mathrm{d}y}\right|_{y=1}\ , \tag{6.1.14a}$$

$$\varphi_1^{\mathrm{I}}(x,-h_r)=-h_r\sin(\lambda x+\theta)\left.\frac{\mathrm{d}\varphi_0^{\mathrm{I}}}{\mathrm{d}y}\right|_{y=-h_r}\ , \tag{6.1.14b}$$

$$w_1^{\mathrm{II}}(x,1)=-\sin(\lambda x)\left.\frac{\mathrm{d}w_0^{\mathrm{II}}}{\mathrm{d}y}\right|_{y=1}\ , \tag{6.1.14c}$$

$$w_1^{\mathrm{I}}(x,-h_r)=-h_r\sin(\lambda x+\theta)\left.\frac{\mathrm{d}w_0^{\mathrm{I}}}{\mathrm{d}y}\right|_{y=-h_r}\ , \tag{6.1.14d}$$

$$\varphi_1^{\mathrm{II}}(x,0)=\varphi_1^{\mathrm{I}}(x,0)\ , \tag{6.1.14e}$$

$$\left.\frac{\partial\varphi_1^{\mathrm{II}}}{\partial y}\right|_{y=0}=\varepsilon_r\left.\frac{\partial\varphi_1^{\mathrm{I}}}{\partial y}\right|_{y=0} \tag{6.1.14f}$$

$$w_1^{\mathrm{II}}(x,0)=w_1^{\mathrm{I}}(x,0)\ , \tag{6.1.14g}$$

$$\left.\frac{\partial w_1^{\mathrm{II}}}{\partial y}\right|_{y=0}=\mu_r\left.\frac{\partial w_1^{\mathrm{I}}}{\partial y}\right|_{y=0}\ , \tag{6.1.14h}$$

$$\delta^2:\ \varphi_2^{\mathrm{II}}(x,1)=-\frac{\sin^2(\lambda x)}{2}\left.\frac{\mathrm{d}^2\varphi_0^{\mathrm{II}}}{\mathrm{d}y^2}\right|_{y=1}-\sin(\lambda x)\left.\frac{\partial\varphi_1^{\mathrm{II}}}{\partial y}\right|_{y=1}\ , \tag{6.1.15a}$$

$$\varphi_2^{\mathrm{I}}(x,-h_r)=-\frac{h_r^2\sin^2(\lambda x+\theta)}{2}\frac{\mathrm{d}^2\varphi_0^{\mathrm{I}}}{\mathrm{d}y^2}\bigg|_{y=-h_r}-h_r\sin(\lambda x+\theta)\frac{\partial\varphi_1^{\mathrm{I}}}{\partial y}\bigg|_{y=-h_r}, \tag{6.1.15b}$$

$$w_2^{\mathrm{II}}(x,1)=-\frac{\sin^2(\lambda x)}{2}\frac{\mathrm{d}^2 w_0^{\mathrm{II}}}{\mathrm{d}y^2}\bigg|_{y=1}-\sin(\lambda x)\frac{\partial w_1^{\mathrm{II}}}{\partial y}\bigg|_{y=1}, \tag{6.1.15c}$$

$$w_2^{\mathrm{I}}(x,-h_r)=-\frac{h_r^2\sin^2(\lambda x+\theta)}{2}\frac{\mathrm{d}^2 w_0^{\mathrm{I}}}{\mathrm{d}y^2}\bigg|_{y=-h_r}-h_r\sin(\lambda x+\theta)\frac{\partial w_1^{\mathrm{I}}}{\partial y}\bigg|_{y=-h_r}, \tag{6.1.15d}$$

$$\varphi_2^{\mathrm{II}}(x,0)=\varphi_2^{\mathrm{I}}(x,0), \tag{6.1.15e}$$

$$\frac{\partial\varphi_1^{\mathrm{II}}}{\partial y}\bigg|_{y=0}=\varepsilon_r\frac{\partial\varphi_1^{\mathrm{I}}}{\partial y}\bigg|_{y=0}, \tag{6.1.15f}$$

$$w_2^{\mathrm{II}}(x,0)=w_2^{\mathrm{I}}(x,0), \tag{6.1.15g}$$

$$\frac{\partial w_2^{\mathrm{II}}}{\partial y}\bigg|_{y=0}=\mu_r\frac{\partial w_2^{\mathrm{I}}}{\partial y}\bigg|_{y=0}. \tag{6.1.15h}$$

方程（6.1.10）的通解为

$$\varphi_0^{\mathrm{II}}(y)=A_1\cosh(K_2y)+A_2\sinh(K_2y), \tag{6.1.16a}$$

$$\varphi_0^{\mathrm{I}}(y)=B_1\cosh(K_1y)+B_2\sinh(K_1y), \tag{6.1.16b}$$

$$w_0^{\mathrm{II}}(y)=C_1+C_2y-\frac{G^{\mathrm{II}}}{2}y^2-A_1\cosh(K_2y)-A_2\sinh(K_2y), \tag{6.1.16c}$$

$$w_0^{\mathrm{I}}(y)=D_1+D_2y-\frac{G^{\mathrm{I}}}{2}y^2-B_1\frac{\varepsilon_r}{\mu_r}\cosh(K_1y)-B_2\frac{\varepsilon_r}{\mu_r}\sinh(K_1y), \tag{6.1.16d}$$

式（6.1.13）代入（6.1.16），可求得待定常数 A_j，B_j，C_j，D_j（$j=1$，2），详细见附录 F.3.6.1.

根据边界条件（6.1.14），方程（6.1.11）解的形式可以表示为

$$\varphi_1^{\mathrm{II}}(x,y)=f_1(y)\sin(\lambda x)+f_2(y)\cos(\lambda x), \tag{6.1.17a}$$

$$\varphi_1^{\mathrm{I}}(x,y)=g_1(y)\sin(\lambda x)+g_2(y)\cos(\lambda x), \tag{6.1.17b}$$

$$w_1^{\mathrm{II}}(x,y)=F_1(y)\sin(\lambda x)+F_2(y)\cos(\lambda x), \tag{6.1.17c}$$

$$w_1^{\mathrm{I}}(x,y)=G_1(y)\sin(\lambda x)+G_2(y)\cos(\lambda x)\ . \qquad (6.1.17\mathrm{d})$$

方程（6.1.17）代入方程（6.1.11），并分离整理计算可得

$$f_1(y)=A_3\cosh(K_{21}y)+A_4\sinh(K_{21}y)\ , \qquad (6.1.18\mathrm{a})$$

$$f_2(y)=A_5\cosh(K_{21}y)+A_6\sinh(K_{21}y)\ , \qquad (6.1.18\mathrm{b})$$

$$g_1(y)=B_3\cosh(K_{11}y)+B_4\sinh(K_{11}y)\ , \qquad (6.1.18\mathrm{c})$$

$$g_2(y)=B_5\cosh(K_{11}y)+B_6\sinh(K_{11}y)\ , \qquad (6.1.18\mathrm{d})$$

$$F_1(y)=C_3\cosh\lambda y+C_4\sinh\lambda y-A_3\cosh(K_{21}y)-A_4\sinh(K_{21}y) \qquad (6.1.18\mathrm{e})$$

$$F_2(y)=C_5\cosh\lambda y+C_6\sinh\lambda y-A_5\cosh(K_{21}y)-A_6\sinh(K_{21}y)\ , \qquad (6.1.18\mathrm{f})$$

$$G_1(y)=D_3\cosh\lambda y+D_4\sinh\lambda y-B_3\frac{\varepsilon_r}{\mu_r}\cosh(K_{11}y)-B_4\frac{\varepsilon_r}{\mu_r}\sinh(K_{11}y)\ , \qquad (6.1.18\mathrm{g})$$

$$G_2(y)=D_5\cosh\lambda y+D_6\sinh\lambda y-B_5\frac{\varepsilon_r}{\mu_r}\cosh(K_{11}y)-B_6\frac{\varepsilon_r}{\mu_r}\sinh(K_{11}y)\ , \qquad (6.1.18\mathrm{h})$$

其中 $K_{11}^2=K_1^2+\lambda^2, K_{21}^2=K_2^2+\lambda^2$, 待定常数 A_j, B_j, C_j, D_j（$j=3$，4，5，6），详细见附录 F.3.6.2.

根据边界条件（6.1.15），方程（6.1.12）解的形式可以表示为如下，

$$\varphi_2^{\mathrm{II}}(x,y)=f_3(y)+f_4(y)\sin(2\lambda x)+f_5(y)\cos(2\lambda x)\ , \qquad (6.1.19\mathrm{a})$$

$$\varphi_2^{\mathrm{I}}(x,y)=g_3(y)+g_4(y)\sin(2\lambda x)+g_5(y)\cos(2\lambda x)\ , \qquad (6.1.19\mathrm{b})$$

$$w_2^{\mathrm{II}}(x,y)=F_3(y)+F_4(y)\sin(2\lambda x)+F_5(y)\cos(2\lambda x)\ , \qquad (6.1.19\mathrm{c})$$

$$w_2^{\mathrm{I}}(x,y)=G_3(y)+G_4(y)\sin(2\lambda x)+G_5(y)\cos(2\lambda x)\ . \qquad (6.1.19\mathrm{d})$$

方程（9.1.19）代入方程（6.1.12），并分离整理计算可得

$$f_3(y)=A_7\cosh(K_2y)+A_8\sinh(K_2y), \qquad (6.1.20\mathrm{a})$$

$$f_4(y)=A_9\cosh(K_{22}y)+A_{10}\sinh(K_{22}y)\ , \qquad (6.1.20\mathrm{b})$$

$$f_5(y)=A_{11}\cosh(K_{22}y)+A_{12}\sinh(K_{22}y)\ , \qquad (6.1.20\mathrm{c})$$

$$g_3(y)=B_7\cosh(K_1y)+B_8\sinh(K_1y)\ , \qquad (6.1.20\mathrm{d})$$

$$g_4(y)=B_9\cosh(K_{12}y)+B_{10}\sinh(K_{12}y)\ , \qquad (6.1.20\mathrm{e})$$

$$g_5(y) = B_{11}\cosh(K_{12}y) + B_{12}\sinh(K_{12}y), \tag{6.1.20f}$$

$$F_3(y) = C_7 + C_8 y - A_7\cosh(K_2 y) - A_8\sinh(K_2 y), \tag{6.1.20g}$$

$$F_4(y) = C_9\cosh(2\lambda y) + C_{10}\sinh(2\lambda y) - A_9\cosh(K_{22}y) - A_{10}\sinh(K_{22}y), \tag{6.1.20h}$$

$$F_5(y) = C_{11}\cosh(2\lambda y) + C_{12}\sinh(2\lambda y) - A_{11}\cosh(K_{22}y) - A_{12}\sinh(K_{22}y), \tag{6.1.20i}$$

$$G_3(y) = D_7 + D_8 y - B_7\frac{\varepsilon_r}{\mu_r}\cosh(K_1 y) - B_8\frac{\varepsilon_r}{\mu_r}\sinh(K_1 y), \tag{6.1.20j}$$

$$G_4(y) = D_9\cosh(2\lambda y) + D_{10}\sinh(2\lambda y) - B_9\frac{\varepsilon_r}{\mu_r}\cosh(K_{12}y) - B_{10}\frac{\varepsilon_r}{\mu_r}\sinh(K_{12}y), \tag{6.1.20k}$$

$$G_5(y) = D_{11}\cosh(2\lambda y) + D_{12}\sinh(2\lambda y) - B_{11}\frac{\varepsilon_r}{\mu_r}\cosh(K_{12}y) - B_{12}\frac{\varepsilon_r}{\mu_r}\sinh(K_{12}y), \tag{6.1.20l}$$

其中 $K_{22}^2 = K_2^2 + 4\lambda^2, K_{12}^2 = K_1^2 + 4\lambda^2$，待定常数 A_j，B_j，C_j，D_j（$j = 7$，8，9，10，11，12），详细见附录 F.3.6.3.

6.1.3 平均速度

通过微通道单位宽度的流率在壁面粗糙度的一个波长上平均，可推导出上层流体（流体 II）的平均速度

$$\begin{aligned}\bar{u}^{\mathrm{II}} &= \frac{\lambda}{2\pi}\int_0^{\frac{2\pi}{\lambda}}\mathrm{d}x\int_0^{1+\delta\sin(\lambda x)} w^{\mathrm{II}}(x,y)\,\mathrm{d}y \\ &= \frac{\lambda}{2\pi}\int_0^{\frac{2\pi}{\lambda}}\left\{\int_0^1 w(x,y)\,\mathrm{d}y + \int_1^{1+\delta\sin(\lambda x)} w^{\mathrm{II}}(x,y)\,\mathrm{d}y\right\}\mathrm{d}x \\ &= u_{0\mathrm{M}}^{\mathrm{II}} + \delta^2 u_{2\mathrm{M}}^{\mathrm{II}} + o(\delta^2),\end{aligned} \tag{6.1.21}$$

其中

$$u_{0\mathrm{M}}^{\mathrm{II}} = C_1 + \frac{C_2}{2} - \frac{G^{\mathrm{II}}}{6} - \frac{(\cosh K_2 - 1)A_2 + A_1\sinh K_2}{K_2},$$

$$u_{2\mathrm{M}}^{\mathrm{II}} = C_7 + \frac{1}{2}C_8 + \frac{(1-\cosh K_2)A_8 - A_7\sinh K_2}{K_2} + \frac{1}{4}\left.\frac{\mathrm{d}W_0^{\mathrm{II}}}{\mathrm{d}y}\right|_{y=1}. \tag{6.1.22a, b}$$

通过微通道单位宽度的流率在壁面粗糙度的一个波长上平均，可推导出下层流体（流体 I）的平均速度

$$
\begin{aligned}
\overline{u}^{\mathrm{I}} &= \frac{\lambda}{2\pi h_r}\int_0^{\frac{2\pi}{\lambda}}\mathrm{d}x\int_{-h_r+\delta h_r\sin(\lambda x+\theta)}^{0} w^{\mathrm{I}}(x,y)\,\mathrm{d}y \\
&= \frac{\lambda}{2\pi h_r}\int_0^{\frac{2\pi}{\lambda}}\left\{\int_{-h_r}^{0} w^{\mathrm{I}}(x,y)\,\mathrm{d}y+\int_{-h_r+\delta h_r\sin(\lambda x+\theta)}^{-h_r} w^{\mathrm{I}}(x,y)\,\mathrm{d}y\right\}\mathrm{d}x \\
&= u_{0\mathrm{M}}^{\mathrm{I}}+\delta^2 u_{2\mathrm{M}}^{\mathrm{I}}+o(\delta^2)\,,
\end{aligned}
\tag{6.1.23}
$$

其中

$$
u_{0\mathrm{M}}^{\mathrm{I}} = D_1-\frac{h_r}{6}\left(3D_2+G^{\mathrm{I}}h_r\right)-\frac{\varepsilon_r[B_1\sinh(h_rK_1)-B_2\cosh(h_rK_1)+B_2]}{h_rK_1\mu_r}\,,
$$

$$
\begin{aligned}
u_{2\mathrm{M}}^{\mathrm{I}} &= D_7-\frac{h_r}{2}D_8+\frac{\left[2\sinh^2\left(\dfrac{h_rK_1}{2}\right)B_8-\sinh\left(h_rK_1\right)B_7\right]\varepsilon_r}{h_rK_1\mu_r}+ \\
&\quad \frac{1}{2}G_2\left(-h_r\right)\sin\theta+\frac{1}{2}G_1\left(-h_r\right)\cos\theta+\frac{h_r}{4}\left.\frac{\mathrm{d}W_0^{\mathrm{I}}}{\mathrm{d}y}\right|_{y=-h_r}.
\end{aligned}
\tag{6.1.24a, b}
$$

6.1.4　结果与讨论

本节推导了具有正弦粗糙效应的两层牛顿流体的电渗压力混合驱动流的近似解析解，它主要取决于顶层和底层流体的电动宽度 K_2 和 K_1，下壁面与上壁面 zeta 势比 ζ，粗糙壁面波数 λ，上下粗糙壁面之间的相位差 θ，无量纲压力梯度 G，界面（流体与流体）zeta 势跳跃 Z，界面处电荷密度 Q_{S}，底层流体与顶层流体介电常数比 ε_r，黏度比 μ_r，深度比 h_r 和波纹与顶层流体的平均高度的比值 δ. 本节中，未特别说明情况下，以下参数取值为 $K_1=10$，$h_r=1$，$\lambda=8$，$G^{\mathrm{I}}=G^{\mathrm{II}}=0$，$\mu_r=1$，$\zeta=1$，$\delta=0.05$，$\varepsilon_r=1$.

图 6.1.2 呈现了在不同的 δ 和 θ 对应的单层牛顿流体的三维 EOF 速度及等高线分布图 . 可以明显观察到 EOF 速度分布受到 θ 的显著影响，而且经典的插销形 EOF 速度剖面也清晰可见 .

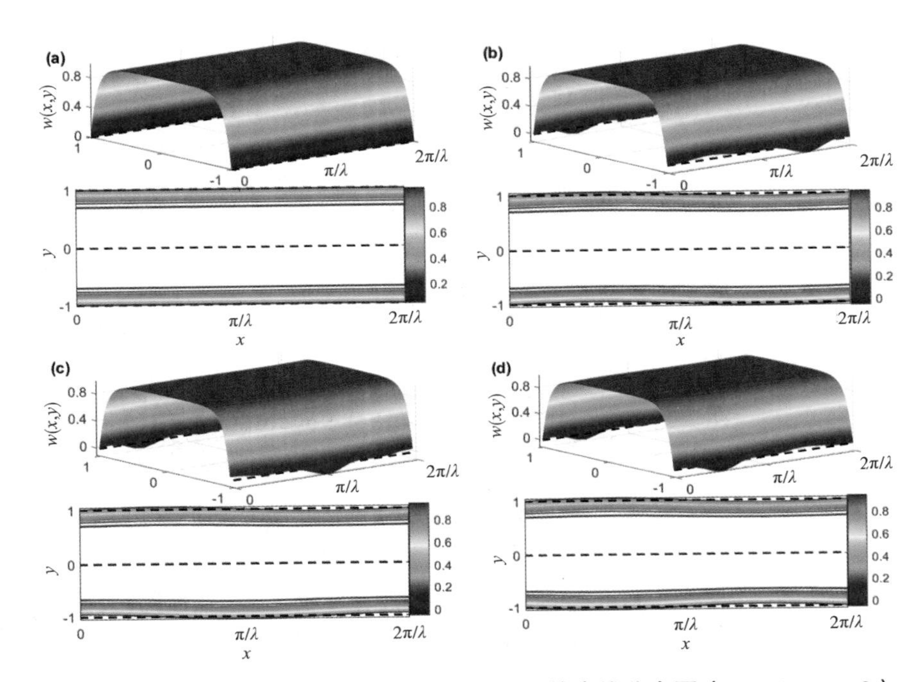

图 6.1.2　不同 δ 和 θ 对应的三维 EOF 速度及等高线分布图（$Q_S=0$，$Z=0$）

注：（a）$\delta=0$；（b）$\theta=0$，$\delta=0.05$；（c）$\theta=\pi/2$，$\delta=0.05$；（d）$\theta=\pi$，$\delta=0.05$.

图 6.1.3 呈现了在不同的 μ_r 对应的两层电解质溶液牛顿流体的三维 EOF 速度及等高线分布图．很容易观察到顶层（流体 II）EOF 速度随着 μ_r 的增加而减少．而黏度较低的流体 I 速度最大，这是因为 μ_r 的增加意味着底层电解质溶液（流体 I）的黏度增加，从而导致流体 I 中的黏性应力的阻力增加，进而减弱了泵送效果．

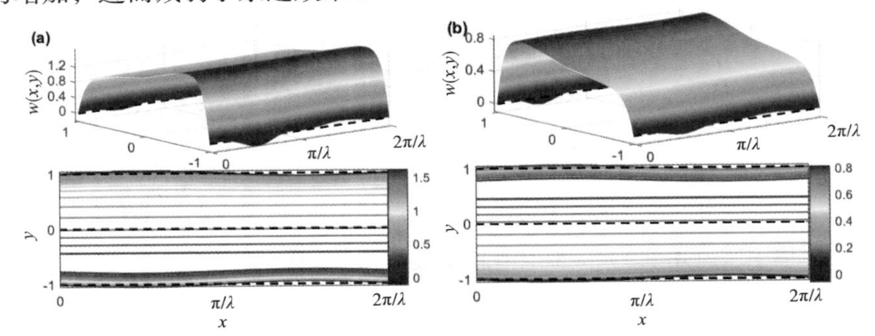

图 6.1.3　不同 μ_r 对应的三维 EOF 速度及等高线分布图（$\theta=\pi$，$Q_S=0$，$Z=0$）

注：（a）$\mu_r=0.5$；（b）$\mu_r=2$.

图 6.1.4 呈现了在不同的 G^{I} 和 G^{II} 对应的两层牛顿流体的三维 EOF 速度及等高线分布图 . EOF 速度随着 G 的增加而增加 . 无量纲压力梯度对 EOF 流动起促进($G^{\mathrm{I}} > 0$ 和 $G^{\mathrm{II}} > 0$)作用或阻碍($G^{\mathrm{I}} < 0$ 和 $G^{\mathrm{II}} < 0$)作用 . 此外，还可以观察到在逆压力梯度情况下，顶层流体在流体与流体界面附近产生回流（back flow）现象（如图 6.1.4（a）所示），但在狭窄的 EDL 区域内速度值仍远远大于 0. 这是因为在通道的界面附近，电渗流驱动力比狭窄的 EDL 电渗驱动力要小得多，因而在通道的流体与流体界面附近出现了显著的流动变化 .

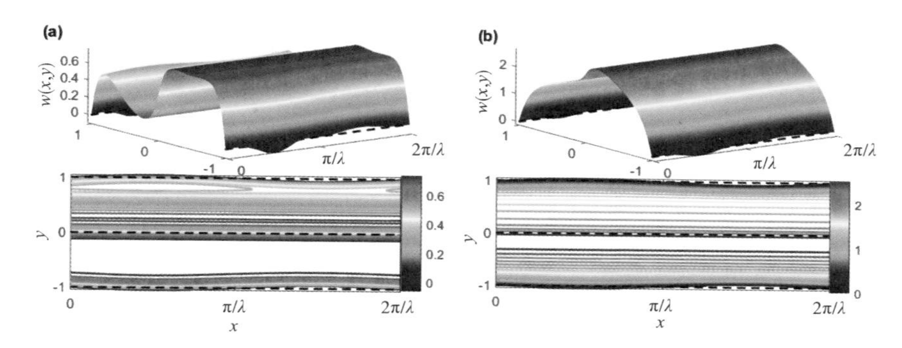

图 6.1.4　不同 G 对应的三维 EOF 速度及等高线分布图（$\theta=\pi$，$Q_S=1$，$Z=1$）

注：（a）$G^{\mathrm{I}}=G^{\mathrm{II}}=-2$；（b）$G^{\mathrm{I}}=G^{\mathrm{II}}=2$.

图 6.1.5 展示了在不同的 ζ 对应的两层牛顿流体的三维 EOF 速度及等高线分布图 . 从图 6.1.5 很容易看出 EOF 速度随着 ζ 的增加而增加，尤其是底层流体 I 内更为明显 . 两层流体底部平板的速度分布在 EDL 层中出现了一个有利的电渗力，导致速度显著增加 . 当底层壁面 zeta 势增加时，会导致 EDL 中的电荷分布发生变化，电荷层的厚度增加 . 这会影响流体分子在靠近固体表面时受到电场的影响，从而影响了流体的速度分布 . 通常情况下，当流体通过微通道时，由于靠近固体表面处的流体分子与固体表面的摩擦力较大，因此流体速度在微通道中心最大，靠近固体表面时速度较慢，形成速度剖面 . 此外，当底层壁面和顶层壁面电荷相反时（即 $\zeta<0$），流体 I 中 EOF 的方向与通道壁面带电极性直接相关，该结论与前面所得结论一致 .

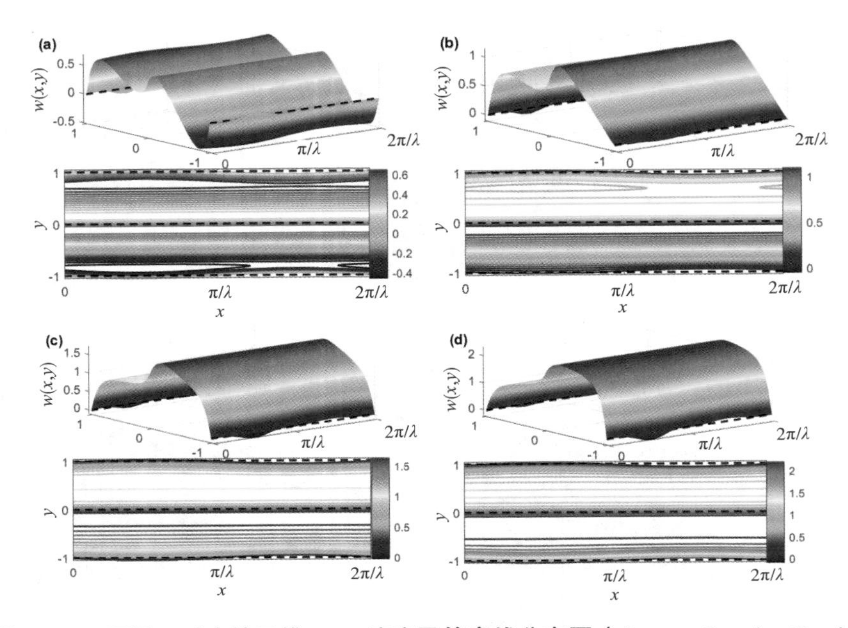

图 6.1.5 不同 ζ 对应的三维 EOF 速度及等高线分布图（$\theta=\pi$，$Q_S=1$，$Z=1$）

注：（a）$\zeta=-1$；（b）$\zeta=0$；（c）$\zeta=1$；（d）$\zeta=2$.

图 6.1.6 展示了在不同的 Q_S 对应的两层牛顿流体的三维 EOF 速度及等高线分布图. 从图 6.1.6 和图 6.1.5（c）的对比可以看出，EOF 速度随着 Q_S 的增加而增加，尤其是底层流体 I 内更为明显. 不难理解，当界面电荷密度 Q_S 较小时，流体速度剖面相对平缓，但随着电荷密度的增加，电荷层厚度增加，电场强度增强，导致速度剖面发生明显的变化. 在界面处，由于电荷密度的变化，自由电荷的增加导致了电场强度和电势分布的变化，从而影响流体速度的分布. 因此，界面处出现了明显的速度跳跃.

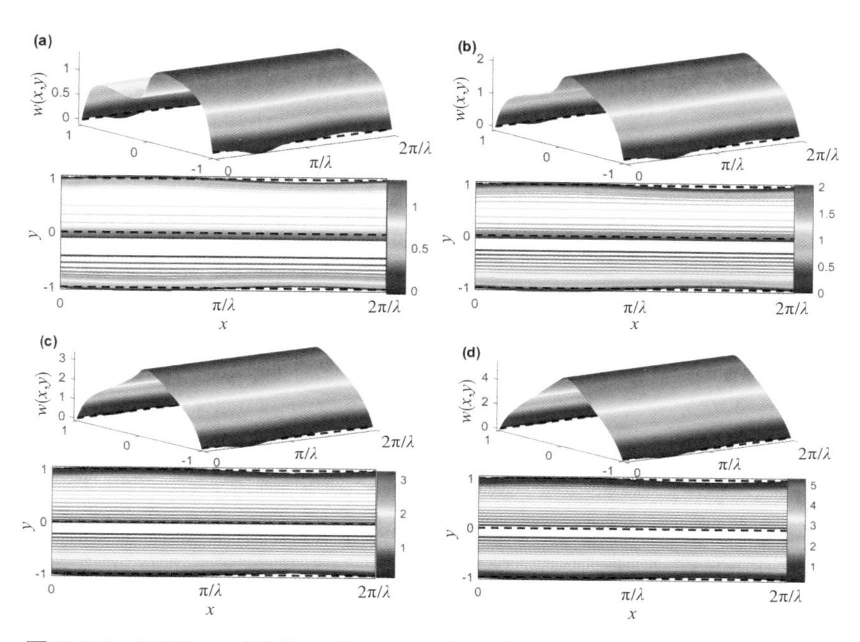

图 6.1.6　不同 Q_S 对应的三维 EOF 速度及等高线分布图（$\theta=\pi$，$Z=1$）

注：（a）$Q_S=0.1$；（b）$Q_S=2$；（c）$Q_S=5$；（d）$Q_S=10$.

图 6.1.7 展示了在不同的 Z 对应的两层牛顿流体的三维 EOF 速度及等高线分布图 . 通过与图 6.1.5（c）的对比，可以明显看出 EOF 速度随着 Z 的增加而增加，尤其是底层流体 I 内更为明显 . 不难理解，由于离子的吸附作用，界面处的电势会出现突然变化，导致速度剖面的变化 . 随着电势差的增加，速度会增大，界面处会出现明显的速度增加或减少 .

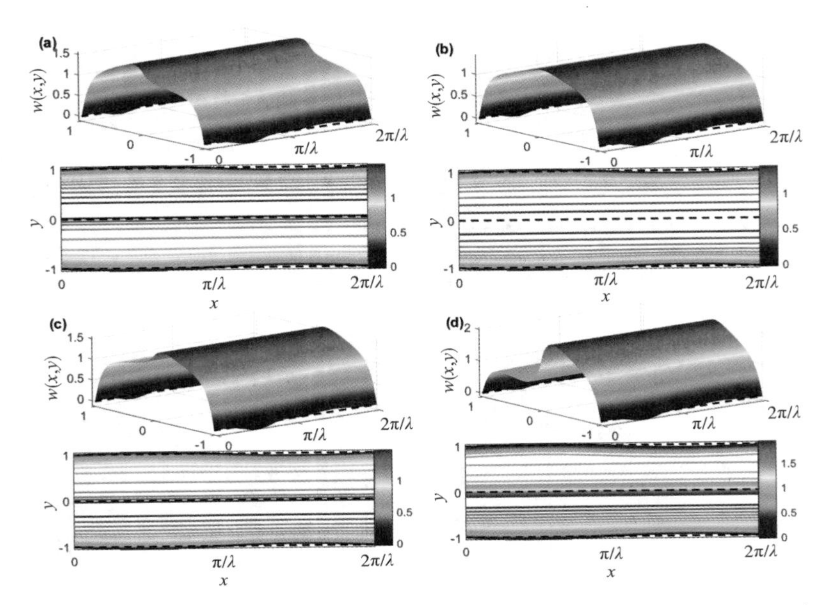

图 6.1.7　不同 Z 对应的三维 EOF 速度及等高线分布图（$\theta=\pi$，$Q_S=1$）

注：（a）$Z=-0.5$；（b）$Z=0.1$；（c）$Z=0.5$；（d）$Z=2$.

图 6.1.8 展示了在不同的 ε_r 对应的两层牛顿流体的三维 EOF 速度及等高线分布图 . EOF 速度随着 ε_r 的增加而增加，尤其是底层流体 I 内更为明显 . 不难理解，给定 K_1 的值，由 $K_2=\varepsilon_r^{1/2}K_1$ 知，ε_r 增加，K_2 也会增加，从而流体层 II 中 EDL 的特征厚度（Debye 长度）减少 . 此外，EDL 中介电常数的增加会导致电场强度减小，电荷层厚度变厚，从而影响流体分子在电场作用下的运动 .

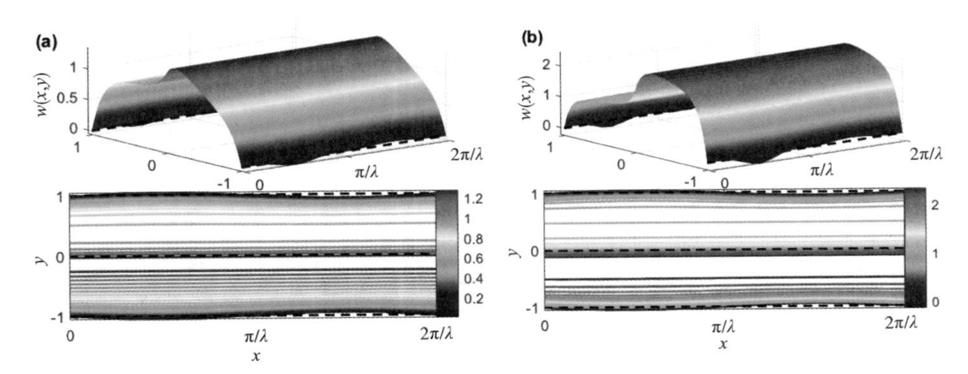

图 6.1.8　不同 ε_r 对应的三维 EOF 速度及等高线分布图（$\theta=\pi$，$Q_S=1$）

注：（a）$\varepsilon_r=0.5$；（b）$\varepsilon_r=2$.

图 6.1.9 呈现了不同的 θ 对应平均速度的增量（粗糙度函数）u_{2M} 随 λ，K，ζ，h_r，μ_r，G，Q_S，Z 和 ε_r 的变化（$K_1 = 10$，$\zeta = 1$，$\lambda = 2$，$\delta = 0.1$，$h_r = 1$，$G^{II} = G^{I} = 0$，$\mu_r = 1$，$Q_S = 0$，$Z = 1$，$\varepsilon_r = 1$）. u_{2M} 随着 K，ζ，h_r，G，Q_S 和 ε_r 的增加而减少，随着 μ_r 的增加而增加；随着 Z 的增加而顶层流体 u_{2M}^{II} 增加，底层流体 u_{2M}^{I} 减少；随着 λ 的增加而使顶层 u_{2M}^{II} 先增加后减少，底层 u_{2M}^{I} 直接减少 . 正如预期的一样，较大的波数（如 $\lambda > 3.5$），θ 对流速的影响忽略不计 . u_{2M}^{II} 随 θ 的增大而增大，而 u_{2M}^{I} 随 θ 的增大而减少且较小的波数（如 $\lambda \leqslant 3.5$）更为明显，这一结论与前期的结果基本一致（如图 6.1.9（a）所示）. 当 EDL 很薄时（较大的 K），离子只需克服很小的电势差就能到达电极表面，此时流速较快，但流体在微通道壁面的运动会受到波纹和粗糙度的影响，导致流动阻力较大 . 因此，u_{2M} 随着 K 的增加而减少（如图 6.1.9（b）所示）. 对 u_{2M} 的主要影响是非零界面 zeta 势所致，如图 6.1.9（c）所示 . 当 $\zeta > 0$ 时，两种流体界面的速度分布中出现一个有利的额外库仑力，导致 u_{2M} 显著减少 . 当 $\zeta < 0$ 时，不利的局部静电力会降低泵送作用和相应的 u_{2M}. 正如预期的一样，较大的 h_r 对应底层流体 I 厚度增加，顶层流体 II 厚度减少，因此 u_{2M} 减少（如图 6.1.9（d）所示）. u_{2M} 随着 μ_r 的增加而增加（如图 6.1.9（e）所示），其中 μ_r 表示底层（流体 I）与顶层（流体 II）的黏度之比 . 因此 μ_r 的增加意味着流体 I 的黏度增加，界面处的黏性应力的阻力增加，界面处的剪切应力的拖拽合力减少 . 从图 6.1.9（f）很容易观察到 u_{2M} 随着 G 的增加而减少 . 不难理解，无量纲压力梯度对流体流动起促进（$G^{I} > 0$ 和 $G^{II} > 0$）作用或阻碍（$G^{I} < 0$ 和 $G^{II} < 0$）作用，因此 u_{2M} 与速度呈现相反效果 . 当界面处电荷密度增加时，电场强度也会增加，这会引起离子层厚度的变化，从而影响流体所受电场力 . 当电荷密度增加时，界面处流体速度会增大，导致流体遇到更大的阻力，因此 u_{2M} 随着 Q_S 的增加而减少（如图 6.1.9（g）所示）. 当界面处 zeta 电势差的增加意味着底层流体的 zeta 电势相对于顶层流体的 zeta 电势大，而且界面处会引起电荷的聚集或散开 . u_{2M} 随着 Z 的增加而使顶层流体增加，底

层流体减少（如图 6.1.9（h）所示）. 当介电常数比 ε_r 增加时，由于两种互不混溶液流体的介电常数不同，会出现电场强度的不连续性，会引起电荷分布和电场分布的变化，从而影响流体速度及平均速度的变化. 因此，u_{2M} 随着 ε_r 的增加而减少，且 θ 对平均流速的影响可以忽略不计（如图 6.1.9（i）所示）.

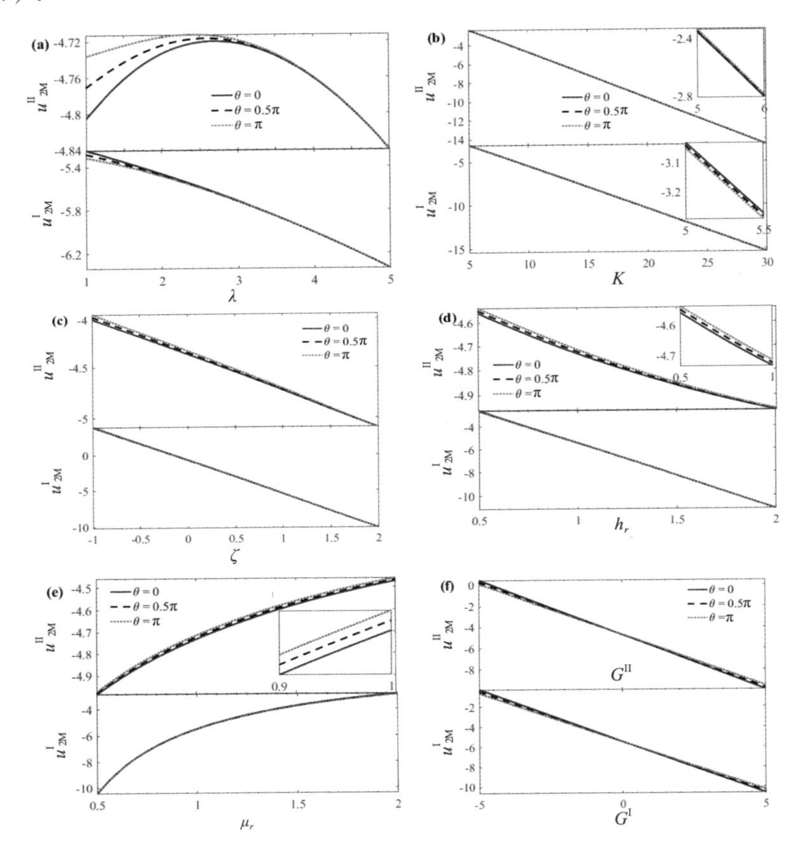

图 6.1.9　平均速度的增量 u_{2M} 在不同的 θ 随（a）λ；（b）K；（c）ζ；（d）h_r；（e）μ_r；（f）G；（g）Q_S；（h）Z；（i）ε_r 的变化.（$K_1=10$，$\zeta=1$，$\lambda=2$，$\delta=0.1$，$h_r=1$，$G^{II}=G^{I}=0$，$\mu_r=1$，$Q_S=0$，$Z=1$，$\varepsilon_r=1$）

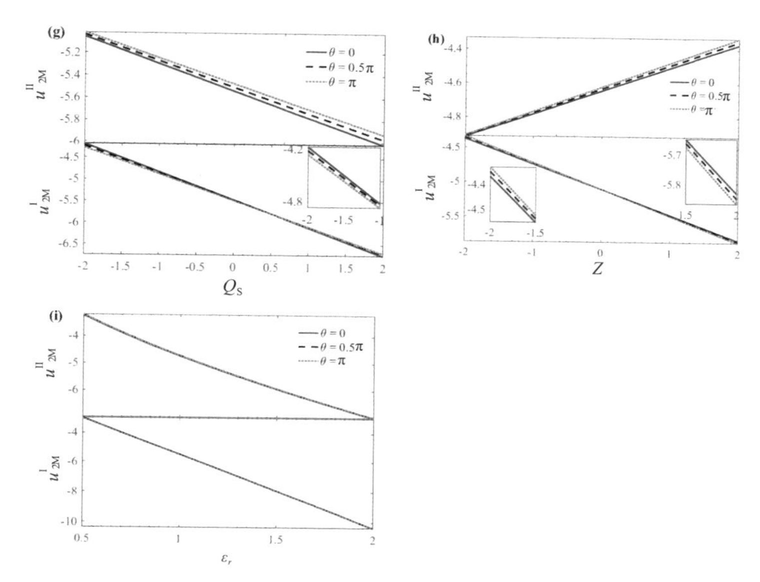

图 6.1.9　平均速度的增量 u_{2M} 在不同的 θ 随（a）λ；（b）K；（c）ζ；（d）h_r；（e）μ_r；（f）G；（g）Q_S；（h）Z；（i）ε_r 的变化 .（$K_1=10$，$\zeta=1$，$\lambda=2$，$\delta=0.1$，$h_r=1$，$G^{II}=G^{I}=0$，$\mu_r=1$，$Q_S=0$，$Z=1$，$\varepsilon_r=1$）（续）

6.1.5　本节小结

本节中，采用边界摄动展开法和线性叠加原理，对两个不可压缩且不混溶的黏性牛顿流体在具有正弦形壁面粗糙度的微平行板之间的稳态完全发展 EOF 流进行了深入研究 . 通过这些方法，我们获得了流体速度和体积流率（平均速度）的近似解析解，并进一步讨论了相关参数对流体流动特性的影响 . 通过理论和绘图分析，得到如下几个结论。

在给定一些参数的情况下，上下壁面粗糙度相位差 θ 对 EOF 速度分布产生显著影响，并且观察到了经典的插销形 EOF 速度剖面 . 随着 ε_r，Q_S，G，Z 和 ζ 的增加以及 μ_r 的减少，EOF 速度呈现出增大的趋势 . 此外，当底层壁面和顶层壁面电荷相反（即 $\zeta<0$）时，流体 I 中 EOF 的方向与通道壁面带电极性直接相关，这一结论与之前的研究结果一致 . 在给定一些参数的情况下，随着 K，ζ，h_r，G，Q_S 和 ε_r 的增加以及 μ_r 的减少，粗糙度函数

u_{2M} 呈现出减少的趋势；随着 Z 的增加而顶层流体 u_{2M}^{II} 增加，底层流体 u_{2M}^{I} 减少；随着 λ 的增加而顶层 u_{2M}^{II} 先增加后减少，底层 u_{2M}^{I} 直接减少，且较大的波数（如 $\lambda > 3.5$），相位差 θ 对流速的影响可以忽略不计．

6.2 Maxwell 应力效应对两层导电牛顿流体的电渗流动的影响

6.2.1 数学模型和近似解

在上一节的基础上，本节考虑：流体与流体界面处总的应力包括剪切应力和 Maxwell 应力，因此，上一节中界面处剪切应力连续的条件（5.1.8d）修正为总应力连续的条件[89]，[90]

$$\mu_1 \frac{\partial W^{I}(x^*,y^*)}{\partial y^*} - \varepsilon_1 E_0 \frac{\partial \Psi^{I}(x^*,y^*)}{\partial y^*} = \mu_2 \frac{\partial W^{II}(x^*,y^*)}{\partial y^*} - \varepsilon_2 E_0 \frac{\partial \Psi^{II}(x^*,y^*)}{\partial y^*},$$

在 $y^* = 0$ 处．（6.2.1）

用（5.1.6）式无量纲化，式（5.1.9e）变为

$$\mu_r \frac{\partial w^{I}(x,y)}{\partial y} + \varepsilon_r \frac{\partial \varphi^{I}(x,y)}{\partial y} = \frac{\partial w^{II}(x,y)}{\partial y} + \frac{\partial \varphi^{II}(x,y)}{\partial y}，\text{在 } y=0 \text{ 处}. \tag{6.2.2}$$

用（4.1.17）式，上式（5.2.2）摄动展开后的各阶界面条件（6.1.13h）、（6.1.14h）和（6.1.15f）如下

$$\left.\frac{\mathrm{d}w_0^{II}}{\mathrm{d}y}\right|_{y=0} + \left.\frac{\mathrm{d}\varphi_0^{II}}{\mathrm{d}y}\right|_{y=0} = \mu_r \left.\frac{\mathrm{d}w_0^{I}}{\mathrm{d}y}\right|_{y=0} + \varepsilon_r \left.\frac{\mathrm{d}\varphi_0^{I}}{\mathrm{d}y}\right|_{y=0}, \tag{6.2.3}$$

$$\left.\frac{\partial w_1^{II}}{\partial y}\right|_{y=0} + \left.\frac{\partial \varphi_1^{II}}{\partial y}\right|_{y=0} = \mu_r \left.\frac{\partial w_1^{I}}{\partial y}\right|_{y=0} + \varepsilon_r \left.\frac{\partial \varphi_1^{I}}{\partial y}\right|_{y=0}, \tag{6.2.4}$$

$$\left.\frac{\partial w_2^{II}}{\partial y}\right|_{y=0} + \left.\frac{\partial \varphi_2^{II}}{\partial y}\right|_{y=0} = \mu_r \left.\frac{\partial w_2^{I}}{\partial y}\right|_{y=0} + \varepsilon_r \left.\frac{\partial \varphi_2^{I}}{\partial y}\right|_{y=0}. \tag{6.2.5}$$

方程（6.1.10）~（6.1.12）的通解以及平均速度和粗糙度之间的关系

式跟 6.1 节一样，只不过待定系数 C_k，D_k（$k = 1, 2, \cdots, 11, 12$）不一样，此处不再求解 . 详细情况见附录下 F.3.7.

6.2.2　结果与讨论

本节推导了两层牛顿流体在电渗压力混合驱动流中的界面处 Maxwell 应力效应和壁面正弦粗糙效应的近似解析解 . 此解析解主要取决于顶层和底层流体的电动宽度 K_2 和 K_1，下壁面与上壁面 zeta 势比 ζ，粗糙壁面波数 λ，上下粗糙壁面之间的相位差 θ，无量纲压力梯度 G，界面（流体与流体）zeta 势跳跃 Z，界面处电荷密度 Q_S，底层流体与顶层流体介电常数比 ε_r，黏度比 μ_r，深度比 h_r 和波纹振幅与顶层流体平均高度的比值 δ. 在未特别说明的情况下，以下参数取值为 $K_1 = 10$，$h_r = 1$，$\lambda = 8$，$G^{\mathrm{I}} = G^{\mathrm{II}} = 0$，$\mu_r = 1$，$\zeta = 1$，$\delta = 0.05$，$\varepsilon_r = 1$，$Q_S = 1$，$Z = 1$，$\theta = \pi$，$x = 0$. 此外，图 6.2.2 ~ 图 6.2.8 呈现了利用 6.1 节和 6.2 节的解析结果进行的比较 .

当前的研究结果与 Choi 等 [89] 的研究结果进行了比较，如图 6.2.1 所示 . Choi 等人 [89] 研究了平行板之间具有界面 Maxwell 应力效应的纯 EOF. 在光滑微通道（$\delta = 0$）的情况下，当前研究结果与 Choi 等人 [89] 的研究结果一致 . 从图 6.2.1 可以观察到，在粗糙微通道内，流体速度相比光滑微通道要小，这主要是由于下壁面波纹导致流体与固体接触面积增大，从而增大了流动阻力，使得速度减小 .

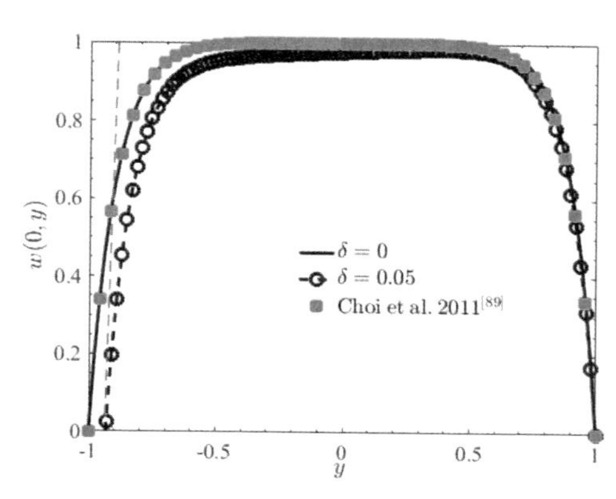

图 6.2.1　EOF 速度 $w(x, y)$ 随 y 的变化（$\theta = 0.5\pi$）

图 6.2.2 呈现了界面处 Maxwell 应力和介电常数比 ε_r 对 EOF 速度分布、平均速度 $\bar{u}$ 和粗糙度函数 u_{2M} 的影响．在给定的 K_1 的情况下，由于 $K_2=\sqrt{\varepsilon_r}K_1$，当介电常数比 ε_r 增加时，K_2 也会随之增加．较大的 K_2 会导致更大的速度．因此，从图 6.2.3（b）中红色点线与图 6.2.2 的对比可以得出，随着 ε_r 的增加，EOF 速度和平均速度（单位体积流率）也会变大，但粗糙度函数 u_{2M} 随着 ε_r 的增加而减少．

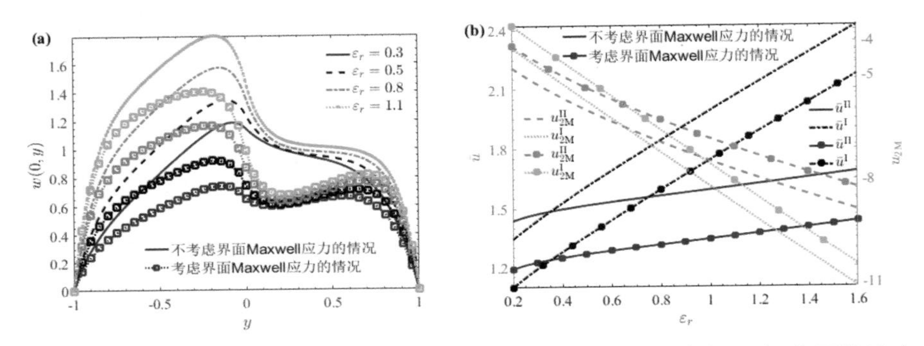

图 6.2.2　（a）不同的 ε_r 对应的 EOF 速度 w（0，y）随 y 的变化；（b）平均速度 $\bar{u}$ 和粗糙度函数 u_{2M} 随 ε_r 的变化

图 6.2.3 呈现了界面处 Maxwell 应力和黏性比 μ_r 对 EOF 速度分布、平均速度 $\bar{u}$ 和粗糙度函数 u_{2M} 的影响．在固定 $Q_S=0$，$Z=0$ 的情况下，当 $\mu_r>1$ 时，底层流体（层 I）的黏性系数大于顶层流体（层 II），导致底层流体的流动阻力大，EOF 速度较小；而顶层流体的流动阻力小，容易被驱动，速度较大．当 $\mu_r<1$ 时，结果相反．随着黏性比 μ_r 的增加，速度减小．在这种情况下，界面处 Maxwell 电应力对流动无影响（如图 6.2.3（a）和（c））．此外，从图 6.2.3 还可以观察到，较大的 Q_S 和 Z，对应的速度也较大，可能是因为界面处电荷密度聚集和 zeta 电势跳跃直接相关．在固定 $Q_S=1$，$Z=1$ 的情况下，随着黏性比 μ_r 的增加，速度减小，且底层流体速度大于顶层流体速度（如图 6.2.3（b）和（d））．平均速度 $\bar{u}$ 随着 μ_r 的增加而减少，而粗糙度函数 u_{2M} 随着 μ_r 的增加而递增．

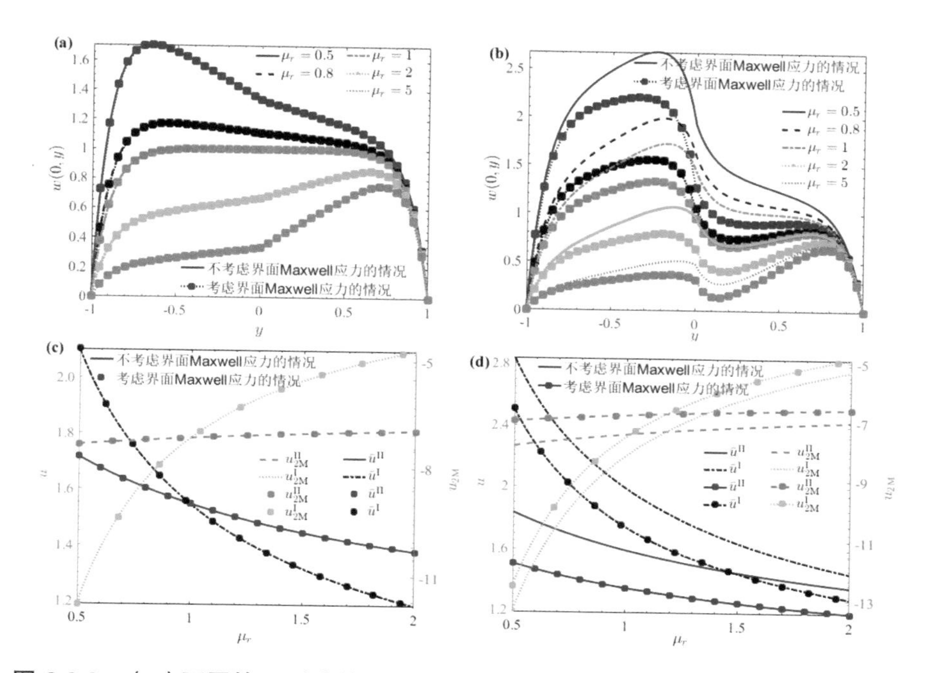

图 6.2.3　（a）不同的 μ_r 对应的 EOF 速度 $w(0, y)$ 随 y 的变化（$Q_S = 0$，$Z = 0$）；（b）不同的 μ_r 对应的 EOF 速度 $w(0, y)$ 随 y 的变化（$Q_S = 1$，$Z = 1$）；（c）平均速度 $\bar{u}$ 和粗糙度函数 u_{2M} 随 μ_r 的变化（$Q_S = 0$，$Z = 0$）；（d）平均速度 $\bar{u}$ 和粗糙度函数 u_{2M} 随 μ_r 的变化（$Q_S = 1$，$Z = 1$）

图 6.2.4 展示了界面处 Maxwell 应力和界面处电荷密度 Q_S 对 EOF 速度分布、平均速度 $\bar{u}$ 和粗糙度函数 u_{2M} 的影响．从图 6.2.3（b）中的红色点线和图 6.2.4 很容易观察到，EOF 速度和平均速度 $\bar{u}$ 随着 Q_S 的增加而增加．在界面处，由于电荷密度的变化，自由电荷的增加导致了电场强度和电势分布的变化，从而影响到流体速度的分布．因此，界面附近出现了明显的速度跳跃．

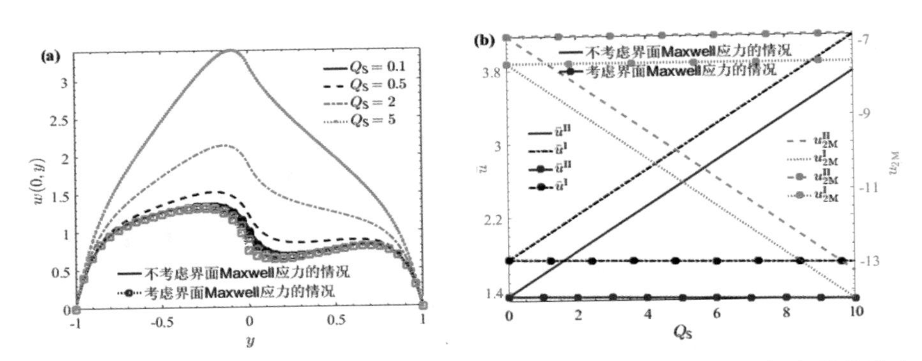

图 6.2.4 （a）不同的 Q_S 对应的 EOF 速度 w（0，y）随 y 的变化；（b）平均速度 $\bar{u}$ 和粗糙度函数 u_{2M} 随 ε_r 的变化

图 6.2.5 呈现了界面处 Maxwell 应力和界面处 zeta 电势跳跃 Z 对 EOF 速度分布、平均速度 $\bar{u}$ 和粗糙度函数 u_{2M} 的影响．与图 6.2.3（b）中红色点线的对比显示，EOF 速度 w^{I}（0，y）、平均速度 $\bar{u}^{\mathrm{I}}$ 和粗糙度函数 u_{2M}^{II} 随着 Z 的增加而增加，EOF 速度 w^{II}（0，y）、平均速度 $\bar{u}^{\mathrm{II}}$ 和粗糙度函数 u_{2M}^{I} 随着 Z 的增加而减少．界面处底层 zeta 电势比顶层 zeta 电势大．此外，当两种溶液相遇并形成界面时，在界面附近存在一个狭窄的区域．这个区域的电势会突然发生变化，这是由于离子在此处的吸附作用所引起的．从图 6.2.5 可以看出，随着界面 zeta 电势差的增加，速度也相应地增加．在中心界面（$y = 0$）处，由于电势差的不同，速度剖面会明显增加或降低．换句话说，这意味着电势差 Z 和速度剖面之间存在密切的关联．

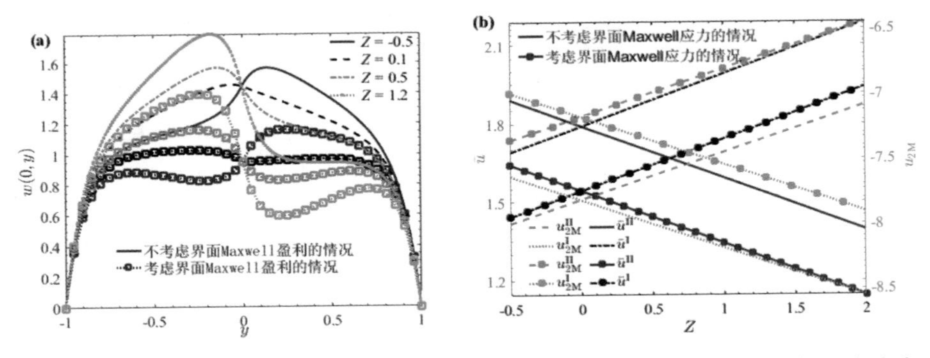

图 6.2.5 （a）不同的 Z 对应的 EOF 速度 w（0，y）随 y 的变化；（b）平均速度 $\bar{u}$ 和粗糙度函数 u_{2M} 随 Z 的变化

图 6.2.6 展示了界面处 Maxwell 应力和底层与顶层流体厚度比 h_r 对 EOF 速度分布、平均速度 $\bar{u}$ 和粗糙度函数 u_{2M} 的影响 . EOF 速度和平均速度 $\bar{u}$ 随着 h_r 的增加而增加，而粗糙度函数 u_{2M} 随着 h_r 的增加而减少 . 此外，两层流体的厚度不同，底层流体位置相应地发生了改变，从而影响了整个通道内流体流动的分布 .

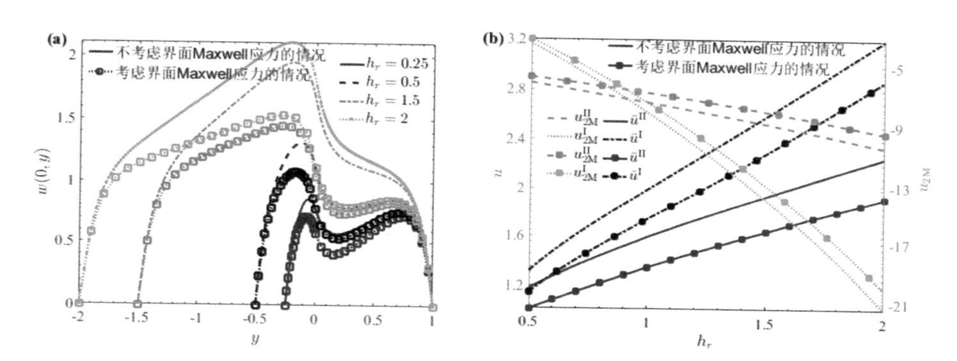

图 6.2.6 （a）不同的 h_r 对应的 EOF 速度 w（0，y）随 y 的变化；（b）平均速度 $\bar{u}$ 和粗糙度函数 u_{2M} 随 h_r 的变化

图 6.2.7 呈现了界面处 Maxwell 应力和底部与顶部平行板 zeta 电势之比 ζ 对 EOF 速度分布、平均速度 $\bar{u}$ 和粗糙度函数 u_{2M} 的影响 . 从图 6.2.3（b）中红色点线和图 6.2.7 中可以明显观察到，EOF 速度和平均速度 $\bar{u}$ 随着 ζ 的增加而增加，而粗糙度函数 u_{2M} 随着 ζ 的增加而减少 . 当 $\zeta > 0$ 时，两种流体壁面 EDL 区域中出现一个有利的额外库仑力，导致速度显著增加 . 当 $\zeta < 0$ 时，不利的局部静电力会降低泵送作用和相应的速度，这一结论与之前得到的结论一致 .

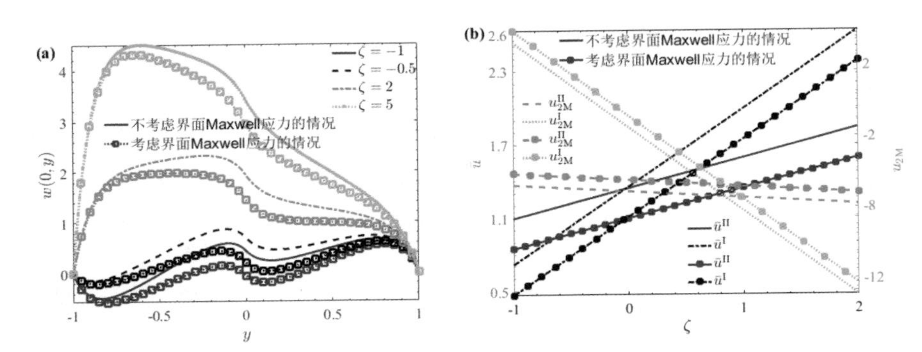

图 6.2.7　（a）不同的 ζ 对应的 EOF 速度 w（0，y）随 y 的变化；（b）平均速度 $\bar{u}$ 和粗糙度函数 u_{2M} 随 ζ 的变化

图 6.2.8 展示了界面处 Maxwell 应力和无量纲压力梯度 G 对 EOF 速度分布、平均速度 $\bar{u}$ 和粗糙度函数 u_{2M} 的影响 . EOF 速度和平均速度 $\bar{u}$ 随着 G 的增加而增加，而粗糙度函数 u_{2M} 随着 G 的增加而减少 . 无量纲压力梯度 G 对两层互不相混溶液的流体起促进（$G^{\mathrm{I}}>0$ 和 $G^{\mathrm{II}}>0$）或阻碍（$G^{\mathrm{I}}<0$ 和 $G^{\mathrm{II}}<0$）作用，这一结论与前文得到的结论一致 . 在给定参数下，较小的逆压力梯度（$G=-2$）虽然流动的速度小于零，但整体流动方向不变，电渗力起主导作用，而较大的逆压力梯度（$G=-4$）导致流体流动出现回流，此时压强梯度成为主导作用 . 更准确的分析可以结合式（6.1.21）至（6.1.24）计算，以得到临界回流产生的逆压力梯度值 .

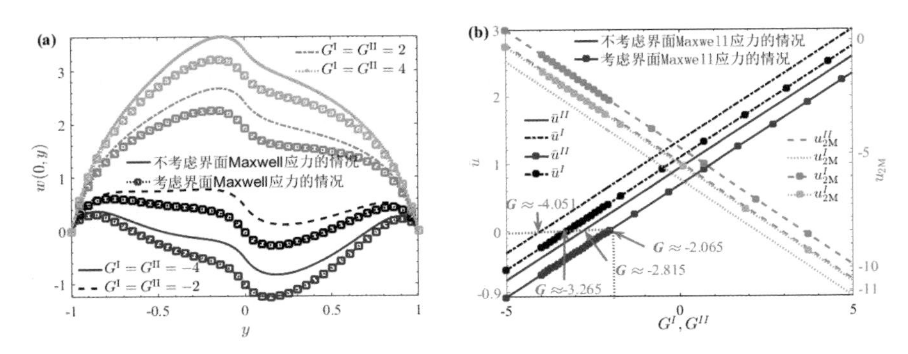

图 6.2.8　（a）不同的 G 对应的 EOF 速度 w（0，y）随 y 的变化；（b）平均速度 $\bar{u}$ 和粗糙度函数 u_{2M} 随 G 的变化

从图 6.2.2 至图 6.2.8 中，观察到在一些给定参数的情况下，考虑了

界面处 Maxwell 应力效应的速度和平均速度（单位体积流率）比不考虑 Maxwell 应力效应的速度和平均速度（单位体积流率）小，而粗糙度函数 u_{2M} 表现出相反的趋势 . 根据式（6.2.1），考虑界面处 Maxwell 应力效应意味着顶层与底层两者中增加了阻力项，导致速度减小 . 此外，考虑界面处的 Maxwell 电应力，表示在界面处存在电场和电荷密度的不连续性，导致自由电荷密度在界面处的聚集，进而影响速度分布 . 因此，考虑界面处的 Maxwell 电应力对速度剖面和流体速度场的分布产生重要影响 . 在进行流体建模和仿真时，精确考虑界面处的 Maxwell 电应力是确保准确预测流体速度和行为的关键 .

6.2.3　本节小结

在本节中，利用边界摄动展开法和线性叠加原理对两个不可压缩、不混溶的黏性牛顿流体在具有正弦形壁面粗糙度的微平行板之间的稳态完全发展 EOF 流进行了研究 . 此外，还考虑了两层流体的界面处的 Maxwell 电应力效应 . 通过这些方法，我们获得了流体速度和体积流率（平均速度）的解析解，并进一步研究了界面电势和 Maxwell 电应力对流体流动特性的影响 . 通过理论和绘图分析，得出以下几个结论。

在粗糙微通道中，流体速度比光滑微通道要小（与之前的结果一致）. 在一些给定参数的情况下，EOF 速度 $w(0, y)$ 和平均速度（单位体积流率）$\bar{u}$ 随着 ε_r，Q_S，Z，h_r，G 和 ζ 的增加而增加，但随着 μ_r 的增加而减小 . 相反，粗糙度函数 u_{2M} 随着 ε_r，h_r，G 和 ζ 的增加而减少，但随着 μ_r 的增加而递增 . EOF 速度 $w^{\mathrm{I}}(0, y)$、平均速度 $\bar{u}^{\mathrm{I}}$ 和粗糙度函数 u_{2M}^{II} 随着 Z 的增加而增加，而 EOF 速度 $w^{\mathrm{II}}(0, y)$、平均速度 $\bar{u}^{\mathrm{II}}$ 和粗糙度函数 u_{2M}^{I} 随着 Z 的增加而减小 . 对于固定的 $Q_S = 0$，$Z = 0$，界面处的 Maxwell 电应力对流动没有影响 . 在一些给定参数的情况下，考虑界面处的 Maxwell 应力效应的速度和平均速度比界面处不考虑 Maxwell 应力效应的速度和平均速度要小 .

第 7 章　具有三维壁面粗糙度的平行板微通道内电渗流动

7.1　问题的描述及数学模型

7.1.1　问题的描述

本章中在具有三维（3D）壁面粗糙度的平行板微通道内研究黏性不可压牛顿流体的 EOF，如图 7.1.1 所示 . 上下平行板的平均间距为 $2H$. 流体的密度和黏性系数分别为 ρ 和 μ. 其中假设通道的长度 L（沿 x 方向）和宽度 W（沿 y 方向）都远远大于通道的厚度，即 L，W >>2H. 在通道中心建立了以（$\boldsymbol{e}_x$，$\boldsymbol{e}_y$，$\boldsymbol{e}_z$）为基向量的直角坐标系，如图 7.1.1 所示 .

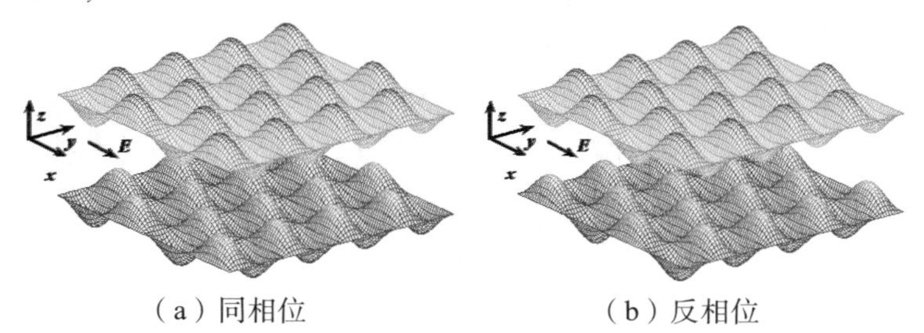

（a）同相位　　　　（b）反相位

图 7.1.1　粗糙壁面的示意图

用下面的正弦函数分别表示上下板的壁面粗糙度：

$$z_u = H\left[1+\delta\sin\left(\frac{k_1}{H}x\right)\sin\left(\frac{k_2}{H}y\right)\right], \tag{7.1.1a}$$

$$z_l^{\pm} = H\left[-1\pm\delta\sin\left(\frac{k_1}{H}x\right)\sin\left(\frac{k_2}{H}y\right)\right], \tag{7.1.1b}$$

其中 k_1 和 k_2 分别是 x，y 方向上的粗糙度的波数，δ 表示粗糙度的振幅．在方程（7.1.1）中，“+”表示上下板粗糙度是同相位的（相位差为 0）；“–”表示上下板粗糙度是反相位的（相位差为 π）．在微通道中，绝大多数壁面与电解质溶液相接触时，在两相的界面上就会带上电荷．这些壁面上的电荷来自从流体被强烈吸附在通道壁面上的电荷或来自离子化基[5]．壁面电荷吸引异性离子，排斥同性离子，从而形成带有净电荷的双电层．双电层由紧密层和扩散层组成．在通道中央流体中净电荷几乎为零．沿 x 轴在通道两端施加一个电势，同时我们假设在一个波长上的电势差等于 ψ_0[117]．扩散层内的离子在外加电场作用下运动，通过黏性力带动周围流体微团一起运动，最终形成了电渗流．

7.1.2　数学模型

根据双电层理论，电势 φ（x，y，z）和净电荷密度 ρ_E（x，y，z）满足泊松方程

$$\nabla^2\varphi = -\frac{\rho_E}{\varepsilon}, \tag{7.1.2}$$

其中 $\nabla^2 = \frac{\partial^2}{\partial x^2}+\frac{\partial^2}{\partial y^2}+\frac{\partial^2}{\partial z^2}$，$\varepsilon$ 是流体的介电系数．在局部热平衡条件[23]下，在对称电解质中净电荷密度 ρ_E 可表示为

$$\rho_E = -2n_0 z_0 e\sinh\left(\frac{z_0 e\varphi}{k_B T}\right), \tag{7.1.3}$$

n_0 和 z_0 分别是离子数量浓度和化合价，k_B 是 Boltzmann 常数，T 是绝对温度．e 是基本电荷．如果 φ 充分小（<<25mV），$z_0e\varphi/(k_BT)<<1$，可以利用 Debye–Hückel 线性化[5-6]把函数 $\sinh(z_0e\varphi/(k_BT))$ 近似表示为 $z_0e\varphi/(k_BT)$．

利用方程（7.1.2），（7.1.3）和 Debye–Hückel 线性化，可得线性化的 P–B 方程

$$\nabla^2\varphi=\kappa^2\varphi\ ,\tag{7.1.4}$$

其中 $\kappa=z_0e\,(2n_0/\varepsilon k_BT)^{1/2}$ 是 Debye–Hückel 参数，$1/\kappa$ 代表 EDL 的厚度．电势满足边界条件

$$\varphi(x,y,z)=\zeta_U\ \text{在}\ z=z_u\ \text{处},\tag{7.1.5a}$$

$$\varphi(x,y,z)=\zeta_L\ \text{在}\ z=z_l^{\pm}\ \text{处},\tag{7.1.5b}$$

其中我们假设壁面 zeta 势 ζ_U 和 ζ_L 是常数[119]．外加电势分布满足拉普拉斯方程[106]

$$\nabla^2\psi=0\ .\tag{7.1.6}$$

电场强度等于

$$\boldsymbol{E}=-\nabla(\psi+\varphi)\ .\tag{7.1.7}$$

外加电势 ψ 满足边界条件[117]

$$\psi\left(x-\frac{\pi H}{k_1}\right)=\psi\left(x+\frac{\pi H}{k_1}\right)+\psi_0\ ,\tag{7.1.8a}$$

$$\nabla\psi\cdot\boldsymbol{n}=0\ \text{在}\ z=z_u\ \text{和}\ z=z_l^{\pm}\ \text{处}.\tag{7.1.8b}$$

$\boldsymbol{n}$ 是壁面上的单位法向量．

流体满足连续性方程和动量守恒方程

$$\nabla\cdot\boldsymbol{u}=0\ ,\tag{7.1.9}$$

$$\rho\left(\frac{\partial\boldsymbol{u}}{\partial t}+(\boldsymbol{u}\cdot\nabla)\boldsymbol{u}\right)=-\nabla p+\mu\nabla^2\boldsymbol{u}+\rho_{\mathrm{E}}(x,y,z)\boldsymbol{E}\ ,\tag{7.1.10}$$

其中 p 表示流体压强，μ 是黏性系数，$\boldsymbol{u}=(u,\ v,\ w)$ 是流体的速度，u，v，w 分别是 x，y，z 方向的速度．速度满足无滑移，无渗透边界条件

$$\boldsymbol{u}=0\ \text{在}\ z=z_u\ \text{和}\ z=z_l^{\pm}\ \text{处}.\tag{7.1.11}$$

我们下面考虑定常纯 EOF. 引进如下无量纲变量

$$\varphi^*=\varphi/\zeta_{\mathrm{U}}\ ,\ \psi^*=\psi/\psi_0\ ,\ (x^*,y^*,z^*)=(x,y,z)/H\ ,\ (u^*,v^*,w^*)=(u,v,w)/u_r\ .\tag{7.1.12}$$

其中，$u_r=-\varepsilon\zeta_U\psi_0 k_1/(2\pi H\mu)$.

在方程（7.1.10）中的电渗力与流体特性、外加电势和壁面电势都有关．取如下典型的参数变化范围[171-172]：zeta 势 ζ 约为 10 ~ 25 mV，外加电场强度 E_0 约为 1 ~ 5000kVm^{-1}. 这时有 $\nabla\varphi/\nabla\psi$ 约为 10^{-6} ~ 10^{-1}. 因此，在方程（7.1.7）和（7.1.10）中可以忽略 $\nabla\varphi$ 项．利用（7.1.12）对线性化的 P–B 方程、拉普拉斯方程、连续性方程和动量守恒方程进行无量纲化（为了简单起见，在以下的讨论中忽略了右上标“*”，用相同变量表示了对应的无量纲变量）

$$\nabla^2\varphi = K^2\varphi\,,\quad \nabla^2\psi = 0\,,\quad \nabla\cdot\boldsymbol{u} = 0\,,$$
$$\nabla^2 u = aK^2\psi\frac{\partial\psi}{\partial x}\,,\quad \nabla^2 v = aK^2\psi\frac{\partial\psi}{\partial y}\,,\quad \nabla^2 w = aK^2\psi\frac{\partial\psi}{\partial y}\,, \qquad (7.1.13)$$

对应的边界条件变为

$$\varphi=1\,,\quad \frac{\partial\psi}{\partial z} = \delta k_1\cos(k_1x)\sin(k_2y)\frac{\partial\psi}{\partial x} + \delta k_2\sin(k_1x)\cos(k_2y)\frac{\partial\psi}{\partial y}\,,$$
$$u=v=w=0 \text{ 在 } z=1+\delta\sin(k_1x)\sin(k_2y) \text{ 处}, \qquad (7.1.14a)$$

$$\varphi=\zeta\,,\quad \frac{\partial\psi}{\partial z} = \pm\delta k_2\cos(k_1x)\sin(k_2y)\frac{\partial\psi}{\partial x} \pm \delta k_2\sin(k_1x)\cos(k_2y)\frac{\partial\psi}{\partial y}\,,$$
$$u=v=w=0 \text{ 在 } z=-1\pm\delta\sin(k_1x)\sin(k_2y) \text{ 处}, \qquad (7.1.14b)$$

其中 $\zeta=\zeta_L/\zeta_U$ 是下板与上板上的 zeta 势之比，$K=\kappa H$ 是双电层厚度的倒数，$a=2\pi/k_1$ 是波长与半通道高度之比．

7.2　问题的求解和粗糙度对电渗流速度的影响

7.2.1　问题的求解

将函数 φ，u，v，w 和 ψ 按 δ 摄动展开（这里，为了简单用字母 g 代表了 φ，u，v，w，ψ）

$$g = g_0 + \delta g_1 + \delta^2 g_2 + \cdots\,. \qquad (7.2.1)$$

当 δ=0 时，通道壁面是光滑的 . 这时，方程（7.1.13）变为

$$\frac{d^2\varphi_0}{dz^2}=K^2\varphi_0,\quad \frac{d^2\psi_0}{dx^2}=0,\quad \frac{d^2u_0}{dz^2}=K^2\varphi_0\frac{d\psi_0}{dx}. \tag{7.2.2}$$

由边界条件（7.1.11），可得

$$\varphi_0(1)=1,\quad \varphi_0(-1)=\zeta,\quad \psi_0\left(x-\frac{\pi}{k_1}\right)=\psi_0\left(x+\frac{\pi}{k_1}\right)+1,\quad u_0(\pm1)=0. \tag{7.2.3}$$

由（7.2.2）和（7.2.3），得

$$\varphi_0=\frac{1+\zeta}{2}\frac{\cosh(Kz)}{\cosh(K)}+\frac{1-\zeta}{2}\frac{\sinh(Kz)}{\sinh(K)},\quad \psi_0=-\frac{x}{a}+\text{const},$$

$$u_0=\frac{1+\zeta}{2}\left(1-\frac{\cosh(Kz)}{\cosh(K)}\right)+\frac{1-\zeta}{2}\left(z-\frac{\sinh(Kz)}{\sinh(K)}\right),\quad v_0=w_0=0. \tag{7.2.4}$$

令

$$\text{SS}=\sin(k_1x)\sin(k_2y),\quad \text{CC}=\cos(k_1x)\cos(k_2y),\quad \text{CS}=\cos(k_1x)\sin(k_2y). \tag{7.2.5}$$

用函数 g（z）在 z=±1 处的泰勒展开式表示函数 g（z）在 $z_u=1+\delta\text{SS}$ 和 $z_l=-1\pm\delta\text{SS}$ 处的值：

$$g\big|_{z=1+\delta SS}=g_0\big|_{z=1}+\delta(g_1+\text{SS}g_{0z})\big|_{z=1}+\delta^2\left(g_2+\text{SS}g_{1z}+\frac{(\text{SS})^2}{2}g_{0zz}\right)\Big|_{z=1}+\cdots, \tag{7.2.6}$$

$$g\big|_{z=-1\pm\delta SS}=g_0\big|_{z=-1}+\delta(g_1\pm\text{SS}g_{0z})\big|_{z=-1}+\delta^2\left(g_2\pm\text{SS}g_{1z}+\frac{(\text{SS})^2}{2}g_{0zz}\right)\Big|_{z=-1}+\cdots, \tag{7.2.7}$$

将（7.2.6）和（7.2.7）代入边界条件（7.1.14），可得一阶问题的边界条件

$$\varphi_1^{\pm}(x,y,1)=-\text{SS}\frac{d\varphi_0}{dz}\bigg|_{z=1},\quad \varphi_1^{\pm}(x,y,-1)=\mp\text{SS}\frac{d\varphi_0}{dz}\bigg|_{z=-1},$$

$$\frac{\partial\psi_1^{\pm}}{\partial z}\bigg|_{z=1}=k_1\text{CS}\frac{d\psi_0}{dx}\bigg|_{z=1},\quad \frac{\partial\psi_1^{\pm}}{\partial z}\bigg|_{z=-1}=\pm k_1\text{CS}\frac{d\psi_0}{dx}\bigg|_{z=-1},$$

$$u_1^{\pm}(x,y,1)=-\text{SS}\frac{du_0}{dz}\bigg|_{z=1},\quad u_1^{\pm}(x,y,-1)=\mp\text{SS}\frac{du_0}{dz}\bigg|_{z=-1},$$

$$v_1^{\pm}(1)=w_1^{\pm}(1)=v_1^{\pm}(-1)=w_1^{\pm}(-1)=0\ . \qquad (7.2.8)$$

由方程（7.1.13）和边界条件（7.1.14）可知，一阶问题有如下形式的解：

$$\varphi_1^{\pm}(x,y,z)=\mathrm{SS}f_1^{\pm}(z)\ ,\quad \psi_1^{\pm}(x,y,z)=\mathrm{CS}h_1^{\pm}(z)\ ,$$
$$u_1^{\pm}(x,y,z)=\mathrm{SS}U_1^{\pm}(z)\ ,\quad v_1^{\pm}(x,y,z)=\mathrm{CC}V_1^{\pm}(z)\ ,\quad w_1^{\pm}(x,y,z)=\mathrm{CS}W_1^{\pm}(z)\ , \qquad (7.2.9)$$

其中 $f_1^{\pm}(z)$，$h_1^{\pm}(z)$，$U_1^{\pm}(z)$，$V_1^{\pm}(z)$，$W_1^{\pm}(z)$ 是振幅函数 . 我们可以利用一阶问题的边界条件求解函数 $f_1^{\pm}(z)$，$h_1^{\pm}(z)$，$U_1^{\pm}(z)$，$V_1^{\pm}(z)$，$W_1^{\pm}(z)$ 的表达式（详见附录 F.3.8.1）

$$f_1^{\pm}(z)=A_1^{\pm}\cosh(\gamma_1 z)+A_2^{\pm}\sinh(\gamma_1 z)\ , \qquad (7.2.10)$$

$$h_1^{\pm}(z)=B_1^{\pm}\cosh(\lambda z)+B_2^{\pm}\sinh(\lambda z)\ , \qquad (7.2.11)$$

$$U_1^{\pm}(z)=C_1^{\pm}\cosh(\alpha z)+C_2^{\pm}\sinh(\alpha z)+C_3^{\pm}\cosh(\alpha z)\cosh(Kz)+C_4^{\pm}\cosh(\alpha z)\sinh(Kz)+ C_5^{\pm}\sinh(\alpha z)\cosh(Kz)+C_6^{\pm}\sinh(\alpha z)\sinh(Kz)-A_1^{\pm}\cosh(\gamma_1 z)-A_2^{\pm}\sinh(\gamma_1 z)\ , \qquad (7.2.12)$$

$$V_1^{\pm}(z)=D_1^{\pm}\cosh(\alpha z)+D_2^{\pm}\sinh(\alpha z)+D_3^{\pm}\cosh(\alpha z)\cosh(Kz)+D_4^{\pm}\cosh(\alpha z)\sinh(Kz)+ D_5^{\pm}\sinh(\alpha z)\cosh(Kz)+D_6^{\pm}\sinh(\alpha z)\sinh(Kz)\ , \qquad (7.2.13)$$

$$W_1^{\pm}(z)=E_1^{\pm}\cosh(\alpha z)+E_2^{\pm}\sinh(\alpha z)+E_3^{\pm}\cosh(\alpha z)\cosh(Kz)+E_4^{\pm}\cosh(\alpha z)\sinh(Kz)+ E_5^{\pm}\sinh(\alpha z)\cosh(Kz)+E_6^{\pm}\sinh(\alpha z)\sinh(Kz)\ , \qquad (7.2.14)$$

其中 $\alpha^2=k_1^{\ 2}+k_2^{\ 2}$，$\gamma_1^{\ 2}=K+\alpha^2$，$A_i^{\pm}$，$B_i^{\pm}$，$C_j^{\pm}$，$D_j^{\pm}$，$E_j^{\pm}$（$i$=1，2；$j$=1，…，6）都是常数（详见附录 F.3.8.1）. 将（7.2.10）至（7.2.14）代入（7.2.9），可得一阶问题的解的表达式 .

由方程（7.1.13）和（7.2.1），我们能推出二阶问题的控制方程

$$\nabla^2\varphi_2^{\pm}=K^2\varphi_2^{\pm}\ ,\quad \nabla^2\psi_2^{\pm}=0\ ,\quad (u_2^{\pm})_x+(v_2^{\pm})_y+(w_2^{\pm})_z=0\ ,$$
$$\nabla^2 u_2^{\pm}=-K^2\psi_2^{\pm}+aK^2[\varphi_1^{\pm}(\psi_1^{\pm})_x+\varphi_0^{\pm}(\psi_2^{\pm})_x]\ ,$$
$$\nabla^2 v_2^{\pm}=aK^2[\varphi_1^{\pm}(\psi_1^{\pm})_y+\varphi_0^{\pm}(\psi_2^{\pm})_y]\ ,\quad \nabla^2 w_2^{\pm}=aK^2[\varphi_1^{\pm}(\psi_1^{\pm})_z+\varphi_0^{\pm}(\psi_2^{\pm})_z]\ . \qquad (7.2.15)$$

类似于求解一阶问题的方法，由边界条件（7.1.14），（7.2.6），（7.2.7）和解（7.2.4），（7.2.9）可知，二阶问题有如下形式解（详见附录 F.3.8.2）：

$$\varphi_2^{\pm}(x,y,z)=f_2^{\pm}(z)+f_3^{\pm}(z)\cos(2k_1x)+f_4^{\pm}(z)\cos(2k_2y)+f_5^{\pm}(z)\cos(2k_1x)\cos(2k_2y), \tag{7.2.16}$$

$$\psi_2^{\pm}(x,y,z)=h_2^{\pm}(z)\sin(2k_1x)+h_3^{\pm}(z)\sin(2k_1x)\cos(2k_2y), \tag{7.2.17}$$

$$u_2^{\pm}(x,y,z)=U_2^{\pm}(z)+U_3^{\pm}(z)\cos(2k_1x)+U_4^{\pm}(z)\cos(2k_2y)+U_5^{\pm}(z)\cos(2k_1x)\cos(2k_2y), \tag{7.2.18}$$

$$v_2^{\pm}(x,y,z)=V_2^{\pm}(z)\sin(2k_1x)\sin(2k_2y), \tag{7.2.19}$$

$$w_2^{\pm}(x,y,z)=W_2^{\pm}(z)\sin(2k_1x)+W_3^{\pm}(z)\sin(2k_1x)\cos(2k_2y), \tag{7.2.20}$$

利用二阶 $O(\delta^2)$ 边界条件可解出函数 $f_i^{\pm}$（z），$h_j^{\pm}$（z），$U_i^{\pm}$（z），$V_2^{\pm}$（z）和 $W_j^{\pm}$（z）（i=2，…，5；j=2，3）的表达式（详见附录 F.3.8.2）：

$$\begin{aligned}
&f_2^{\pm}(z)=A_3^{\pm}\cosh(Kz)+A_4^{\pm}\sinh(Kz),\\
&U_2^{\pm}(z)=C_7^{\pm}z+C_8^{\pm}+C_9^{\pm}\cosh(\gamma_1z)\cosh(\alpha z)+C_{10}^{\pm}\cosh(\gamma_1z)\sinh(\alpha z)\\
&\quad+C_{11}^{\pm}\sinh(\gamma_1z)\cosh(\alpha z)+\\
&\quad C_{12}^{\pm}\sinh(\gamma_1z)\sinh(\alpha z)-A_3^{\pm}\cosh(Kz)-A_4^{\pm}\sinh(Kz),
\end{aligned} \tag{7.2.21}$$

$$\begin{aligned}
&f_3^{\pm}(z)=A_5^{\pm}\cosh(\gamma_3z)+A_6^{\pm}\sinh(\gamma_3z),\\
&h_2^{\pm}(z)=B_3^{\pm}\cosh(2k_1z)+B_4^{\pm}\sinh(2k_1z),\\
&U_3^{\pm}(z)=C_{13}^{\pm}\cosh(2k_1z)+C_{14}^{\pm}\sinh(2k_1z)+C_{15}^{\pm}\cosh(\gamma_1z)\cosh(\alpha z)\\
&\quad+C_{16}^{\pm}\cosh(\gamma_1z)\sinh(\alpha z)+C_{17}^{\pm}\sinh(\gamma_1z)\cosh(\alpha z)+C_{18}^{\pm}\sinh(\gamma_1z)\sinh(\alpha z)\\
&\quad+C_{19}^{\pm}\cosh(Kz)\cosh(2k_1z)+C_{20}^{\pm}\cosh(Kz)\sinh(2k_1z)+C_{21}^{\pm}\sinh(Kz)\cosh(2k_1z)\\
&\quad+C_{18}^{\pm}\sinh(Kz)\sinh(2k_1z)-A_5^{\pm}\cosh(\gamma_3z)-A_6^{\pm}\sinh(\gamma_3z),\\
&W_2^{\pm}(z)=E_7^{\pm}\cosh(2k_1z)+E_8^{\pm}\sinh(2k_1z)+E_9^{\pm}\cosh(\gamma_1z)\cosh(\alpha z)+E_{10}^{\pm}\cosh(\gamma_1z)\sinh(\alpha z)\\
&\quad+E_{11}^{\pm}\sinh(\gamma_1z)\cosh(\alpha z)+E_{12}^{\pm}\sinh(\gamma_1z)\sinh(\alpha z)+E_{13}^{\pm}\cosh(Kz)\cosh(2k_1z)\\
&\quad+E_{14}^{\pm}\cosh(Kz)\sinh(2k_1z)+E_{15}^{\pm}\sinh(Kz)\cosh(2k_1z)+E_{16}^{\pm}\sinh(Kz)\sinh(2k_1z),
\end{aligned} \tag{7.2.22}$$

$$\begin{aligned}
&f_4^{\pm}(z)=A_7^{\pm}\cosh(\gamma_4z)+A_8^{\pm}\sinh(\gamma_4z),\\
&U_4^{\pm}(z)=C_{23}^{\pm}\cosh(2k_2z)+C_{24}^{\pm}\sinh(2k_2z)+C_{25}^{\pm}\cosh(\gamma_1z)\cosh(\alpha z)\\
&\quad+C_{26}^{\pm}\cosh(\gamma_1z)\sinh(\alpha z)+C_{27}^{\pm}\sinh(\gamma_1z)\cosh(\alpha z)+C_{28}^{\pm}\sinh(\gamma_1z)\sinh(\alpha z)\\
&\quad-A_7^{\pm}\cosh(\gamma_4z)-A_8^{\pm}\sinh(\gamma_4z),
\end{aligned} \tag{7.2.23}$$

$$f_5^{\pm}(z) = A_9^{\pm}\cosh(\gamma_5 z) + A_{10}^{\pm}\sinh(\gamma_5 z)\ ,\quad h_3^{\pm}(z) = B_5^{\pm}\cosh(2\alpha z) + B_6^{\pm}\sinh(2\alpha z)\ ,$$

$$\begin{aligned}
U_5^{\pm}(z) &= C_{29}^{\pm}\cosh(2\alpha z) + C_{30}^{\pm}\sinh(2\alpha z) + C_{31}^{\pm}\cosh(\gamma_1 z)\cosh(\alpha z) \\
&+ C_{32}^{\pm}\cosh(\gamma_1 z)\sinh(\alpha z) + C_{33}^{\pm}\sinh(\gamma_1 z)\cosh(\alpha z) + C_{34}^{\pm}\sinh(\gamma_1 z)\sinh(\alpha z) \\
&+ C_{35}^{\pm}\cosh(Kz)\cosh(2\alpha z) + C_{36}^{\pm}\cosh(Kz)\sinh(2\alpha z) + + C_{37}^{\pm}\sinh(Kz)\cosh(2\alpha z) \\
&+ C_{38}^{\pm}\sinh(Kz)\sinh(2\alpha z) - A_9^{\pm}\cosh(\gamma_5 z) - A_{10}^{\pm}\sinh(\gamma_5 z)\ , \\
V_2^{\pm}(z) &= D_7^{\pm}\cosh(2\alpha z) + D_8^{\pm}\sinh(2\alpha z) + D_9^{\pm}\cosh(\gamma_1 z)\cosh(\alpha z) \\
&+ D_{10}^{\pm}\cosh(\gamma_1 z)\sinh(\alpha z) + D_{11}^{\pm}\sinh(\gamma_1 z)\cosh(\alpha z) + D_{12}^{\pm}\sinh(\gamma_1 z)\sinh(\alpha z) \\
&+ D_{13}^{\pm}\cosh(Kz)\cosh(2k_1 z) + D_{14}^{\pm}\cosh(Kz)\sinh(2k_1 z) \\
&+ D_{15}^{\pm}\sinh(Kz)\cosh(2k_1 z) + D_{16}^{\pm}\sinh(Kz)\sinh(2k_1 z)\ , \\
W_3^{\pm}(z) &= E_{17}^{\pm}\cosh(2\alpha z) + E_{18}^{\pm}\sinh(2\alpha z) + E_{19}^{\pm}\cosh(\gamma_1 z)\cosh(\alpha z) \\
&+ E_{20}^{\pm}\cosh(\gamma_1 z)\sinh(\alpha z) + E_{21}^{\pm}\sinh(\gamma_1 z)\cosh(\alpha z) + E_{22}^{\pm}\sinh(\gamma_1 z)\sinh(\alpha z) \\
&+ E_{23}^{\pm}\cosh(Kz)\cosh(2k_1 z) + E_{24}^{\pm}\cosh(Kz)\sinh(2k_1 z) \\
&+ E_{25}^{\pm}\sinh(Kz)\cosh(2k_1 z) + E_{26}^{\pm}\sinh(Kz)\sinh(2k_1 z)\ ,
\end{aligned} \tag{7.2.24}$$

其中 $\gamma_3=4k_1^2+K^2$，$\gamma_4=4k_2^2+K^2$，$\gamma_5=4\alpha^2+K^2$，$A_i^{\pm}$，$B_j^{\pm}$，$C_m^{\pm}$，$D_n^{\pm}$，$E_l^{\pm}$（$i=3$，…，10；$j=3$，…，6；$m=7$，…，38；$n=7$，…，16；$l=7$，…，26）是常数（详见附录 F.3.8.2）. 将（7.2.21）至（7.2.24）代入（7.2.16）至（7.2.20），能得出二阶问题的解的表达式 . 因此，把电势和速度近似可表示为

$$\psi^{\pm}(x,y,z) = \psi_0(x) + \delta\psi_1^{\pm}(x,y,z) + \delta^2\psi_2^{\pm}(x,y,z) + \cdots\ , \tag{7.2.25}$$

$$u^{\pm}(x,y,z) = u_0(z) + \delta u_1^{\pm}(x,y,z) + \delta^2 u_2^{\pm}(x,y,z) + \cdots\ , \tag{7.2.26}$$

$$v^{\pm}(x,y,z) = \delta v_1^{\pm}(x,y,z) + \delta^2 v_2^{\pm}(x,y,z) + \cdots\ , \tag{7.2.27}$$

$$w^{\pm}(x,y,z) = \delta w_1^{\pm}(x,y,z) + \delta^2 w_2^{\pm}(x,y,z) + \cdots\ . \tag{7.2.28}$$

在图 7.2.2 至 7.2.7 和图 7.2.8，图 7.2.9 中分别给出了流体速度和电势分布 .

7.2.2　平均速度和粗糙度之间的关系

用 “–” 表示一个函数在 y– 方向上的平均：$\overline{u}^{\pm} = \frac{k_2}{2\pi}\int_0^{\frac{2\pi}{k_2}} u^{\pm}\mathrm{d}y$. 为了简单起见，在 x=0 处求出沿 x 方向的平均速度：

$$\bar{U}^{\pm}=\frac{1}{2}\int_{-1}^{1}\bar{u}^{\pm}\big|_{x=0}\,\mathrm{d}z=\frac{1}{2}\int_{-1}^{1}(\bar{u}_0+\delta^2\bar{u}_2^{\pm}+\cdots)\big|_{x=0}\,\mathrm{d}z=\bar{U}_0(1+\delta^2\xi^{\pm})+O(\delta^2)\,,\tag{7.2.29}$$

其中

$$\bar{U}_0=\frac{1+\zeta}{2}\left[1-\frac{\tanh(K)}{K}\right],\tag{7.2.30}$$

是光滑通道内的平均速度，

$$\begin{aligned}\xi^{\pm}=\Big\{&C_8^{\pm}+\frac{C_{13}^{\pm}}{2k_1}\sinh(2k_1)-\frac{A_3^{\pm}}{K}\sinh(K)-\frac{A_5^{\pm}}{\gamma_3}\sinh(\gamma_3)\\&+[C_{19}^{\pm}(2k_1\sinh(2k_1)\cosh(K)-K\cosh(2k_1)\sinh(K))+\\&C_{22}^{\pm}(2k_1\cosh(2k_1)\sinh(K)-K\cosh(K)\sinh(2k_1))]/(4k_1^{\ 2}-K^2)\\&+[(C_{12}^{\pm}+C_{18}^{\pm})(\gamma_1\cosh(\gamma_1)\sinh(\alpha)-\alpha\sinh(\gamma_1)\cosh(\alpha))\\&+(C_{15}^{\pm}+C_9^{\pm})(\gamma_1\cosh(\alpha)\sinh(\gamma_1)-\alpha\cosh(\gamma_1)\sinh(\alpha))]/K^2\Big\}/\bar{U}_0\,.\end{aligned}\tag{7.2.31}$$

代表由粗糙度引起的速度扰动．当粗糙度函数 $\xi^{\pm}$ 大于零时，粗糙通道内的平均速度大于光滑通道内的平均速度；当粗糙度函数 $\xi^{\pm}$ 小于零时，粗糙通道内的平均速度小于光滑通道内的平均速度．

7.2.3 结果与讨论

从图 7.2.1 的观察结果可以得知，在下板附近，当 zeta 势比 ζ 为负时，速度方向与 zeta 势比 ζ 为正时相反．与此同时，下板附近的速度随着 $|\zeta|$ 的增加而增大．这是因为在下板附近，电场力的大小随着 $|\zeta|$ 的增加而增大．

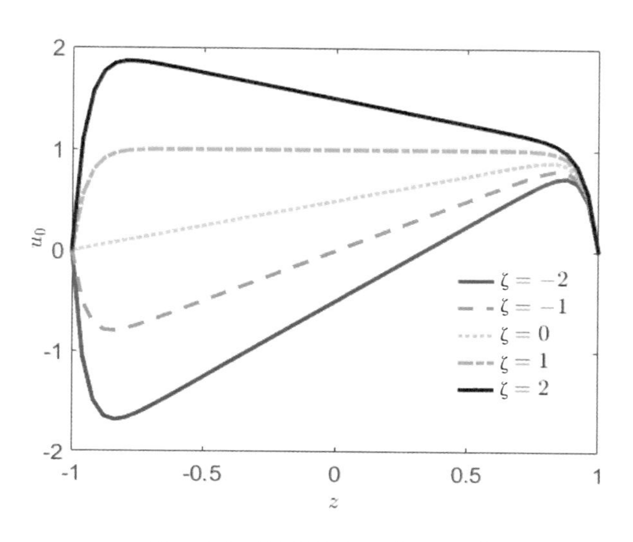

图 7.2.1　零阶速度 u_0（K=20）

图 7.2.2 至 7.2.7 展示了不同的 δ 值下的无量纲 EOF 速度的等高线 . 在图 7.2.2 至 7.2.4 中，上下板粗糙度的相位差为 0；而在图 7.2.5 至 7.2.7 中，上下板粗糙度的相位差等于 π. 图 7.2.2 中，对于不同的 δ（δ=0，δ=0.05，δ=0.1，δ=0.3）值，给出了速度 u^+（x，y，z）的等高线 . 在图 7.2.5 中，对不同的 δ（δ=0.05，δ=0.3）值，给出了速度 u^-（x，y，z）的等高线 . 在图 7.2.3 和图 7.2.6 中，对于不同的 δ（δ=0.05，δ=0.1）值给出了速度 $v^\pm$（x，y，z）的等高线 . 图 7.2.4 和图 7.2.7 中对不同的 δ（δ=0.05，δ=0.1）给出了速度 $w^\pm$（x，y，z）的等高线 . 通过速度 $v^\pm$（x，y，z），$w^\pm$（x，y，z）和速度 $u^\pm$（x，y，z）的比较，我们发现 y，z 方向的速度振幅非常小，而 x 方向的速度占主导地位 . 这是因为 x 方向的电渗力分量大于 y，z 方向的电渗力分量 . 从这些图还显示出通道形状（即粗糙的相位差）对速度 $u^\pm$（x，y，z）的分布有影响 . 在相同相位情况下，速度 u^+（x，y，z）在上层的分布和下层的分布是一致的；而在反相位（相位差为 π）情况下，速度 u^-（x，y，z）的分布关于平面 z=0 对称 . 随着流体流入粗糙度波谷或流向粗糙度波峰，其 y 和 z 方向的速度方向也发生改变 . 另外，速度的波动现象随着粗糙度的增加而增加 .

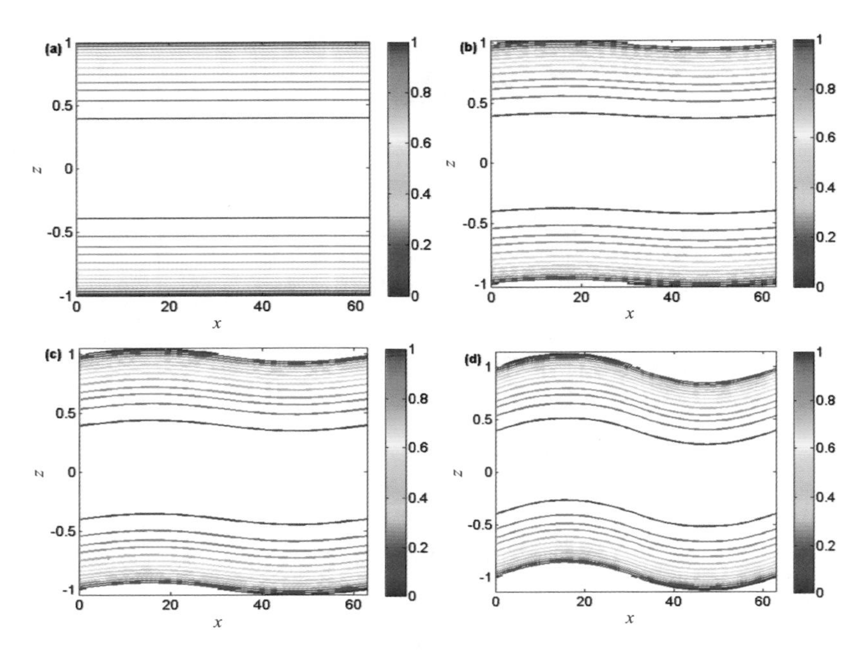

图 7.2.2　当两个壁面粗糙度为同相位时，对不同的 δ，速度 u^{+}（x，y，z）的等高线（y=1，ζ=1，K=5，k_1=0.1，k_2=0.5）

注：（a）δ=0，（b）δ=0.05，（c）δ=0.1，（d）δ=0.3.

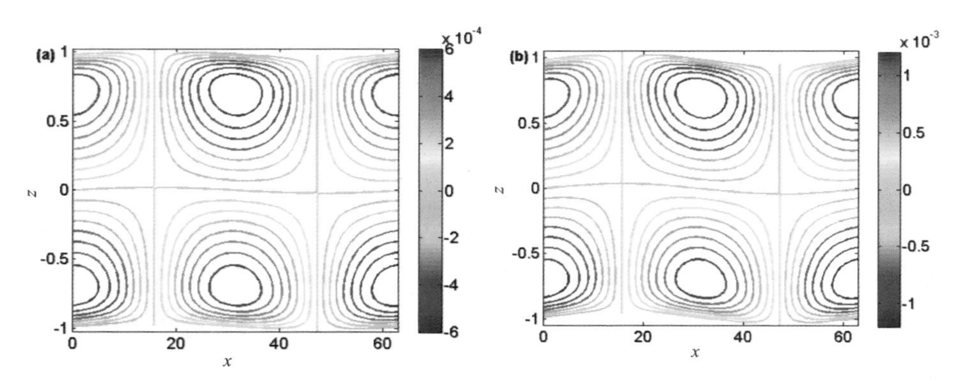

图 7.2.3　当两个壁面粗糙度为同相位时，对不同的 δ，速度 v^{+}（x，y，z）的等高线（y=1，ζ=1，K=5，k_1=0.1，k_2=0.5）

注：（a）δ=0.05，（b）δ=0.1.

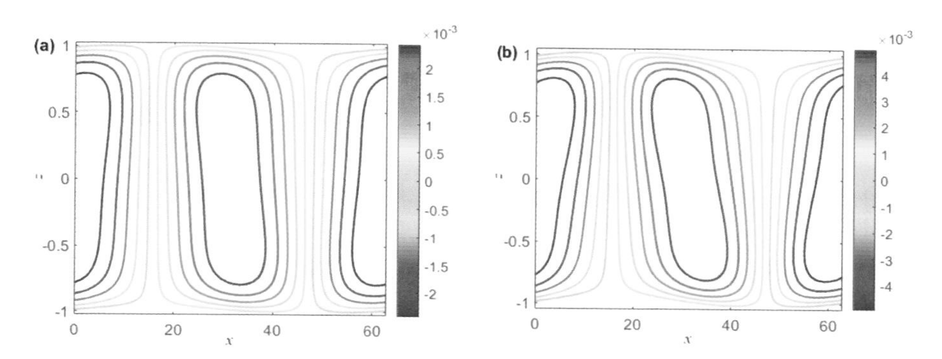

图 7.2.4　当两个壁面粗糙度为同相位时，对不同的 δ，速度 w^{+}（x，y，z）的等高线（y=1，ζ=1，K=5，k_1=0.1，k_2=0.5）

注：（a）δ=0.05，（b）δ=0.1.

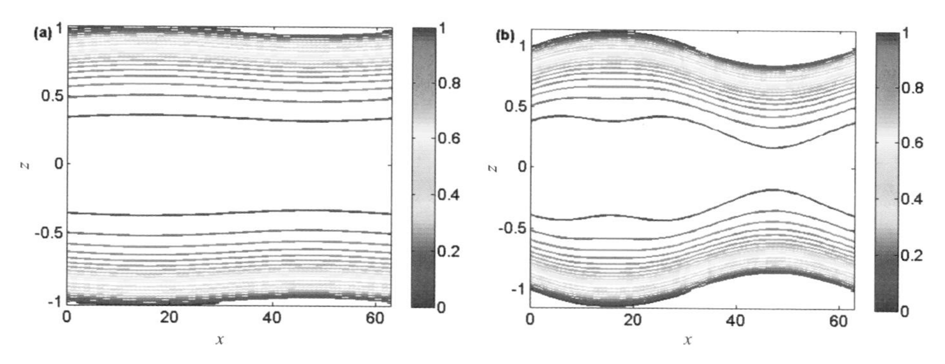

图 7.2.5　当两个壁面粗糙度为反相位时，对不同的 δ，速度 u^{-}（x，y，z）的等高线（y=1，ζ=1，K=5，k_1=0.1，k_2=0.5）

注：（a）δ=0.05，（b）δ=0.3.

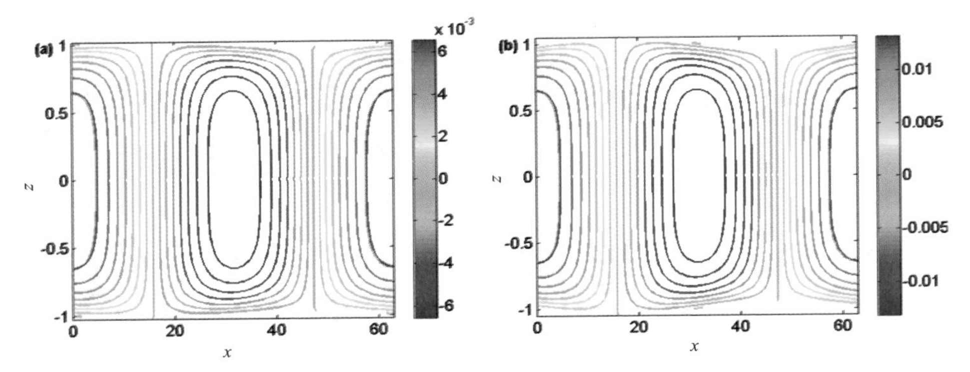

图 7.2.6　当两个壁面粗糙度为反相位时，对不同的 δ，速度 v^-（x，y，z）的等高线（y=1，ζ=1，K=5，k_1=0.1，k_2=0.5）

注：（a）δ=0.05，（b）δ=0.1.

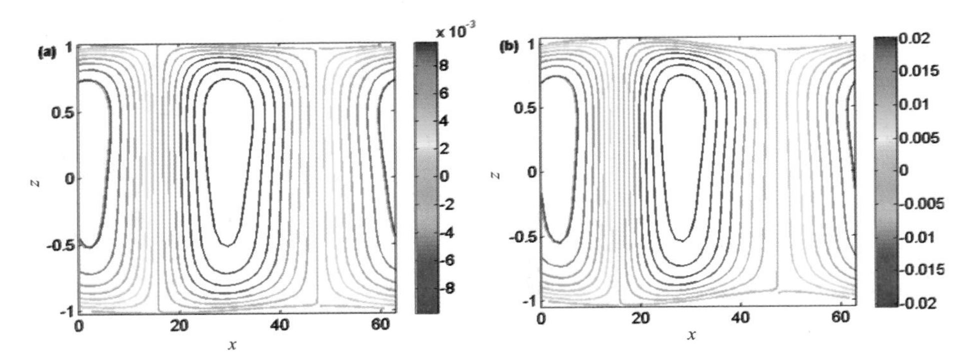

图 7.2.7　当两个壁面粗糙度为反相位时，对不同的 δ，速度 w^-（x，y，z）的等高线（y=1，ζ=1，K=5，k_1=0.1，k_2=0.5）

注：（a）δ=0.05，（b）δ=0.1.

在图 7.2.8 和 7.2.9 中，展示了在通道内外不同 k_1 和 δ 值下的外加电势分布等高线 . 在图 7.2.8 和 7.2.9 中，相位差分别等于 0 和 π. 在图 7.2.8（a）中，呈现了光滑通道（$\delta = 0$）内的外加电势分布的等高线 . 根据式（7.2.4）给出的光滑通道内外加电势分布，可以得知它的等高线是垂直于壁面的相互平行的直线段 . 因此，电场强度在 x 方向是均匀分布的 . 图 7.2.8（b）和图 7.2.9 显示，壁面附近的外加电势分布明显受到壁面粗糙度的扰动 . 因此，在粗糙通道中，电场强度不是空间均匀的 . 从图 7.2.8 和图 7.2.9 还可以观察到，壁面粗糙度对外加电势分布的影响随着波数 k_1 的增加而增加 .

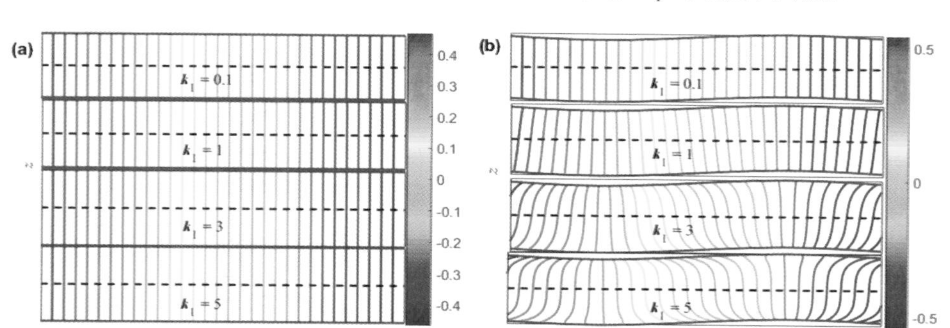

图 7.2.8　当两个壁面粗糙度为同相位时，对不同的 k_1 和 δ，电势 $\psi^+(x,y,z)$ 的等高线（$y=\pi$，$k_2=0.5$）

注：（a）$\delta=0$，（b）$\delta=0.1$.

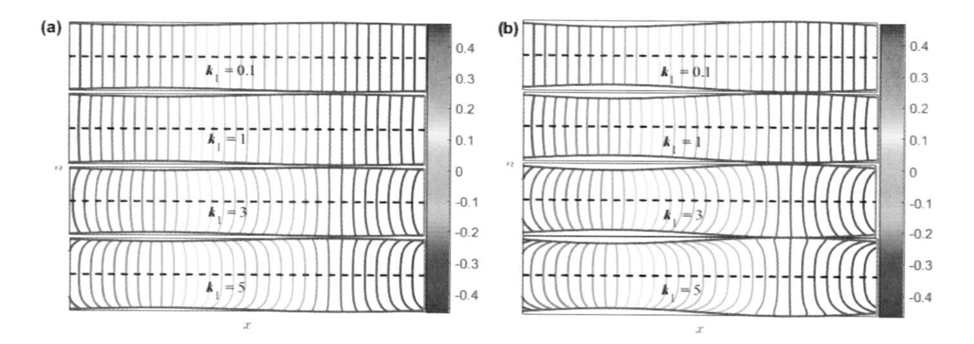

图 7.2.9　当两个壁面粗糙度为反相位时，对不同的 k_1 和 δ，电势 $\psi^-(x,y,z)$ 的等高线（$y=\pi$，$k_2=0.5$）

注：（a）$\delta=0.05$，（b）$\delta=0.1$.

在图 7.2.10 中，针对不同的 K，当 $k_1=2$，$k_2=3$ 时，展示了粗糙度函数 $\xi^\pm$ 随壁面电势比 ζ 的变化 . 根据式（7.2.29），当 $\xi^\pm$ 大于零时，平均速度增加；当 $\xi^\pm$ 小于零时，平均速度减小 . 特别是，当 δ 较小时，平均速度的改变量 $\delta^2\xi^\pm\bar{U}_0$ 相当小 . 从图 7.2.10 可以观察到，对于固定的波数 k_1 和 k_2，粗糙度函数 $\xi^\pm$（无论正还是负）的大小 $|\xi^\pm|$ 随着双电层厚度的倒数 K 的增加而增加 . 当上板的 zeta 势大于下板的 zeta 势时，反相位（相位差为 π）粗糙度对流动

阻力大于同相位粗糙度对流动的阻力 . 有趣的是，我们发现反相位（相位差为 π）粗糙度在一定条件下能提高平均速度，然而，对于同相位粗糙的情形，粗糙通道内的平均速度总小于光滑通道内的平均速度，因为 ξ^+ 总是负的 .

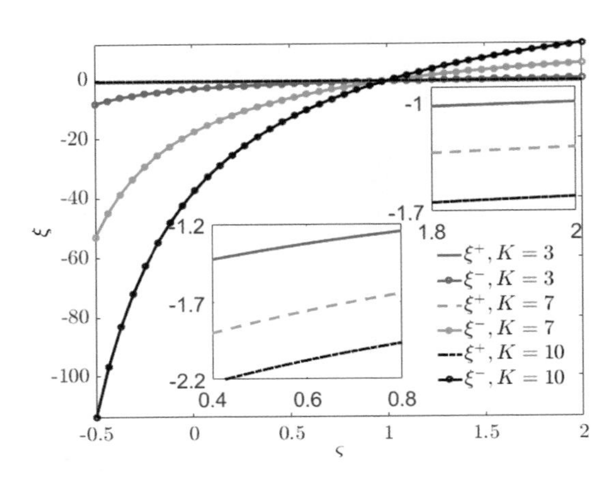

图 7.2.10　对不同 K，ξ 随 ζ 的变化（k_1=2，k_2=3）

在图 7.2.11 中，对不同的波数 k_1 和 k_2（K=5），展示了粗糙度函数 ξ 随壁面电势比 ζ 的变化 . 随着 k_1 和 k_2 的增加，粗糙度对流体的阻力也增加 . 这是因为在边界上的黏性力随着（流体 / 壁面）接触面的增加而增加 . 从图 7.2.11 还可以看出，对任意的 k_1 和 k_2，当 $\zeta<1$ 时，粗糙通道内平均速度小于光滑通道内的平均速度 . 壁面粗糙度对流体的阻力随着 ζ 的增加而减小 . 对小的 k_1 和大的 k_2，只要粗糙度相位差等于 π，并且 ζ 充分大，粗糙通道内的平均速度能大于光滑通道内的平均速度 .

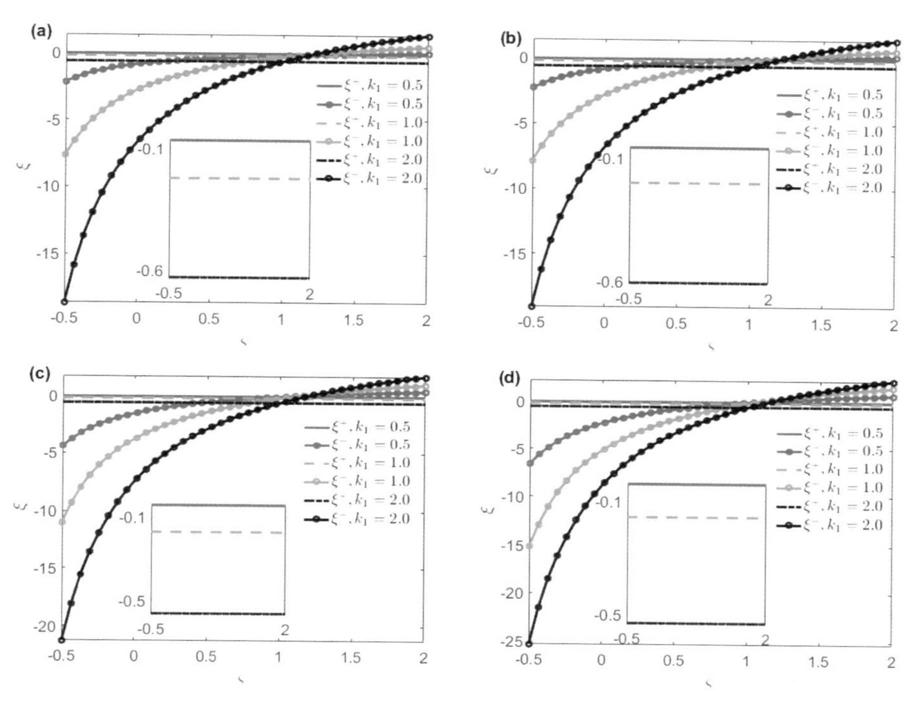

图 7.2.11　对不同的 k_1 和 k_2，ξ 随 ζ（K=5）的变化 .

注：（a）k_2=0.3，（b）k_2=1.0，（c）k_2=2.0，（d）k_2=3.0.

Shu 等人[119]对具有纵向正弦形粗糙度的平行板微通道内的 EOF 进行了研究，其中假设上下板上的 zeta 势是常数并相等 . 他们发现当粗糙度波长较大，并且粗糙度相位差等于 π 时，粗糙通道内平均速度能大于光滑通道内的平均速度 . 然而，在本章中，我们有趣地发现当粗糙度相位差等于 π 且 zeta 势比 ζ=1 时，对任意的粗糙度波长，具有三维粗糙度的微通道内的平均速度总小于光滑通道内的平均速度 . 其原因可能是 3D 粗糙度对流动的阻力可能大于 2D 粗糙度 .

7.3　本章总结

在本章中，采用摄动展开法和线性叠加原理研究了具有 3D 壁面粗糙度的平行板微通道内的黏性不可压牛顿电渗流．分析了粗糙度波数 k_1，k_2，振幅 δ，无量纲电动宽度 K 和 zeta 势比 ζ 等无量纲参数对电渗流的影响．结果表明 3D 粗糙度对电渗流有不可忽视的影响．还发现，粗糙度对流动的影响随 K、k_1 和 k_2 的增加而增加．在粗糙通道内外加电势分布也明显受到壁面粗糙度的影响．壁面粗糙度对外加电势分布的影响随 k_1 的增加而增加．当 zeta 势比 $\zeta<1$ 时，反相位（相位差为 π）粗糙度对流动的阻力大于同相位粗糙度对流动的阻力．对于小的 k_1 和大的 k_2，当 zeta 势比 ζ 充分大且相位差等于 π 时，粗糙通道内的平均速度能大于光滑通道内的平均速度．

参考文献

[1] Stone H A, Stroock A D, Ajdari A. Engineering flows in small devices: microfluidics toward a lab–on–a–chip [J]. Annu Rev Fluid Mech, 2004, 36: 381–411.

[2] Kandlikar S, Garimella S, Li D, et al. Heat Transfer and Fluid Flow in Minichannel and Microchannels [M]. Oxford, UK: Elsevier, 2006.

[3] Li D. Encyclopedia of Microfluidics and Nanofluidics [M]. New York: Springer–Verlag, 2008.

[4] Lin B. Microfluidics: Technologies and Applications [M]. Berlin, Germany: Springer–Verlag, 2011.

[5] 林建忠，包福兵，张凯，等. 微纳流动理论及应用 [M]. 北京：科学出版社，2010.

[6] 李战华，吴健康，胡国庆，等. 微流控芯片中的流体流动 [M]. 北京：科学出版社，2012.

[7] Wang Y N, Fu L M. Micropumps and biomedical applications–A review [J]. Microelectronic Engineering, 2018, 195: 121–138.

[8] Yang R J, Hou H H, Wang Y N, et al. Micro–magnetofluidics in microfluidic systems: A review [J]. Sensors and Actuators B: Chemi-

cal，2016，224：1–15.

[9] Bayraktar T，Pidugu S B. Characterization of liquid flows in microfluidic systems [J] . Int J Heat Mass Tran，2006，49 (5–6) : 815–824.

[10] Yang C，Li D. Electrokinetic effects on pressure–driven liquid flows in rectangular microchannels [J] . Journal of colloid and interface science，1997，194 (1) : 95–107.

[11] Zhang J，Zhao G，Gao X，et al. Streaming potential and electrokinetic energy conversion of nanofluids in a parallel plate microchannel under the time–periodic excitation [J] . Chinese Journal of Physics，2022，75：55–68.

[12] Banerjee D，Pati S，Biswas P. Analytical study of two–layered mixed electro–osmotic and pressure–driven flow and heat transfer in a microchannel with hydrodynamic slippage and asymmetric wall heating [J] . Physics of Fluids，2022，34 (3) : 032013.

[13] Afonso A M，Alves M A，Pinho F T. Analytical solution of mixed electro–osmotic/pressure driven flows of viscoelastic fluids in microchannels [J] . Journal of Non–Newtonian Fluid Mechanics，2009，159 (1–3) : 50–63.

[14] Jian Y，Yang L，Liu Q. Time periodic electro–osmotic flow through a microannulus [J] . Physics of Fluids，2010，22 (4) : 042001.

[15] Liu Q，Jian Y，Yang L. Alternating current electroosmotic flow of the Jeffreys fluids through a slit microchannel [J] . Physics of Fluids，2011，23 (10) : 102001.

[16] Yang C，Jian Y，Xie Z，et al. Heat transfer characteristics of magnetohydrodynamic electroosmotic flow in a rectangular microchannel [J] . European Journal of Mechanics–B/Fluids，2019，74：180–

190.

[17] Buren M, Jian Y, Chang L. Electromagnetohydrodynamic flow through a microparallel channel with corrugated walls [J]. Journal of Physics D: Applied Physics, 2014, 47 (42): 425501.

[18] Tripathi D, Bhushan S, Bég O A. Transverse magnetic field driven modification in unsteady peristaltic transport with electrical double layer effects [J]. Colloids and Surfaces A: Physicochemical and Engineering Aspects, 2016, 506: 32-39.

[19] Keller J B, Miksis M J. Surface tension driven flows [J]. SIAM Journal on Applied Mathematics, 1983, 43 (2): 268-277.

[20] Keller J B. Surface tension force on a partly submerged body [J]. Physics of Fluids, 1998, 10 (11): 3009-3010.

[21] Liu R H, Yang J, Pindera M Z, et al. Bubble-induced acoustic micromixing [J]. Lab on a Chip, 2002, 2 (3): 151-157.

[22] Squires T M, Quake S R. Microfluidics: Fluid physics at the nanoliter scale [J]. Rev Mod Phys, 2005, 77 (3): 977.

[23] Hunter R J. Zeta potential in colloid science: principles and applications [M]. London: Academic press, 2013.

[24] Li Y, Van Roy W, Vereecken P M, et al. Effects of laminar flow within a versatile microfluidic chip for in-situ electrode characterization and fuel cells [J]. Microelectronic Engineering, 2017, 181: 47-54.

[25] Yang R J, Liu C C, Wang Y N, et al. A comprehensive review of micro-distillation methods [J]. Chemical Engineering Journal, 2017, 313: 1509-1520.

[26] Chang T L, Huang C H, Chou S Y, et al. Direct fabrication of nanofiber scaffolds in pillar-based microfluidic device by using electrospin-

ning and picosecond laser pulses [J]. Microelectronic Engineering, 2017, 177: 52–58.

[27] Liu C C, Wang Y N, Fu L M, et al. Micro–distillation system for formaldehyde concentration detection [J]. Chemical Engineering Journal, 2016, 304: 419–425.

[28] Kim H W, Lim J, Rhie J W, et al. Investigation of effective shear stress on endothelial differentiation of human adipose–derived stem cells with microfluidic screening device [J]. Microelectronic Engineering, 2017, 174: 24–27.

[29] Liu C C, Wang Y N, Fu L M, et al. Rapid integrated microfluidic paper–based system for sulfur dioxide detection [J]. Chemical Engineering Journal, 2017, 316: 790–796.

[30] Li J, Liang C, Zhang B, et al. A comblike time–valve used in capillary–driven microfluidic devices [J]. Microelectronic Engineering, 2017, 173: 48–53.

[31] Nisar A, Afzulpurkar N, Mahaisavariya B, et al. MEMS–based micropumps in drug delivery and biomedical applications [J]. Sensors and Actuators B: Chemical, 2008, 130 (2): 917–942.

[32] Singh S, Kumar N, George D, et al. Analytical modeling, simulations and experimental studies of a PZT actuated planar valveless PDMS micropump [J]. Sensors and Actuators A: Physical, 2015, 225: 81–94.

[33] Hsieh H C, Kim H. A miniature closed–loop gas chromatography system [J]. Lab on a Chip, 2016, 16 (6): 1002–1012.

[34] Hamid N A, Majlis B Y, Yunas J, et al. Fabrication of thermo–pneumatic driven microactuator for fluid transport applications [J]. Advanced Science Letters, 2013, 19 (10): 2854–2859.

[35] Said M M, Yunas J, Bais B, et al. Hybrid polymer composite membrane for an electromagnetic (EM) valveless micropump [J] . Journal of Micromechanics and Microengineering, 2017, 27 (7): 075027.

[36] Siddiqa S, Faryad A, Begum N, et al. Periodic magnetohydrodynamic natural convection flow of a micropolar fluid with radiation [J] . International Journal of Thermal Sciences, 2017, 111: 215–222.

[37] Sato T, Yamanishi Y, Cacucciolo V, et al. Electrohydrodynamic conduction pump with asymmetrical electrode structures in the microchannels [J] . Chemistry Letters, 2017, 46 (7): 950–952.

[38] Sadek S H, Pimenta F, Pinho F T, et al. Measurement of electroosmotic and electrophoretic velocities using pulsed and sinusoidal electric fields [J] . Electrophoresis, 2017, 38 (7): 1022–1037.

[39] Ramos - Payán M, Ocaña–Gonzalez J A, Fernández–Torres R M, et al. Recent trends in capillary electrophoresis for complex samples analysis: a review [J] . Electrophoresis, 2018, 39 (1): 111–125.

[40] Viefhues M, Eichhorn R. DNA dielectrophoresis: Theory and applications a review [J] . Electrophoresis, 2017, 38 (11): 1483–1506.

[41] Huang C, Tsou C. The implementation of a thermal bubble actuated microfluidic chip with microvalve, micropump and micromixer [J] . Sensors and actuators A: Physical, 2014, 210: 147–156.

[42] Yi Y, Zaher A, Yassine O, et al. A remotely operated drug delivery system with an electrolytic pump and a thermo–responsive valve [J] . Biomicrofluidics, 2015, 9 (5): 052608.

[43] Shabani R, Cho H J. A micropump controlled by EWOD: wetting line

energy and velocity effects [J]. Lab on a Chip, 2011, 11 (20): 3401–3403.

[44] Javadi A, Habibi M, Taheri F S, et al. Effect of wetting on capillary pumping in microchannels [J]. Scientific Reports, 2013, 3 (1): 1–6.

[45] Amirouche F, Zhou Y, Johnson T. Current micropump technologies and their biomedical applications [J]. Microsystem technologies, 2009, 15: 647–666.

[46] Wu M H, Huang S B, Lee G B. Microfluidic cell culture systems for drug research [J]. Lab on a Chip, 2010, 10 (8): 939–956.

[47] Wang X, Cheng C, Wang S, et al. Electroosmotic pumps and their applications in microfluidic systems [J]. Microfluidics and nanofluidics, 2009, 6: 145–162.

[48] Chang H T, Lee C Y, Wen C Y. Design and modeling of electromagnetic actuator in mems–based valveless impedance pump [J]. Microsystem Technologies, 2007, 13: 1615–1622.

[49] Kopp M U, Crabtree H J, Manz A. Developments in technology and applications of microsystems [J]. Current Opinion in Chemical Biology, 1997, 1 (3): 410–419.

[50] Schult K, Katerkamp A, Trau D, et al. Disposable optical sensor chip for medical diagnostics: new ways in bioanalysis [J]. Analytical Chemistry, 1999, 71 (23): 5430–5435.

[51] Avila M, Zougagh M, Escarpa A, et al. Fast single run of vanilla fingerprint markers on microfluidic–electrochemistry chip for confirmation of common frauds [J]. Electrophoresis, 2009, 30 (19): 3413–3418.

[52] Chen S H, Gallo J M. Use of capillary electrophoresis methods to

characterize the pharmacokinetics of antisense drugs [J] . Electrophoresis，1998，19 (166–17) : 2861–2869.

[53] Manz A，Graber N，Widmer H M. Miniaturized total chemical analysis systems：a novel concept for chemical sensing [J] . Sensors and actuators B：Chemical，1990，1 (1–6) : 244–248.

[54] 杨胡坤. 微流体的电渗驱动及其相关技术的研究 [D] . 哈尔滨：哈尔滨工业大学，2008.

[55] 王沫然，李志信. 基于MEMS的微泵研究进展 [J] . 传感器技术，2002，21 (6) : 59–61.

[56] Wang C Y，On Stokes flow between corrugated plates [J] . Journal of Applied Mechanics，1979，46：462–464.

[57] Chu Z K H. Slip flow in an annulus with corrugated walls [J] . Journal of Physics D：Applied Physics，2000，33 (6) : 627.

[58] Malevich A E，Mityushev V V，Adler P M. Couette flow in channels with wavy walls [J] . Acta mechanica，2008，197 (3–4) : 247–283.

[59] 王昊利，王元，刘江. 平板微通道壁面粗糙度对流场影响的摄动分析 [J] . 西安交通大学学报，2005，39 (5) : 540–543.

[60] 张春平，唐大伟，韩鹏，等. 粗糙度对微细圆管内流动特性影响的摄动分析 [J] . 工程热物理学报，2008，29 (5) : 849–852.

[61] Ng C O，Wang C Y. Darcy–Brinkman flow through a corrugated channel [J] . Transport in porous media，2010，85：605–618.

[62] 谭德坤，刘莹. 壁面粗糙度效应对微流体流动特性的影响 [J] . 中国机械工程，2015，26 (9) : 1210.

[63] Yang C，Li D，Masliyah J H. Modeling forced liquid convection in rectangular microchannels with electrokinetic effects [J] . Int J Heat Mass Tran，1998，41 (24) : 4229–4249.

[64] Hsu J P, Kao C Y, Tseng S, et al. Electrokinetic flow through an elliptical microchannel: effects of aspect ratio and electrical boundary conditions [J] . J Colloid Interf Sci, 2002, 248 (1) : 176–184.

[65] Wang C Y, Liu Y H, Chang C C. Analytical solution of electro–osmotic flow in a semicircular microchannel [J] . Phys Fluid, 2008, 20 (6) : 063105.

[66] Kang Y, Yang C, Huang X. Dynamic aspects of electroosmotic flow in a cylindrical microcapillary [J] . Int J Eng Sci, 2002, 40 (20) : 2203–2221.

[67] Wang X, Chen B, Wu J. A semianalytical solution of periodical electro–osmosis in a rectangular microchannel [J] . Phys Fluid, 2007, 19 (12) : 127101.

[68] Zheng J, Jian Y. Rotating electroosmotic flow of two–layer fluids through a microparallel channel [J] . International Journal of Mechanical Sciences, 2018, 136: 293–302.

[69] Xie Z, Jian Y. Entropy generation of magnetohydrodynamic electroosmotic flow in two–layer systems with a layer of non–conducting viscoelastic fluid [J] . International Journal of Heat and Mass Transfer, 2018, 127: 600–615.

[70] Vasu N, De S. Electroosmotic flow of power–law fluids at high zeta potentials [J] . Colloids Surface A, 2010, 368 (1–3) : 44–52.

[71] Liu Q, Jian Y, Yang L. Time periodic electroosmotic flow of the generalized Maxwell fluids between two micro–parallel plates [J] . Journal of Non–Newtonian Fluid Mechanics, 2011, 166 (9–10) : 478–486.

[72] Li X X, Yin Z, Jian Y J, et al. Transient electro–osmotic flow of generalized Maxwell fluids through a microchannel [J] . J Non–New-

ton Fluid Mech，2012，187：43-47.

[73] 段娟，陈耀钦，朱庆勇. 微扩张管道内幂律流体非定常电渗流动[J]. 物理学报，2016，65（3）：034702.

[74] Das S，Chakraborty S. Analytical solutions for velocity，temperature and concentration distribution in electroosmotic microchannel flows of a non-Newtonian bio-fluid [J]. Anal Chim Acta，2006，559（1）：15-24.

[75] Sun Y J，Jian Y J，Chang L，et al. Thermally fully developed electroosmotic flow of power-law fluids in a circular microchannel [J]. J Mech，2013，29（4）：609-616.

[76] Brask A，Goranovic G，Bruus H. Electroosmotic pumping of nonconducting liquids by viscous drag from a secondary conducting liquid [C]. 2003 Nanotechnology Conference and Trade Show. 2003：190-193.

[77] Afonso A M，Alves M A，Pinho F T. Analytical solution of two-fluid electro-osmotic flows of viscoelastic fluids [J]. Journal of colloid and interface science，2013，395：277-286.

[78] Bera S，Bhattacharyya S. Electroosmotic flow in the vicinity of a conducting obstacle mounted on the surface of a wide microchannel [J]. International Journal of Engineering Science，2015，94：128-138.

[79] Daghighi Y，Sinn I，Kopelman R，et al. Experimental validation of induced-charge electrokinetic motion of electrically conducting particles [J]. Electrochimica Acta，2013，87：270-276.

[80] Barman S S，Bhattacharyya S. Electrokinetic transport of a non-conducting liquid droplet in a polyelectrolyte medium [J]. Physics of Fluids，2020，32（1）：012011.

[81] Gao Y，Wong T N，Yang C，et al. Two-fluid electroosmotic flow in

microchannels [J] . Journal of colloid and interface science, 2005, 284 (1) : 306–314.

[82] Gao Y, Wang C, Wong T N, et al. Electro–osmotic control of the interface position of two–liquid flow through a microchannel [J] . Journal of micromechanics and microengineering, 2007, 17 (2) : 358.

[83] Gorbacheva E V, Ganchenko G S, Demekhin E A. Stability of the electroosmotic flow of a two–layer electrolyte–dielectric system with external pressure gradient [J] . The European Physical Journal E, 2018, 41: 1–5.

[84] Li H, Wong T N, Nguyen N T. Analytical model of mixed electroosmotic/pressure driven three immiscible fluids in a rectangular microchannel [J] . International Journal of Heat and Mass Transfer, 2009, 52 (19–20) : 4459–4469.

[85] Li H, Wong T N, Nguyen N T. Time–dependent model of mixed electroosmotic/pressure–driven three immiscible fluids in a rectangular microchannel [J] . International journal of heat and mass transfer, 2010, 53 (4) : 772–785.

[86] Alyousef H A, Yasmin H, Shah R, et al. Mathematical Modeling and Analysis of the Steady Electro–Osmotic Flow of Two Immiscible Fluids: A Biomedical Application [J] . Coatings, 2023, 13 (1) : 115.

[87] Moghadam A J, Akbarzadeh P. AC two–immiscible–fluid EOF in a microcapillary [J] . Journal of the Brazilian Society of Mechanical Sciences and Engineering, 2019, 41: 1–13.

[88] Qi C, Ng C O. Electroosmotic flow of a two–layer fluid in a slit channel with gradually varying wall shape and zeta potential [J] . Interna-

tional Journal of Heat and Mass Transfer, 2018, 119: 52–64.

[89] Choi W S, Sharma A, Qian S, et al. On steady two-fluid electroosmotic flow with full interfacial electrostatics [J]. Journal of colloid and interface science, 2011, 357 (2): 521–526.

[90] Su J, Jian Y J, Chang L, et al. Transient electro-osmotic and pressure driven flows of two-layer fluids through a slit microchannel [J]. Acta Mechanica Sinica, 2013, 29 (4): 534–542.

[91] Shit G C, Mondal A, Sinha A, et al. Two-layer electro-osmotic flow and heat transfer in a hydrophobic micro-channel with fluid-solid interfacial slip and zeta potential difference [J]. Colloids and Surfaces A: Physicochemical and Engineering Aspects, 2016, 506: 535–549.

[92] Wu Z, Li D. Micromixing using induced-charge electrokinetic flow [J]. Electrochimica Acta, 2008, 53 (19): 5827–5835.

[93] Alipanah M, Ramiar A. High efficiency micromixing technique using periodic induced charge electroosmotic flow: a numerical study [J]. Colloids and Surfaces A: Physicochemical and Engineering Aspects, 2017, 524: 53–65.

[94] Gaikwad H, Basu D N, Mondal P K. Electroosmotic transport of immiscible binary system with a layer of non-conducting fluid under interfacial slip: The role applied pressure gradient [J]. Electrophoresis, 2016, 37 (14): 1998–2009.

[95] Gaikwad H S, Basu D N, Mondal P K. Slip driven micro-pumping of binary system with a layer of non-conducting fluid under electrical double layer phenomenon [J]. Colloids and Surfaces A: Physicochemical and Engineering Aspects, 2017, 518: 166–172.

[96] Li H, Wong T N, Nguyen N T. Electroosmotic control of width and

position of liquid streams in hydrodynamic focusing [J] . Microfluidics and nanofluidics, 2009, 7: 489–497.

[97] Huang Y, Li H, Wong T N. Two immiscible layers of electro–osmotic driven flow with a layer of conducting non–Newtonian fluid [J] . International Journal of Heat and Mass Transfer, 2014, 74: 368–375.

[98] Matías A, Méndez F, Bautista O. Interfacial electric effects on a non–isothermal electroosmotic flow in a microcapillary tube filled by two immiscible fluids [J] . Micromachines, 2017, 8 (8) : 232.

[99] Hu Y, Werner C, Li D. Electrokinetic transport through rough microchannels [J] . Analytical Chemistry, 2003, 75 (21) : 5747–5758.

[100] Hu Y, Werner C, Li D. Influence of the three–dimensional heterogeneous roughness on electrokinetic transport in microchannels [J] . Journal of colloid and interface science, 2004, 280 (2) : 527–536.

[101] Hu Y, Xuan X, Werner C, et al. Electroosmotic flow in microchannels with prismatic elements [J] . Microfluidics and Nanofluidics, 2007, 3: 151–160.

[102] Kim D, Darve E. Molecular dynamics simulation of electro–osmotic flows in rough wall nanochannels [J] . Physical review E, 2006, 73 (5) : 051203.

[103] Qiao R. Effects of molecular level surface roughness on electroosmotic flow [J] . Microfluidics and Nanofluidics, 2007, 3: 33–38.

[104] Masilamani K, Ganguly S, Feichtinger C, et al. Effects of surface roughness and electrokinetic heterogeneity on electroosmotic flow in microchannel [J] . Fluid Dynamics Research, 2015, 47 (3) :

035505.

[105] Kamali R, Soloklou M N, Hadidi H. Numerical simulation of electroosmotic flow in rough microchannels using the lattice Poisson–Nernst–Planck methods [J]. Chemical Physics, 2018, 507: 1–9.

[106] Kang S, Suh Y K. Numerical analysis on electroosmotic flows in a microchannel with rectangle–waved surface roughness using the Poisson - Nernst - Planck model [J]. Microfluidics and Nanofluidics, 2009, 6: 461–477.

[107] Tuan Yaakub T N, Yunas J, Latif R, et al. Surface modification of electroosmotic silicon microchannel using thermal dry oxidation [J]. Micromachines, 2018, 9 (5): 222.

[108] Banerjee A, Nayak A K, Haque A, et al. Induced mixing electrokinetics in a charged corrugated nano–channel: towards a controlled ionic transport [J]. Microfluidics and Nanofluidics, 2018, 22: 1–21.

[109] Kaood A, Abou–Deif T, Eltahan H, et al. Numerical investigation of heat transfer and friction characteristics for turbulent flow in various corrugated tubes [J]. Proceedings of the Institution of Mechanical Engineers, Part A: Journal of Power and Energy, 2019, 233 (4): 457–475.

[110] Croce G, D'Agaro P. Numerical simulation of roughness effect on microchannel heat transfer and pressure drop in laminar flow [J]. Journal of Physics D: Applied Physics, 2005, 38 (10): 1518.

[111] Chen Y, Zhang C, Fu P, et al. Characterization of surface roughness effects on laminar flow in microchannels by using fractal cantor structures [J]. Journal of heat transfer, 2012, 134 (5).

[112] 杨大勇，刘莹．粗糙表面微通道电渗流的数值模拟[J]．化工学报，2008，59（10）：2577-2581.

[113] 葛忠年，刘莹．微通道内壁面粗糙度对电渗流影响有限元模拟[J]．机械设计与研究，2009，25（1）：40-42.

[114] Wang M，Wang J，Chen S．Roughness and cavitations effects on electro-osmotic flows in rough microchannels using the lattice Poisson - Boltzmann methods [J]．Journal of Computational Physics，2007，226（1）：836-851.

[115] Yang D．Numerical simulation of mixing in microchannels with rough surface [C]．International Conference on Nanochannels，Microchannels，and Minichannels，2010，54501：1241-1244.

[116] Yang D，Liu Y．Numerical simulation of electroosmotic flow in microchannels with sinusoidal roughness [J]．Colloids and Surfaces A：Physicochemical and Engineering Aspects，2008，328（1-3）：28-33.

[117] Xia Z，Mei R，Sheplak M，et al．Electroosmotically driven creeping flows in a wavy microchannel [J]．Microfluidics and nanofluidics，2009，6：37-52.

[118] 肖水云，李鸣，杨大勇．PNP 模型的正弦粗糙微通道幂律流体电渗流研究[J]．机械科学与技术，2017，36（3）：442-447.

[119] Shu Y C，Chang C C，Chen Y S，et al．Electro-osmotic flow in a wavy microchannel：coherence between the electric potential and the wall shape function [J]．Physics of Fluids，2010，22（8）：082001.

[120] Chang L，Jian Y，Buren M，et al．Electroosmotic flow through a microtube with sinusoidal roughness [J]．Journal of Molecular Liquids，2016，220：258-264.

[121] Buren M, Jian Y, Chang L, et al. Combined electromagnetohydrodynamic flow in a microparallel channel with slightly corrugated walls [J]. Fluid Dynamics Research, 2017, 49 (2): 025517.

[122] Buren M, Jian Y. Electromagnetohydrodynamic (EMHD) flow between two transversely wavy microparallel plates [J]. Electrophoresis, 2015, 36 (14): 1539–1548.

[123] Si D, Jian Y. Electromagnetohydrodynamic (EMHD) micropump of Jeffrey fluids through two parallel microchannels with corrugated walls [J]. Journal of Physics D: Applied Physics, 2015, 48 (8): 085501.

[124] Yau H T, Wang C C, Cho C C, et al. A numerical investigation into electroosmotic flow in microchannels with complex wavy surfaces [J]. Thermal Science, 2011, 15 (suppl. 1): 87–94.

[125] Cho C C, Chen C L. Electrokinetically–driven non–Newtonian fluid flow in rough microchannel with complex–wavy surface [J]. Journal of Non–Newtonian Fluid Mechanics, 2012, 173: 13–20.

[126] Cho C C, Chen C L. Characteristics of combined electroosmotic flow and pressure–driven flow in microchannels with complex–wavy surfaces [J]. International Journal of Thermal Sciences, 2012, 61: 94–105.

[127] Cho C C, Chen C L, Chen C K. Characteristics of transient electroosmotic flow in microchannels with complex–wavy surface and periodic time–varying electric field [J]. Journal of fluids engineering, 2013, 135 (2).

[128] Martínez L, Bautista O, Escandón J, et al. Electroosmotic flow of a Phan–Thien–Tanner fluid in a wavy–wall microchannel [J]. Colloids and Surfaces A: Physicochemical and Engineering Aspects,

2016，498：7–19.

[129] Yoshida H，Kinjo T，Washizu H. Analysis of electro–osmotic flow in a microchannel with undulated surfaces [J] . Computers & Fluids，2016，124：237–245.

[130] Keramati H，Sadeghi A，Saidi M H，et al. Analytical solutions for thermo–fluidic transport in electroosmotic flow through rough microtubes [J] . International Journal of Heat and Mass Transfer，2016，92：244–251.

[131] Messinger R J，Squires T M. Suppression of electro–osmotic flow by surface roughness [J] . Physical review letters，2010，105 (14) : 144503.

[132] Zhang C，Lu P，Chen Y. Molecular dynamics simulation of electroosmotic flow in rough nanochannels [J] . International Communications in Heat and Mass Transfer，2014，59：101–105.

[133] Fakhari M M，Mirbozorgi S A. Numerical analysis of the effects of roughness on the electro–osmotic laminar flow between two parallel plates [J] . Meccanica，2021，56：1025–1045.

[134] Chang L，Jian Y，Buren M，et al. Electroosmotic flow through a microparallel channel with 3D wall roughness [J] . Electrophoresis，2016，37 (3) : 482–492.

[135] Lei J C，Chang C C，Wang C Y. Electro–osmotic pumping through a bumpy microtube：Boundary perturbation and detection of roughness [J] . Physics of Fluids，2019，31 (1) : 012001.

[136] Lei J C，Chen Y S，Chang C C，et al. Analysis of electro–osmotic flow over a slightly bumpy plate [J] . Physics of Fluids，2017，29 (12) : 122005.

[137] Li F，Jian Y，Buren M，et al. Effects of three–dimensional surface

corrugations on electromagnetohydrodynamic flow through microchannel [J] . Chinese Journal of Physics，2019，60：345-361.

[138] Wang M，Kang Q. Electrokinetic transport in microchannels with random roughness. Anal Chem. 2009，81（8）：2953-2961.

[139] Liu J，Wang M，Chen S，et al. Molecular simulations of electroosmotic flows in rough nanochannels [J] . Journal of Computational Physics，2010，229（20）：7834-7847.

[140] Sinton D，Escobedo-Canseco C，Ren L，et al. Direct and indirect electroosmotic flow velocity measurements in microchannels [J] . Journal of Colloid and Interface Science，2002，254（1）：184-189.

[141] Yalamanchili R C，Sirivat A，Rajagopal K R. An experimental investigation of the flow of dilute polymer solutions through corrugated channels [J] . Journal of Non-Newtonian Fluid Mechanics，1995，58（2-3）：243-277.

[142] Rush T A，Newell T A，Jacobi A M. An experimental study of flow and heat transfer in sinusoidal wavy passages [J] . International Journal of Heat and Mass Transfer，1999，42（9）：1541-1553.

[143] 徐涛，杨大勇. 基于电流监测法的粗糙表面微通道电渗流实验研究 [J] . 实验流体力学，2015，29（4）：41-46.

[144] Wang C Y，Kuo C Y，Chang C C. Analytic extensions of the Debye-Hückel approximation to the Poisson-Boltzmann equation [J] . Journal of Engineering Mathematics，2011，70：333-342.

[145] 谈慕华，黄蕴元. 表面物理化学 [M] . 北京：中国建筑工业出版社，1985.

[146] 刘全生. 微管道中非牛顿流体的电渗流动 [D] . 呼和浩特：内蒙古大学，2013.

[147] Masliyah J H，Bhattacharjee S. Electrokinetic and colloid transport phenomena [M]. John Wiley & Sons，2006.

[148] Israelachvili J N. Intermolecular and surface forces [M]. London：Academic press，2011.

[149] Gouy G. Constitution of the Electric Charge at the Surface of an Electrolyte [J]. J Physique，1910（9）：457.

[150] Chapman D L. LI.A contribution to the theory of electrocapillarity [J]. The London，Edinburgh，and Dublin philosophical magazine and journal of science，1913，25（148）：475–481.

[151] Stern O. Electrochem [J]. 1924（41）：441.

[152] Grahame D C. The electrical double layer and the theory of electrocapillarity [J]. Chemical reviews，1947，41（3）：441–501.

[153] Bockris J O M，Devanathan M A V，Mller K. Water Molecule Model of the Double Layer [J]. Proc Roy Soc（London），1963（274）：55.

[154] Usui S. Electrical double–layer interaction between oppositely charged dissimilar oxide surfaces with charge regulation and Stern–Grahame layers [J]. Journal of colloid and interface science，2008，320（1）：353–359.

[155] Lim J，Whitcomb J，Boyd J，et al. Transient finite element analysis of electric double layer using Nernst–Planck–Poisson equations with a modified Stern layer [J]. Journal of Colloid and Interface Science，2007，305（1）：159–174.

[156] 张维冰. 毛细管电色谱理论基础 [M]. 北京：科学技术出版社，2005.

[157] Arulanandam S，Li D. Determining ζ potential and surface conductance by monitoring the current in electro–osmotic flow [J]. Journal

of Colloid and interface science，2000，225（2）：421–428.

[158] Yan D，Nguyen N T，Yang C，et al. Visualizing the transient electroosmotic flow and measuring the zeta potential of microchannels with a micro–PIV technique [J]. The Journal of Chemical Physics，2006，124（2）：021103.

[159] Herr A E，Molho J I，Santiago J G，et al. Electroosmotic capillary flow with nonuniform zeta potential [J]. Analytical Chemistry，2000，72（5）：1053–1057.

[160] Brotherton C M，Davis R H. Electroosmotic flow in channels with step changes in zeta potential and cross section [J]. Journal of Colloid and Interface Science，2004，270（1）：242–246.

[161] Hiemenz P C，Rajagopalan R. Principles of Colloid and Surface Chemistry，revised and expanded [M]. Carabas，Florida，USA：CRC press，2016.

[162] Probstein R F. Physicochemical hydrodynamics：an introduction [M]. Hoboken，NJ：John Wiley & Sons，2005.

[163] Bird R B，Curtiss C F，Armstrong R C，et al. Dynamics of polymeric liquids，volume 2：Kinetic theory [M]. New York：Wiley，1987.

[164] Bird R B，Armstrong R C，Hassager O. Dynamics of polymeric liquids，volume 1：Fluid mechanics [M]. New York：Wiley，1987.

[165] 陈文芳. 非牛顿流体力学 [M]. 北京：科学出版社，1984.

[166] 许元泽. 高分子结构流变学 [M]. 四川：四川教育出版社，1988.

[167] 岳湘安. 非牛顿流体力学原理及应用 [M]. 北京：石油工业出版社，1996.

[168] Kang Y, Yang C, Huang X. Electroosmotic flow in a capillary annulus with high zeta potentials [J]. Journal of Colloid and Interface Science, 2002, 253 (2): 285–294.

[169] Park H M, Lee J S, Kim T W. Comparison of the Nernst–Planck model and the Poisson–Boltzmann model for electroosmotic flows in microchannels [J]. Journal of Colloid and Interface Science, 2007, 315 (2): 731–739.

[170] Sousa J J, Afonso A M, Pinho F T, et al. Effect of the skimming layer on electro–osmotic—Poiseuille flows of viscoelastic fluids [J]. Microfluidics and Nanofluidics, 2011, 10: 107–122.

[171] Mandal S, Ghosh U, Bandopadhyay A, et al. Electro–osmosis of superimposed fluids in the presence of modulated charged surfaces in narrow confinements [J]. Journal of Fluid Mechanics, 2015, 776: 390–429.

[172] Das S, Dubsky P, van den Berg A, et al. Concentration polarization in translocation of DNA through nanopores and nanochannels [J]. Physical Review Letters, 2012, 108 (13): 138101.

附　录

附录 1　贝塞尔（Bessel）微分方程及贝塞尔（Bessel）函数

F.1.1　贝塞尔方程的一般形式

贝塞尔微分方程（Bessel's differential equation）是常微分方程的一类，它是由德国数学家 Friedrich Bessel 于 1817 年首先提出来的．贝塞尔微分方程及贝塞尔函数在物理学、工程学、数学等领域有着广泛的应用，如在电磁学、电力学、声学、力学、电子学、核物理学等领域都有着重要的应用．在解决圆柱坐标系上的偏微分方程时，常使用贝塞尔函数．贝塞尔微分方程是一类变系数线性常微分方程，其一般形式如下[1]

$$x^2\frac{\mathrm{d}^2y}{\mathrm{d}x^2}+[(1-2A)x-2Bx^2]\frac{\mathrm{d}y}{\mathrm{d}x}+[C^2D^2x^{2C}+B^2x^2-B(1-2A)x+A^2-C^2n^2]y=0,\tag{F.1.1}$$

（1）方程（F.1.1）是一般二阶线性变系数微分方程；

（2）A, B, C, D 和 n 是给定的常数，它们的值决定所考虑的问题．因此，方程（F.1.1）代表几类的贝塞尔微分方程；

（3）n 称为微分方程的阶数；

（4）D 可以是实数也可以是虚数．

F.1.2 Bessel 方程的通解

方程（F.1.1）的广义解可以用无穷幂级数来描述．由于方程（F.1.1）是二阶的，必须有两个线性无关的解来表示通解．此方程解的结构依赖于常数 n 和 D，有下面四种可能的组合：

（1）当 n 是零或正整数，D 是实数时，通解为

$$y(x)=x^{A}\exp(Bx)[C_1J_n(Dx^{C})+C_2Y_n(Dx^{C})], \tag{F.1.2}$$

其中 C_1，C_2 为积分常数，J_n（Dx^C）称为第一类 n 阶贝塞尔函数（Bessel function of order n of the first kind），简称贝塞尔函数（Bessel function），是一类有理函数，它在实际应用中经常使用．Y_n（Dx^C）称为第二类 n 阶贝塞尔函数（Bessel function of order n of the second kind），简称诺伊曼函数（Neumann function），它是一类有理函数．

（i）参数（Dx^C）是贝塞尔函数的变量．

（ii）贝塞尔函数值可以查表获得，参见 Abramowitz 和 Stegun[2]的研究．

（2）当 n 不是零或正整数，D 是实数时，通解为

$$y(x)=x^{A}\exp(Bx)[C_1J_n(Dx^{C})+C_2J_{-n}(Dx^{C})]. \tag{F.1.3}$$

（3）当 n 是零或正整数，D 是虚数时，通解为

$$y(x)=x^{A}\exp(Bx)[C_1I_n(px^{C})+C_2K_n(px^{C})], \tag{F.1.4}$$

其中 $p=D/\mathrm{i}$，i 为虚数单位，即 $\mathrm{i}=(-1)^{1/2}$，I_n（px^C）称为第一类 n 阶修正贝塞尔函数（modified Bessel function of order n of the first kind），K_n（px^C）称为第二类 n 阶修正贝塞尔函数（modified Bessel function of order n of the second kind），或虚变量的贝塞尔函数（有时还称为双曲型贝塞尔函数）．

（4）当 n 不是零或正整数，D 是虚数时，通解为

$$y(x)=x^{A}\exp(Bx)[C_1I_n(px^{C})+C_2I_{-n}(px^{C})]\ . \tag{F.1.5}$$

F.1.3 贝塞尔函数的形式

贝塞尔函数$J_n, Y_n, J_{-n}, I_n, I_{-n}, K_n$和$K_{-n}$都可以表示为不同的无穷幂级数，其无穷级数的形式取决于n. 如，J_n（mx）表示如下无限幂级数

$$J_n(mx)=\sum_{k=0}^{\infty}\frac{(-1)^k\left(\frac{mx}{2}\right)^{2k+n}}{k!\Gamma(k+n+1)}, \quad \text{(F.1.6)}$$

其中Γ是 Gamma 函数 . 关于贝塞尔函数的更多细节见文献［2–4］.

F.1.4 半奇数阶贝塞尔函数

$n=1/2$时的贝塞尔函数有以下形式

$$J_{1/2}(x)=\sqrt{\frac{2}{\pi x}}\sin x, \quad \text{(F.1.7)}$$

$$J_{-1/2}(x)=\sqrt{\frac{2}{\pi x}}\cos x. \quad \text{(F.1.8)}$$

3/2，5/2，7/2，…阶贝塞尔函数由等式（F.4.7）和（F.4.8）确定，并给出如下的递推关系

$$J_{k+1/2}(x)=\frac{2k-1}{x}J_{k-1/2}(x)-J_{k-3/2}(x), \quad k=1, 2, 3, \cdots \quad \text{(F.1.9)}$$

类似地，$n=1/2$的修正贝塞尔函数有以下形式

$$I_{1/2}(x)=\sqrt{\frac{2}{\pi x}}\sinh x, \quad \text{(F.1.10)}$$

$$I_{-1/2}(x)=\sqrt{\frac{2}{\pi x}}\cosh x. \quad \text{(F.1.11)}$$

由式（F.1.10）–（F.1.11）和以下递归式确定 3/2，5/2，7/2，…阶的修正贝塞尔函数

$$I_{k+1/2}(x)=I_{k-3/2}(x)-\frac{2k-1}{x}I_{k-1/2}(x), \quad k=1, 2, 3, \cdots \quad \text{(F.1.12)}$$

F.1.5 当 $n=1, 2, 3, \cdots$ 时的特殊关系

$$J_{-n}(x)=(-1)^n J_n(x), \tag{F.1.13a}$$

$$Y_{-n}(x)=(-1)^n Y_n(x), \tag{F.1.13b}$$

$$I_{-n}(x)=I_n(x), \tag{F.1.13c}$$

$$K_{-n}(x)=K_n(x). \tag{F.1.13d}$$

F.1.6 Bessel 函数的导数与微分[2，3]

在下列公式中，Z_n 表示某些 n 阶贝塞尔函数，则贝塞尔函数的导数和积分有如下形式

$$\frac{\mathrm{d}}{\mathrm{d}x}[x^n Z_n(mx)]=mx^n Z_{n-1}(mx) \quad \text{其中 } Z=J,\ Y,\ I \tag{F.1.14}$$

$$=-mx^n Z_{n-1}(mx) \quad \text{其中 } Z=K, \tag{F.1.15}$$

$$\frac{\mathrm{d}}{\mathrm{d}x}[x^{-n} Z_n(mx)]=-mx^{-n} Z_{n+1}(mx) \quad \text{其中 } Z=J,\ Y,\ K \tag{F.1.16}$$

$$=mx^{-n} Z_{n+1}(mx) \quad \text{其中 } Z=I, \tag{F.1.17}$$

$$\frac{\mathrm{d}}{\mathrm{d}x}[Z_n(mx)]=mZ_{n-1}(mx)-\frac{n}{x}Z_n(mx) \quad \text{其中 } Z=J,\ Y,\ I \tag{F.1.18}$$

$$=-mZ_{n-1}(mx)-\frac{n}{x}Z_n(mx) \quad \text{其中 } Z=K, \tag{F.1.19}$$

$$\frac{\mathrm{d}}{\mathrm{d}x}[Z_n(mx)]=-mZ_{n+1}(mx)+\frac{n}{x}Z_n(mx) \quad \text{其中 } Z=J,\ Y,\ K \tag{F.1.20}$$

$$=mZ_{n+1}(mx)+\frac{n}{x}Z_n(mx) \quad \text{其中 } Z=I, \tag{F.1.21}$$

$$\int x^n Z_{n-1}(mx)\mathrm{d}x=\frac{1}{m}x^n Z_n(mx) \quad \text{其中 } Z=J,\ YI, \tag{F.1.22}$$

$$\int x^{-n} Z_{n+1}(mx)\mathrm{d}x=-\frac{1}{m}x^{-n} Z_n(mx) \quad \text{其中 } Z=J,\ Y,\ K. \tag{F.1.23}$$

在下面的公式中，$Z_n(x)$ 表示 $J_n(x)$ 或 $Y_n(x)$．注意，积分

$\int Z_0(x)\mathrm{d}x$ 不能用封闭曲线求值.

$$\int Z_1(x)\mathrm{d}x = Z_0(x) \ . \tag{F.1.24}$$

$$\int xZ_0(x)\mathrm{d}x = xZ_1(x) \ . \tag{F.1.25}$$

$$\int xZ_1(x)\mathrm{d}x = -xZ_0(x) + \int Z_0(x)\mathrm{d}x \ . \tag{F.1.26}$$

$$\int x^2 Z_0(x)\mathrm{d}x = x^2 Z_1(x) + xZ_0(x) - \int Z_0(x)\mathrm{d}x \ . \tag{F.1.27}$$

$$\int x^m Z_0(x)\mathrm{d}x = x^m Z_1(x) + (m-1)x^{m-1}Z_0(x) - (m-1)^2 \int x^{m-2} Z_0(x)\mathrm{d}x \ . \tag{F.1.28}$$

$$\int x^m Z_1(x)\mathrm{d}x = -x^m Z_0(x) + m\int x^{m-1} Z_0(x)\mathrm{d}x. \tag{F.1.29}$$

$$\int \frac{Z_0(x)}{x^2}\mathrm{d}x = Z_1(x) - \frac{Z_0(x)}{x} - \int Z_0(x)\mathrm{d}x \ . \tag{F.1.30}$$

$$\int \frac{Z_0(x)}{x^m}\mathrm{d}x = \frac{Z_1(x)}{(m-1)^2 x^{m-2}} - \frac{Z_0(x)}{(m-1)x^{m-1}} - \frac{1}{(m-1)^2}\int \frac{Z_0(x)}{x^{m-2}}\mathrm{d}x \ . \tag{F.1.31}$$

$$\int \frac{Z_1(x)}{x}\mathrm{d}x = -Z_1(x) + \int Z_0(x)\mathrm{d}x \ . \tag{F.1.32}$$

$$\int \frac{Z_1(x)}{x^m}\mathrm{d}x = -\frac{Z_1(x)}{mx^{m-1}} + \frac{1}{m}\int \frac{Z_0(x)}{x^{m-1}}\mathrm{d}x \ . \tag{F.1.33}$$

$$\int x^n Z_{n-1}(x)\mathrm{d}x = x^n Z_n(x) \ . \tag{F.1.34}$$

$$\int x^{-n} Z_{n+1}(x)\mathrm{d}x = -x^{-n} Z_n(x) \ . \tag{F.1.35}$$

$$\int x^m Z_n(x)\mathrm{d}x = -x^m Z_{n-1}(x) + (m+n-1)\int x^{m-1} Z_{n-1}(x)\mathrm{d}x \ . \tag{F.1.36}$$

F.1.7 特殊点处的贝塞尔函数值

表 F1 特殊点处的贝塞尔函数值

x	$J_0(x)$	$J_n(x)$	$I_0(x)$	$I_n(x)$	$Y_n(x)$	$K_n(x)$
0	1	0	1	0	$-\infty$	∞
∞	0	0	∞	∞	0	0

参考文献

[1] Sherwood T K，Reed C E. Applied Mathematics in Chemical Engineering [M]. New York：McGraw-Hill，1939.

[2] Abramowitz M，Stegun I A. Handbook of Mathematical Functions with Formulas，Graphs and Mathematical Tables [M]. U. S. Department of Commerce，National Bureau of Standards，AMS 55，1964.

[3] Hildebrand F B. Advanced Calculus for Applications [M]. 2nd edition. New Jersey：Prentice-Hall，Englewood Cliffs，1976.

[4] McLachlan N W. Bessel Functions for Engineers [M]. 2nd edition. London：Clarendon Press，1961.

附录2 Euler方程

考虑下面的二阶变系数微分方程

$$x^2\frac{\mathrm{d}^2y}{\mathrm{d}x^2}+a_1x\frac{\mathrm{d}y}{\mathrm{d}x}+a_0y=0\ ,\tag{F.2.1}$$

其中 a_0 和 a_1 是常数 . 注意系数的独特模式：x^2 乘以二阶导数，x 乘以一阶导数，x^0 乘以函数 y. 这个方程是一类被称为等维方程（equidimensional equation）或特殊的欧拉方程（Euler equation）. 等维方程的更一般形式具有高阶导数，系数遵循方程（F.2.1）的形式，其最高阶导数形式如下 $x^n\frac{\mathrm{d}^ny}{\mathrm{d}x^n}$. 方程（F.2.1）的解取决于下面的根式

$$r_{1,2}=\frac{-(a_1-1)\pm\sqrt{(a_1-1)^2-4a_0}}{2}\ .\tag{F.2.2}$$

有三种可能情况：

情况 I：如果有两个不相同的实根，方程（F.2.1）的通解为

$$y(x)=C_1x^{r_1}+C_2x^{r_2}\ .\tag{F.2.3}$$

情况 II：如果根为虚数 $r_{1,2}=a\pm b\mathrm{i}$，其中 $\mathrm{i}=(-1)^{1/2}$，通解为

$$y(x)=x^a[C_1\cos(b\ln x)+C_2\sin(b\ln x)]\ .\tag{F.2.4}$$

情况 III：如果有两个相同的实根，通解为

$$y(x)=x^r(C_1+C_2\ln x)\ .\tag{F.2.5}$$

附录3　书中部分公式及其待定系数

F.3.1　第3.2节中部分公式及待定系数

F.3.1.1　确定方程（3.2.10）的待定系数

式（3.2.7）代入（3.2.10），可求得常数 A_0，B_0，C_0，D_0，如下

$$A_0=\frac{K_0(\alpha K)-\zeta K_0(K)}{I_0(K)K_0(\alpha K)-I_0(\alpha K)K_0(K)},\tag{F.3.1.1a}$$

$$B_0=\frac{I_0(\alpha K)-\zeta I_0(K)}{I_0(\alpha K)K_0(K)-I_0(K)K_0(\alpha K)},\tag{F.3.1.1b}$$

$$C_0=\frac{\frac{G}{4}(\alpha^2-1)-A_0[I_0(K)-I_0(\alpha K)]-B_0[K_0(K)-K_0(K\alpha)]}{\ln\alpha},\tag{F.3.1.2a}$$

$$D_0=\frac{G}{4}+A_0I_0(K)+B_0K_0(K),\tag{F.3.1.2b}$$

F.3.1.2　确定方程（3.2.12）的待定系数

方程（3.2.11）和（3.2.12）代入方程（3.1.18），整理可得

$$f_1''(r)+\frac{1}{r}f_1'(r)-\frac{\lambda^2}{r^2}f_1(r)=K^2f_1(r),\tag{F.3.1.3a}$$

$$g_1''(r)+\frac{1}{r}g_1'(r)-\frac{\lambda^2}{r^2}g_1(r)=K^2g_1(r),\tag{F.3.1.3b}$$

$$F_1''(r)+\frac{1}{r}F_1'(r)-\frac{\lambda^2}{r^2}F_1(r)=-K^2f_1(r), \qquad (F.3.1.3c)$$

$$G_1''(r)+\frac{1}{r}G_1'(r)-\frac{\lambda^2}{r^2}G_1(r)=-K^2g_1(r). \qquad (F.3.1.3d)$$

方程（3.2.11）代入方程（3.2.8），整理可得

$$f_1(1)=-\cos\beta\varphi_0'(1), \qquad (F.3.1.4a)$$

$$f_1(\alpha)=-\alpha\varphi_0'(\alpha), \qquad (F.3.1.4b)$$

$$g_1(1)=-\sin\beta\varphi_0'(1), \qquad (F.3.1.4c)$$

$$g_1(\alpha)=0, \qquad (F.3.1.4d)$$

$$F_1(1)=-\cos\beta w_0'(1), \qquad (F.3.1.4e)$$

$$F_1(\alpha)=-\alpha w_0'(\alpha), \qquad (F.3.1.4f)$$

$$G_1(1)=-\sin\beta w_0'(1), \qquad (F.3.1.4g)$$

$$G_1(\alpha)=0. \qquad (F.3.1.4h)$$

方程（F.3.1.3）的通解如式（3.2.12）所示．将式（F.3.1.4）代入方程（3.2.12），计算可得

$$A_1=\frac{f_1(\alpha)K_\lambda(K)-f_1(1)K_\lambda(K\alpha)}{I_\lambda(K\alpha)K_\lambda(K)-I_\lambda(K)K_\lambda(K\alpha)}, \qquad (F.3.1.5a)$$

$$B_1=\frac{f_1(\alpha)I_\lambda(K)-f_1(1)I_\lambda(K\alpha)}{I_\lambda(K)K_\lambda(K\alpha)-I_\lambda(K\alpha)K_\lambda(K)}, \qquad (F.3.1.5b)$$

$$A_2=\frac{g_1(1)K_\lambda(K\alpha)}{I_\lambda(K)K_\lambda(K\alpha)-I_\lambda(K\alpha)K_\lambda(K)} \qquad (F.3.1.6a)$$

$$B_2=\frac{g_1(1)I_\lambda(K\alpha)}{I_\lambda(K\alpha)K_\lambda(K)-I_\lambda(K)K_\lambda(K\alpha)} \qquad (F.3.1.6b)$$

$$C_1=\frac{-F_1(1)+\alpha^\lambda F_1(\alpha)-A_1I_\lambda(K)+A_1\alpha^\lambda I_\lambda(K\alpha)-B_1K_\lambda(K)+B_1\alpha^\lambda K_\lambda(K\alpha)}{-1+\alpha^{2\lambda}}, \qquad (F.3.1.7a)$$

$$D_1=\frac{\alpha^\lambda\left(\alpha^\lambda F_1(1)-F_1(\alpha)+A_1\alpha^\lambda I_\lambda(K)-A_1I_\lambda(K\alpha)+B_1\alpha^\lambda K_\lambda(K)-B_1K_\lambda(K\alpha)\right)}{-1+\alpha^{2\lambda}}, \qquad (F.3.1.7b)$$

$$C_2=\frac{G_1(1)+A_2I_\lambda(K)-A_2\alpha^\lambda I_\lambda(K\alpha)+B_2K_\lambda(K)-B_2\alpha^\lambda K_\lambda(K\alpha)}{1-\alpha^{2\lambda}},\quad(\text{F.3.1.8a})$$

$$D_2=\frac{\alpha^\lambda(-\alpha^\lambda G_1(1)-A_2\alpha^\lambda I_\lambda(K)+A_2I_\lambda(K\alpha)-B_2\alpha^\lambda K_\lambda(K)+B_2K_\lambda(K\alpha))}{1-\alpha^{2\lambda}},\quad(\text{F.3.1.8b})$$

F.3.1.3 确定方程（3.2.14）的待定系数

方程（3.2.10），（3.2.12）和式（3.2.8）代入方程（3.1.19），整理可得

$$h''(r)+\frac{1}{r}h'(r)-K^2h(r)=0,\quad(\text{F.3.1.9a})$$

$$f_2''(r)+\frac{1}{r}f_2'(r)-\frac{4\lambda^2}{r^2}f_2(r)=K^2f_2(r),\quad(\text{F.3.1.9b})$$

$$g_2''(r)+\frac{1}{r}g_2'(r)-\frac{4\lambda^2}{r^2}g_2(r)=K^2g_2(r),\quad(\text{F.3.1.9c})$$

$$H''(r)+\frac{1}{r}H'(r)+K^2h(r)=0,\quad(\text{F.3.1.9d})$$

$$F_1''(r)+\frac{1}{r}F_1'(r)-\frac{\lambda^2}{r^2}F_1(r)=-K^2f_1(r),\quad(\text{F.3.1.9e})$$

$$G_1''(r)+\frac{1}{r}G_1'(r)-\frac{\lambda^2}{r^2}G_1(r)=-K^2g_1(r)\ .\quad(\text{F.3.1.9f})$$

方程（3.2.13）代入方程（3.2.9），整理可得

$$h(1)=-\frac{1}{4}\varphi_0''(1)-\frac{1}{2}\cos\beta f_1'(1)-\frac{1}{2}\sin\beta g_1'(1),\quad(\text{F.3.1.10a})$$

$$h(\alpha)=-\frac{\alpha^2}{4}\varphi_0''(\alpha)-\frac{\alpha}{2}f_1'(\alpha),\quad(\text{F.3.1.10b})$$

$$f_2(1)=-\frac{1}{4}\sin 2\beta\varphi_0''(1)-\frac{1}{2}\sin\beta f_1'(1)-\frac{1}{2}\cos\beta g_1'(1),\quad(\text{F.3.1.10c})$$

$$f_2(\alpha)=-\frac{\alpha}{2}g_1'(\alpha),\quad(\text{F.3.1.10d})$$

$$g_2(1)=\frac{1}{4}\cos 2\beta\varphi_0''(1)-\frac{1}{2}\sin\beta g_1'(1)+\frac{1}{2}\cos\beta f_1'(1),\quad(\text{F.3.1.10e})$$

$$g_2(\alpha)=\frac{\alpha^2}{4}\varphi_0''(\alpha)+\frac{\alpha}{2}f_1'(\alpha)\,,\tag{F.3.1.10f}$$

$$H(1)=-\frac{1}{4}w_0''(1)-\frac{1}{2}\cos\beta F_1'(1)-\frac{1}{2}\sin\beta G_1'(1)\,,\tag{F.3.1.11a}$$

$$H(\alpha)=-\frac{\alpha^2}{4}w_0''(\alpha)-\frac{\alpha}{2}F_1'(\alpha)\,,\tag{F.3.1.11b}$$

$$F_2(1)=-\frac{1}{4}\sin 2\beta w_0''(1)-\frac{1}{2}\sin\beta F_1'(1)-\frac{1}{2}\cos\beta G_1'(1),\tag{F.3.1.11c}$$

$$F_2(\alpha)=-\frac{\alpha}{2}G_1'(\alpha),\tag{F.3.1.11d}$$

$$G_2(1)=\frac{1}{4}\cos 2\beta w_0''(1)-\frac{1}{2}\sin\beta G_1'(1)+\frac{1}{2}\cos\beta F_1'(1),\tag{F.3.1.11e}$$

$$G_2(\alpha)=\frac{\alpha^2}{4}w_0''(\alpha)+\frac{\alpha}{2}F_1'(\alpha)\,.\tag{F.3.1.11f}$$

方程（F.3.10）的通解为如式（3.2.14）所示．将式（F.3.1.11）代入方程（3.2.14），计算可得

$$A_3=\frac{h(\alpha)K_0(K)-h(1)K_0(K\alpha)}{I_0(K\alpha)K_0(K)-I_0(K)K_0(K\alpha)}\,,\tag{F.3.1.12a}$$

$$B_3=\frac{h(1)I_0(K\alpha)-h(\alpha)I_0(K)}{I_0(K\alpha)K_0(K)-I_0(K)K_0(K\alpha)}\,,\tag{F.3.1.12b}$$

$$A_4=\frac{f_2(\alpha)K_{2\lambda}(K)-f_2(1)K_{2\lambda}(K\alpha)}{I_{2\lambda}(K\alpha)K_{2\lambda}(K)-I_{2\lambda}(K)K_{2\lambda}(K\alpha)}\,,\tag{F.3.1.13a}$$

$$B_4=\frac{f_2(1)I_{2\lambda}(K\alpha)-f_2(\alpha)I_{2\lambda}(K)}{I_{2\lambda}(K\alpha)K_{2\lambda}(K)-I_{2\lambda}(K)K_{2\lambda}(K\alpha)}\,,\tag{F.3.1.13b}$$

$$A_5=\frac{g_2(\alpha)K_{2\lambda}(K)-g_2(1)K_{2\lambda}(K\alpha)}{I_{2\lambda}(K\alpha)K_{2\lambda}(K)-I_{2\lambda}(K)K_{2\lambda}(K\alpha)}\,,\tag{F.3.1.14a}$$

$$B_5=\frac{g_2(1)I_{2\lambda}(K\alpha)-g_2(\alpha)I_{2\lambda}(K)}{I_{2\lambda}(K\alpha)K_{2\lambda}(K)-I_{2\lambda}(K)K_{2\lambda}(K\alpha)}\,,\tag{F.3.1.14b}$$

$$C_3=\frac{H(\alpha)-H(1)-A_3I_0(K)+A_3I_0(K\alpha)+B_3K_0(K\alpha)-B_3K_0(K)}{\ln\alpha},\tag{F.3.1.15a}$$

$$D_3=H(1)+A_3I_0(K)+B_3K_0(K),\tag{F.3.1.15b}$$

$$C_4 = \frac{\alpha^{2\lambda}F_2(\alpha) - F_2(1) - A_4 I_{2\lambda}(K) + A_4\alpha^{2\lambda}I_{2\lambda}(K\alpha) - B_4K_{2\lambda}(K) + B_4\alpha^{2\lambda}K_{2\lambda}(K\alpha)}{-1+\alpha^{4\lambda}}, \tag{F.3.1.16a}$$

$$D_4 = \frac{\alpha^{2\lambda}\left(\alpha^{2\lambda}F_2(1) - F_2(\alpha) + A_4\alpha^{2\lambda}I_{2\lambda}(K) - A_4 I_{2\lambda}(K\alpha) + B_4\alpha^{2\lambda}K_{2\lambda}(K) - B_4K_{2\lambda}(K\alpha)\right)}{-1+\alpha^{4\lambda}}, \tag{F.3.1.16b}$$

$$C_5 = \frac{\alpha^{2\lambda}G_2(\alpha) - G_2(1) - A_5 I_{2\lambda}(K) + A_5\alpha^{2\lambda}I_{2\lambda}(K\alpha) - B_5K_{2\lambda}(K) + B_5\alpha^{2\lambda}K_{2\lambda}(K\alpha)}{-1+\alpha^{4\lambda}}, \tag{F.3.1.17a}$$

$$D_5 = \frac{\alpha^{2\lambda}(\alpha^{2\lambda}G_2(1) - G_2(\alpha) + A_5\alpha^{2\lambda}I_{2\lambda}(K) - A_5 I_{2\lambda}(K\alpha) + B_5\alpha^{2\lambda}K_{2\lambda}(K) - B_5K_{2\lambda}(K\alpha))}{-1+\alpha^{4\lambda}}, \tag{F.3.1.17b}$$

F.3.2 第 4.1 节中部分公式及待定系数

F.3.2.1 确定方程（4.1.27）的待定系数

式（4.1.22）代入（4.1.27），可求得常数 A_0，B_0，C_0，D_0，a_0，b_0 如下

$$A_0 = \frac{1+\zeta}{2\cosh K}, \tag{F.3.2.1a}$$

$$B_0 = \frac{1-\zeta}{2\sinh K}, \tag{F.3.2.1b}$$

$$a_0 = \frac{K^2(1+\mathrm{i}De)A_0}{(\alpha_0+\mathrm{i}\beta_0)^2 - K^2}, \tag{F.3.2.2a}$$

$$b_0 = \frac{K^2(1+\mathrm{i}De)B_0}{(\alpha_0+\mathrm{i}\beta_0)^2 - K^2}, \tag{F.3.2.2b}$$

$$C_0 = -\frac{\mathrm{i}Re_\Omega a_0\cosh K + G}{\mathrm{i}Re_\Omega\cosh(\alpha_0+\mathrm{i}\beta_0)}, \tag{F.3.2.3a}$$

$$D_0 = -\frac{b_0\sinh K}{\sinh(\alpha_0+\mathrm{i}\beta_0)}, \tag{F.3.2.3b}$$

F.3.2.2 确定方程（4.1.29）的待定系数

方程（4.1.28）代入方程（4.1.20），整理可得

$$f_1''(y)-K_1^2 f_1(y)=0\text{，} \tag{F.3.2.4a}$$

$$g_1''(y)-K_1^2 g_1(y)=0\text{，} \tag{F.3.2.4b}$$

$$F_1''(y)-(\alpha_1+\mathrm{i}\beta_1)^2 F_1(y)=-K^2(1+\mathrm{i}De)f_1(y)\text{，} \tag{F.3.2.4c}$$

$$G_1''(y)-(\alpha_1+\mathrm{i}\beta_1)^2 G_1(y)=-K^2(1+\mathrm{i}De)g_1(y)\text{，} \tag{F.3.2.4d}$$

其中 $K_1^2=\lambda^2+K^2,(\alpha_1+\mathrm{i}\beta_1)^2=\lambda^2+(\alpha_0+\mathrm{i}\beta_0)^2$.

方程（4.1.28）代入方程（4.1.23），整理可得

$$f_1(-1)=-\cos\theta\varphi_0'(-1)\text{，} \tag{F.3.2.5a}$$

$$f_1(1)=-\varphi_0'(1)\text{，} \tag{F.3.2.5b}$$

$$g_1(-1)=-\sin\theta\varphi_0'(-1)\text{，} \tag{F.3.2.5c}$$

$$g_1(1)=0\text{，} \tag{F.3.2.5d}$$

$$F_1(-1)=-\cos\theta w_0'(-1)\text{，} \tag{F.3.2.5e}$$

$$F_1(1)=-w_0'(1)\text{，} \tag{F.3.2.5f}$$

$$G_1(-1)=-\sin\theta w_0'(-1)\text{，} \tag{F.3.2.5g}$$

$$G_1(1)=0\text{ .} \tag{F.3.2.5h}$$

方程（F.3.2.4）的通解为如式（4.1.29）所示．将式（F.3.2.5）代入方程（4.1.29），计算可得

$$A_1=\frac{f_1(-1)+f_1(1)}{2\cosh(K_1)},B_1=\frac{f_1(1)-f_1(-1)}{2\sinh(K_1)},A_2=\frac{g_1(-1)}{2\cosh(K_1)},B_2=-\frac{g_1(-1)}{2\sinh(K_1)}\text{，} \tag{F.3.2.6}$$

$$a_j=\frac{K^2(1+\mathrm{i}De)A_j}{(\alpha_0+\mathrm{i}\beta_0)^2-K^2},b_j=\frac{K^2(1+\mathrm{i}De)B_j}{(\alpha_0+\mathrm{i}\beta_0)^2-K^2}\text{，}(j=1\text{，}2) \tag{F.3.2.7}$$

$$C_1=\frac{F_1(-1)+F_1(1)-2a_1\cosh(K_1)}{2\cosh(\alpha_1+\mathrm{i}\beta_1)},D_1=\frac{F_1(1)-F_1(-1)-2b_1\sinh(K_1)}{2\sinh(\alpha_1+\mathrm{i}\beta_1)}\text{，} \tag{F.3.2.8}$$

$$C_2=\frac{G_1(-1)-2a_2\cosh(K_1)}{2\cosh(\alpha_1+\mathrm{i}\beta_1)},D_2=-\frac{G_1(-1)+2b_2\sinh(K_1)}{2\sinh(\alpha_1+\mathrm{i}\beta_1)}\ .\quad(\text{F.3.2.9})$$

F.3.2.3　确定方程（4.1.31）的待定系数

方程（4.1.30）代入方程（4.1.21），整理可得

$$h''(y)-K^2h(y)=0,\quad(\text{F.3.2.10a})$$

$$f_2''(y)-K_2^2f_2(y)=0\ ,\quad(\text{F.3.2.10b})$$

$$g_2''(y)-K_2^2g_2(y)=0\ ,\quad(\text{F.3.2.10c})$$

$$H''(y)-(\alpha_0+\mathrm{i}\beta_0)^2H(y)=-K^2(1+\mathrm{i}De)h(y)\ ,\quad(\text{F.3.2.10d})$$

$$F_2''(y)-(\alpha_2+\mathrm{i}\beta_2)^2F_2(y)=-K^2(1+\mathrm{i}De)f_2(y)\ ,\quad(\text{F.3.2.10e})$$

$$G_2''(y)-(\alpha_2+\mathrm{i}\beta_2)^2G_2(y)=-K^2(1+\mathrm{i}De)g_2(y)\ ,\quad(\text{F.3.2.10f})$$

其中 $K_2^2=4\lambda^2+K^2,(\alpha_2+\mathrm{i}\beta_2)^2=4\lambda^2+(\alpha_0+\mathrm{i}\beta_0)^2$.

方程（4.1.30）代入方程（4.1.24），整理可得

$$h(-1)=-\frac{1}{4}\varphi_0''(-1)-\frac{1}{2}\cos\theta f_1'(-1)-\frac{1}{2}\sin\theta g_1'(-1)\ ,\quad(\text{F.3.2.11a})$$

$$h(1)=-\frac{1}{4}\varphi_0''(1)-\frac{1}{2}f_1'(1)\ ,\quad(\text{F.3.2.11b})$$

$$f_2(1)=-\frac{1}{2}g_1'(1)\ ,\quad(\text{F.3.2.11c})$$

$$f_2(-1)=-\frac{1}{4}\varphi_0''(-1)\sin2\theta-\frac{1}{2}f_1'(-1)\sin\theta-\frac{1}{2}g_1'(-1)\cos\theta\ ,\quad(\text{F.3.2.11d})$$

$$g_2(-1)=\frac{1}{4}\varphi_0'(-1)\cos2\theta-\frac{1}{2}g_1'(-1)\sin\theta+\frac{1}{2}f_1'(-1)\cos\theta,\quad(\text{F.3.2.11e})$$

$$g_2(1)=\frac{1}{4}\varphi_0''(1)+\frac{1}{2}f_1'(1)\ ,\quad(\text{F.3.2.11f})$$

$$H(1)=-\frac{1}{4}w_0''(1)-\frac{1}{2}F_1'(1)\ ,\quad(\text{F.3.2.11g})$$

$$H(-1)=-\frac{1}{4}w_0''(-1)-\frac{1}{2}\cos\theta F_1'(-1)-\frac{1}{2}\sin\theta G_1'(-1)\ ,\quad(\text{F.3.2.11h})$$

$$F_2(-1)=-\frac{1}{4}w_0''(-1)\sin2\theta-\frac{1}{2}F_1'(-1)\sin\theta-\frac{1}{2}G_1'(-1)\cos\theta,\quad(\text{F.3.2.11i})$$

$$F_2(1)=-\frac{1}{2}G_1'(1),\tag{F.3.2.11j}$$

$$G_2(1)=\frac{1}{4}w_0''(1)+\frac{1}{2}F_1'(1),\tag{F.3.2.11k}$$

$$G_2(-1)=\frac{1}{4}w_0''(-1)\cos 2\theta-\frac{1}{2}G_1'(-1)\sin\theta+\frac{1}{2}F_1'(-1)\cos\theta.\tag{F.3.2.11l}$$

方程（F.3.2.11）代入方程（F.3.2.10），计算可得

$$A_3=\frac{h(-1)+h(1)}{2\cosh(K)},\tag{F.3.2.12a}$$

$$B_3=\frac{h(1)-h(-1)}{2\sinh(K)},\tag{F.3.2.12b}$$

$$A_4=\frac{f_2(-1)+f_2(1)}{2\cosh(K_2)},\tag{F.3.2.12c}$$

$$B_4=\frac{f_2(1)-f_2(-1)}{2\sinh(K_2)},\tag{F.3.2.12d}$$

$$A_5=\frac{g_2(-1)+g_2(1)}{2\cosh(K_2)},\tag{F.3.2.12e}$$

$$B_5=\frac{g_2(1)-g_2(-1)}{2\sinh(K_2)},\tag{F.3.2.12f}$$

$$a_j=\frac{K^2(1+\mathrm{i}De)A_j}{(\alpha_0+\mathrm{i}\beta_0)^2-K^2},\ b_j=\frac{K^2(1+\mathrm{i}De)B_j}{(\alpha_0+\mathrm{i}\beta_0)^2-K^2},\ (j=3,\ 4,\ 5)$$

（F.3.2.12g，h）

$$C_3=\frac{H(-1)+H(1)-2a_3\cosh(K)}{2\cosh(\alpha_0+\mathrm{i}\beta_0)},\tag{F.3.2.12i}$$

$$D_3=\frac{H(1)-H(-1)-2b_3\sinh(K)}{2\sinh(\alpha_0+\mathrm{i}\beta_0)},\tag{F.3.2.12j}$$

$$C_4=\frac{F_2(-1)+F_2(1)-2a_4\cosh(K_2)}{2\cosh(\alpha_2+\mathrm{i}\beta_2)},\tag{F.3.2.12k}$$

$$D_4=\frac{F_2(1)-F_2(-1)-2b_4\sinh(K_2)}{2\sinh(\alpha_2+\mathrm{i}\beta_2)},\tag{F.3.2.12l}$$

$$C_5=\frac{G_2(-1)+G_2(1)-2a_5\cosh(K_2)}{2\cosh(\alpha_2+\mathrm{i}\beta_2)},\tag{F.3.2.12m}$$

$$D_5=\frac{G_2(1)-G_2(-1)-2b_5\sinh(K_2)}{2\sinh(\alpha_2+\mathrm{i}\beta_2)}. \qquad (\text{F.3.2.12n})$$

F.3.3 第 4.2 节中部分公式及待定系数

F.3.3.1 确定方程（4.2.12）的待定系数

方程（4.1.28）代入方程（4.1.12），整理可得

$$F_1''(y)-(\alpha_1+\mathrm{i}\beta_1)^2F_1(y)=-\frac{K^2(1+\mathrm{i}De)}{1+\mathrm{i}\lambda_2\omega}f_1(y), \qquad (\text{F.3.3.1a})$$

$$G_1''(y)-(\alpha_1+\mathrm{i}\beta_1)^2G_1(y)=-\frac{K^2(1+\mathrm{i}De)}{1+\mathrm{i}\lambda_2\omega}g_1(y), \qquad (\text{F.3.3.1b})$$

其中 $(\alpha_1+\mathrm{i}\beta_1)^2=\lambda^2+(\alpha_0+\mathrm{i}\beta_0)^2$.

方程（4.1.28）代入方程（4.1.23），整理后同样得，式（F3.2.5e，f，g，h）.

方程（F.3.3.1）的通解为如式（4.1.29）所示 . 将式（F.3.2.5）代入方程（4.1.29），计算可得待定系数 a_j，b_j（$j=1$，2）.

$$a_j=\frac{K^2(1+\mathrm{i}De)A_j}{[(\alpha_0+\mathrm{i}\beta_0)^2-K^2](1+\mathrm{i}\lambda_2\omega)},\ b_j=\frac{K^2(1+\mathrm{i}De)B_j}{[(\alpha_0+\mathrm{i}\beta_0)^2-K^2](1+\mathrm{i}\lambda_2\omega)},\ (j=1,\ 2) \qquad (\text{F.3.3.2})$$

F.3.3.2 确定方程（4.2.13）的待定系数

方程（4.1.30）代入方程（4.1.21），整理可得

$$H''(y)-(\alpha_0+\mathrm{i}\beta_0)^2H(y)=-\frac{K^2(1+\mathrm{i}De)}{1+\mathrm{i}\lambda_2\omega}h(y), \qquad (\text{F.3.3.3a})$$

$$F_2''(y)-(\alpha_2+\mathrm{i}\beta_2)^2F_2(y)=-\frac{K^2(1+\mathrm{i}De)}{1+\mathrm{i}\lambda_2\omega}f_2(y), \qquad (\text{F.3.3.3b})$$

$$G_2''(y)-(\alpha_2+\mathrm{i}\beta_2)^2G_2(y)=-\frac{K^2(1+\mathrm{i}De)}{1+\mathrm{i}\lambda_2\omega}g_2(y), \qquad (\text{F.3.3.3c})$$

其中 $(\alpha_2+\mathrm{i}\beta_2)^2=4\lambda^2+(\alpha_0+\mathrm{i}\beta_0)^2$.

方程（4.1.28）代入方程（4.1.23），整理后同样得，式（F.3.2.11g，…，m）.

方程（F.3.2.11）代入方程（F.3.2.10），计算可得待定系数 a_j，b_j（$j=3$，4，5）.

$$a_j=\frac{K^2(1+\mathrm{i}De)A_j}{[(\alpha_0+\mathrm{i}\beta_0)^2-K^2](1+\mathrm{i}\lambda_2\omega)},b_j=\frac{K^2(1+\mathrm{i}De)B_j}{[(\alpha_0+\mathrm{i}\beta_0)^2-K^2](1+\mathrm{i}\lambda_2\omega)},(j=3,4,5) \tag{F.3.3.4}$$

F.3.4 第 5.1 节中部分公式及待定系数

F.3.4.1 确定方程（5.1.20）的待定系数

式（5.1.17）代入（5.1.20），可求得待定常数 A_i，C_i，D_i，（$i=1$，2）

$$A_1=\zeta\ , \tag{F.3.4.1a}$$

$$A_2=\frac{1-\zeta\cosh(K)}{\sinh(K)}\ , \tag{F.3.4.1b}$$

$$C_1=D_1+A_1\ , \tag{F.3.4.2a}$$

$$C_2=\mu_r D_2+A_2K\ , \tag{F.3.4.2b}$$

$$D_1=\frac{h_r(G^{\mathrm{II}}+2A_1(\cosh K-1)+2A_2(\sinh K-K)+G^{\mathrm{I}}h_r\mu_r)}{2(h_r+\mu_r)}, \tag{F.3.4.3a}$$

$$D_2=\frac{D_1}{h_r}-\frac{G^{\mathrm{I}}h_r}{2}\ , \tag{F.3.4.3b}$$

F.3.4.2 确定方程（5.1.22）的待定系数

方程（5.1.21）代入方程（5.1.15），并分离整理可得

$$f_1''(y)-K_1^2f_1(y)=0\ , \tag{F.3.4.4a}$$

$$F_1''(y)-\lambda^2 F_1(y)=-K^2 f_1(y) , \tag{F.3.4.4b}$$

$$F_2''(y)-\lambda^2 F_2(y)=0 , \tag{F.3.4.4c}$$

$$G_1''(y)-\lambda^2 G_1(y)=0 , \tag{F.3.4.4d}$$

$$G_2''(y)-\lambda^2 G_2(y)=0 , \tag{F.3.4.4e}$$

其中 $K_1^2=\lambda^2+K^2$.

方程（5.1.21）代入方程（5.1.18），整理可得

$$f_1(0)=0 , \tag{F.3.4.5a}$$

$$f_1(1)=-\varphi_0'(1) , \tag{F.3.4.5b}$$

$$F_1(1)=-\frac{\mathrm{d}w_0^{\mathrm{II}}}{\mathrm{d}y}|_{y=1} \tag{F.3.4.5c}$$

$$F_2(1)=0 \tag{F.3.4.5d}$$

$$G_1(-h_r)=-h_r\cos\theta\frac{\mathrm{d}w_0^{\mathrm{I}}}{\mathrm{d}y}|_{y=-h_r} , \tag{F.3.4.5e}$$

$$G_2(-h_r)=-h_r\sin\theta\frac{\mathrm{d}w_0^{\mathrm{I}}}{\mathrm{d}y}|_{y=-h_r} , \tag{F.3.4.5f}$$

$$F_1(0)=G_1(0) , \tag{F.3.4.5g}$$

$$F_2(0)=G_2(0) , \tag{F.3.4.5h}$$

$$F_1'(0)=\mu_r G_1'(0) , \tag{F.3.4.5i}$$

$$F_2'(0)=\mu_r G_2'(0) . \tag{F.3.4.5j}$$

方程（F.3.1.4）的通解为如式（5.1.22）所示．将式（F.3.4.5）代入方程（5.1.22），计算可得

$$A_3=0 , \tag{F.3.4.6a}$$

$$A_4=\frac{f_1(1)}{\sinh(K_1)} , \tag{F.3.4.6b}$$

$$C_3=\frac{A_4\sinh(\lambda h_r)(\lambda\sinh K_1-K_1\sinh\lambda)+\lambda[\sinh(\lambda h_r)F_1(1)+\mu_r G_1(-h_r)\sinh\lambda]}{\lambda[\sinh(\lambda h_r)\cosh\lambda+\mu_r\cosh(\lambda h_r)\sinh(\lambda)]} , \tag{F.3.4.6c}$$

$$D_3=C_3 , \tag{F.3.4.6d}$$

$$C_4 = \frac{F_1(1) + A_4 \sinh K_1 - C_3 \cosh \lambda}{\sinh \lambda}, \tag{F.3.4.6e}$$

$$D_4 = \frac{C_4 \lambda - K_1 A_4}{\lambda \mu_r}, \tag{F.3.4.6f}$$

$$D_5 = \frac{\mu_r G_2(-h_r) \sinh \lambda}{\sinh(\lambda h_r) \cosh \lambda + \mu_r \cosh(\lambda h_r) \sinh \lambda}, \tag{F.3.4.6g}$$

$$C_5 = D_5, \tag{F.3.4.6h}$$

$$D_6 = \frac{D_5 \cosh(\lambda h_r) - G_2(-h_r)}{\sinh(\lambda h_r)}, \tag{F.3.4.6i}$$

$$C_6 = D_6 \mu_r. \tag{F.3.4.6j}$$

F.3.4.3 确定方程（5.1.24）的待定系数

将方程（5.1.23）代入方程（5.1.16），并分离整理可得

$$f_2''(y) - K^2 f_2(y) = 0, \tag{F.3.4.7a}$$

$$f_3''(y) - K_2^2 f_3(y) = 0, \tag{F.3.4.7b}$$

$$F_3''(y) = -K^2 f_2(y), \tag{F.3.4.7c}$$

$$F_4''(y) - 4\lambda^2 F_4(y) = 0, \tag{F.3.4.7d}$$

$$F_5''(y) - 4\lambda^2 F_5(y) = -K^2 f_3(y), \tag{F.3.4.7e}$$

$$G_3''(y) = 0, \tag{F.3.4.7f}$$

$$G_4''(y) - 4\lambda^2 G_4(y) = 0, \tag{F.3.4.7g}$$

$$G_5''(y) - 4\lambda^2 G_5(y) = 0, \tag{F.3.4.7h}$$

其中 $K_2^2 = 4\lambda^2 + K^2$.

将方程（5.1.24）代入方程（5.1.19），整理可得

$$f_2(0) = 0, \tag{F.3.4.8a}$$

$$f_3(0) = 0, \tag{F.3.4.8b}$$

$$f_2(1) = -\frac{1}{4}\varphi_0''(1) - \frac{1}{2} f_1'(1), \tag{F.3.4.8c}$$

$$f_3(1) = \frac{1}{4}\varphi_0''(1) + \frac{1}{2} f_1'(1), \tag{F.3.4.8d}$$

$$F_3(1)=-\frac{1}{4}\frac{\mathrm{d}w_0^{\mathrm{II}}}{\mathrm{d}y}\bigg|_{y=1}-\frac{1}{2}F_1'(1)\,, \tag{F.3.4.8e}$$

$$F_4(1)=-\frac{1}{2}F_2'(1)\,, \tag{F.3.4.8f}$$

$$F_5(1)=\frac{1}{4}\frac{\mathrm{d}w_0^{\mathrm{II}}}{\mathrm{d}y}\bigg|_{y=1}+\frac{1}{2}F_1'(1), \tag{F.3.4.8g}$$

$$G_3(-h_r)=-\frac{h_r}{2}[\cos\theta G_1'(-h_r)+\sin\theta G_2'(-h_r)]-\frac{h_r^2}{4}\frac{\mathrm{d}^2w_0^{\mathrm{I}}}{\mathrm{d}y^2}\bigg|_{y=-h_r}\,, \tag{F.3.4.8h}$$

$$G_4(-h_r)=-\frac{h_r}{2}[\cos\theta G_2'(-h_r)+\sin\theta G_1'(-h_r)]-\frac{h_r^2\sin 2\theta}{4}\frac{\mathrm{d}^2w_0^{\mathrm{I}}}{\mathrm{d}y^2}\bigg|_{y=-h_r}\,, \tag{F.3.4.8i}$$

$$G_5(-h_r)=-\frac{h_r}{2}[\sin\theta G_2'(-h_r)-\cos\theta G_1'(-h_r)]+\frac{h_r^2\cos 2\theta}{4}\frac{\mathrm{d}^2w_0^{\mathrm{I}}}{\mathrm{d}y^2}\bigg|_{y=-h_r}\,, \tag{F.3.4.8j}$$

$$F_3(0)=G_3(0)\,, \tag{F.3.4.8k}$$

$$F_4(0)=G_4(0)\,, \tag{F.3.4.8l}$$

$$F_5(0)=G_5(0)\,, \tag{F.3.4.8m}$$

$$F_3'(0)=\mu_r G_3'(0)\,, \tag{F.3.4.8n}$$

$$F_4'(0)=\mu_r G_4'(0)\,, \tag{F.3.4.8o}$$

$$F_5'(0)=\mu_r G_5'(0)\,, \tag{F.3.4.8p}$$

方程（F.3.4.7）的通解如式（5.1.24）所示．将式（F.3.4.8）代入方程（5.1.24），计算可得

$$A_5=0\,, \tag{F.3.4.9a}$$

$$A_6=f_2(1)\operatorname{csch}K\,, \tag{F.3.4.9b}$$

$$A_7=0\,, \tag{F.3.4.9c}$$

$$A_8=f_3(1)\operatorname{csch}K_2\,, \tag{F.3.4.9d}$$

$$C_7=\frac{h_rA_6(\sinh K-K)+h_rF_3(1)+\mu_rG_3(-h_r)}{h_r+\mu_r}\,, \tag{F.3.4.10a}$$

$$D_7=C_7\,, \tag{F.3.4.10b}$$

$$C_8 = F_3(1) - C_7 + A_6 \sinh K \ , \tag{F.3.4.10c}$$

$$D_8 = \frac{C_8 - KA_6}{\mu_r} \ , \tag{F.3.4.10d}$$

$$C_9 = \frac{\sinh(2\lambda h_r)F_4(1) + \mu_r \sinh(2\lambda)G_4(-h_r)}{\mu_r \cosh(2\lambda h_r)\sinh(2\lambda) + \cosh(2\lambda)\sinh(2\lambda h_r)} \ , \tag{F.3.4.11a}$$

$$D_9 = C_9 \ , \tag{F.3.4.11b}$$

$$C_{10} = \frac{F_4(1) - C_9 \cosh(2\lambda)}{\sinh(2\lambda)} \ , \tag{F.3.4.11c}$$

$$D_{10} = \frac{C_{10}}{\mu_r} \ , \tag{F.3.4.11d}$$

$$C_{11} = \frac{A_8 \sinh(2\lambda h_r)[2\lambda \sinh K_2 - K_2 \sinh(2\lambda)] + 2\lambda[\sinh(2\lambda h_r)F_5(1) + \mu_r \sinh(2\lambda)G_5(-h_r)]}{2\lambda[\cosh(2\lambda)\sinh(2\lambda h_r) + \mu_r \cosh(2\lambda h_r)\sinh(2\lambda)]} \ , \tag{F.3.4.12a}$$

$$D_{11} = C_{11} \ , \tag{F.3.4.12b}$$

$$C_{12} = \frac{F_5(1) + A_8 \sinh K_2 - C_{11} \cosh(2\lambda)}{\sinh(2\lambda)} \ , \tag{F.3.4.12c}$$

$$D_{12} = \frac{2\lambda C_{12} - K_2 A_8}{2\lambda \mu_r} \ , \tag{F.3.4.12d}$$

F.3.5 第 5.2 节中部分公式及待定系数

F.3.5.1 零阶解的待定系数

$$C_1 = \frac{(G^{\mathrm{II}} + 2A_1 \cosh K + 2A_2 \sinh K)h_r + 2A_1\mu_r + G^{\mathrm{I}} h_r^2 \mu_r}{2(h_r + \mu_r)}, D_1 = C_1 - A_1, C_2 = \mu_r D_2, D_2 = \frac{D_1}{h_r} - \frac{G^{\mathrm{I}} h_r}{2}. \tag{F.3.5.1}$$

F.3.5.2 一阶解的待定系数

$$C_3 = \frac{\sinh(\lambda h_r)[A_4 \sinh K_1 + F_1(1)] + \mu_r G_1(-h_r)\sinh\lambda}{\sinh(\lambda h_r)\cosh\lambda + \mu_r \cosh(\lambda h_r)\sinh\lambda}, D_3 = C_3, D_4 = \frac{D_3 \cosh(\lambda h_r) - G_1(-h_r)}{\sinh(\lambda h_r)},$$

（F.3.5.2）

$$C_4 = \mu_r D_4, C_5 = \frac{\mu_r G_2(-h_r)\sinh\lambda}{\sinh(\lambda h_r)\cosh\lambda + \mu_r \cosh(\lambda h_r)\sinh\lambda}, D_5 = C_5, C_6 = -C_5 \coth\lambda, D_6 = \frac{C_6}{\mu_r}.$$

（F.3.5.3）

F.3.5.3　二阶解的待定系数

$$C_7 = \frac{A_6 h_r \sinh K + h_r F_3(1) + \mu_r G_3(-h_r)}{h_r + \mu_r}, D_7 = C_7, C_8 = F_3(1) - C_7 + A_6 \sinh K, D_8 = \frac{C_8}{\mu_r},$$

（F.3.5.4）

$$C_9 = \frac{F_4(1)\sinh(2\lambda h_r) + \mu_r G_4(-h_r)\sinh(2\lambda)}{\cosh(2\lambda)\sinh(2\lambda h_r) + \mu_r \cosh(2\lambda h_r)\sinh(2\lambda)}, D_9 = C_9, C_{10} = \frac{F_4(1) - C_9\cosh(2\lambda)}{\sinh(2\lambda)}, D_{10} = \frac{C_{10}}{\mu_r},$$

（F.3.5.5）

$$C_{11} = \frac{A_8 \sinh(2\lambda h_r)\sinh K_2 + \sinh(2\lambda h_r)F_5(1) + \mu_r G_5(-h_r)\sinh(2\lambda)}{\cosh(2\lambda)\sinh(2\lambda h_r) + \mu_r \cosh(2\lambda h_r)\sinh(2\lambda)}, D_{11} = C_{11},$$

$$C_{12} = \frac{F_5(1) + A_8\sinh K_2 - C_{11}\cosh(2\lambda)}{\sinh(2\lambda)}, D_{12} = \frac{C_{12}}{\mu_r}. \quad \text{(F.3.5.6)}$$

F.3.6　第 6.1 节中部分公式及待定系数

F.3.6.1　确定方程（6.1.16）的待定系数

将式（6.1.13）代入（6.1.16），可求得待定常数 A_j，B_j，C_j，D_j（$j=1, 2$），

$$A_1 = \frac{K_2\sinh(h_r K_1) + \sinh K_2\{Q_S \sinh(h_r K_1) + K_1 \varepsilon_r[\zeta - Z\cosh(h_r K_1)]\}}{\varepsilon_r K_1 \cosh(h_r K_1)\sinh K_2 + K_2 \sinh(h_r K_1)\cosh K_2},$$

（F.3.6.1a）

$$B_1 = A_1 + Z, \quad \text{(F.3.6.1b)}$$

$$A_2 = \frac{1 - A_1\cosh K_2}{\sinh K_2}, \quad \text{(F.3.6.1c)}$$

$$B_2 = \frac{A_2 K_2 + Q_S}{\varepsilon_r K_1}, \quad \text{(F.3.6.1d)}$$

$$C_1=\left\{4B_1\varepsilon_r\sinh^2\left(\frac{h_rK_1}{2}\right)-2B_2\varepsilon_r\sinh(h_rK_1)+h_r[G^{\mathrm{II}}+2A_1\cosh K_2+2A_2(\sinh K_2-K_2)+2B_2K_1\varepsilon_r]+\right.$$

$$\left.2A_1\mu_r+h_r^2\mu_rG^{\mathrm{I}}\right\}/[2(h_r+\mu_r)],\qquad\text{(F.3.6.2a)}$$

$$D_1=C_1-A_1+\frac{\varepsilon_r}{\mu_r}B_1,\qquad\text{(F.3.6.2b)}$$

$$C_2=\frac{G^{\mathrm{II}}}{2}-C_1+A_1\cosh K_2+A_2\sinh K_2,\qquad\text{(F.3.6.2c)}$$

$$D_2=\frac{C_2-A_2K_2+\varepsilon_rB_2K_1}{\mu_r}.\qquad\text{(F.3.6.2d)}$$

F.3.6.2　确定方程（6.1.18）的待定系数

将方程（6.1.17）代入方程（6.1.11），并分离整理可得

$$f_1''(y)-K_{21}^2f_1(y)=0,\qquad\text{(F.3.6.3a)}$$

$$f_2''(y)-K_{21}^2f_2(y)=0,\qquad\text{(F.3.6.3b)}$$

$$g_1''(y)-K_{11}^2g_1(y)=0,\qquad\text{(F.3.6.3c)}$$

$$g_2''(y)-K_{11}^2g_2(y)=0,\qquad\text{(F.3.6.3d)}$$

$$F_1''(y)-\lambda^2F_1(y)=-K_2^2f_1(y),\qquad\text{(F.3.6.3e)}$$

$$F_2''(y)-\lambda^2F_2(y)=-K_2^2f_2(y),\qquad\text{(F.3.6.3f)}$$

$$G_1''(y)-\lambda^2G_1(y)=-\frac{\varepsilon_r}{\mu_r}K_1^2g_1(y),\qquad\text{(F.3.6.3g)}$$

$$G_2''(y)-\lambda^2G_2(y)=-\frac{\varepsilon_r}{\mu_r}K_1^2g_2(y),\qquad\text{(F.3.6.3h)}$$

其中 $K_{11}^2=K_1^2+\lambda^2, K_{21}^2=K_2^2+\lambda^2$.

将方程（6.1.19）代入方程（6.1.14），整理可得

$$f_1(1)=-\left.\frac{\mathrm{d}\varphi_0^{\mathrm{II}}}{\mathrm{d}y}\right|_{y=1},\qquad\text{(F.3.6.4a)}$$

$$f_2(1)=0,\qquad\text{(F.3.6.4b)}$$

$$g_1(-h_r)=-h_r\cos\theta\left.\frac{\mathrm{d}\varphi_0^{\mathrm{I}}}{\mathrm{d}y}\right|_{y=-h_r},\qquad\text{(F.3.6.4c)}$$

$$g_2(-h_r) = -h_r \sin\theta \left.\frac{\mathrm{d}\varphi_0^{\mathrm{I}}}{\mathrm{d}y}\right|_{y=-h_r}, \tag{F.3.6.4d}$$

$$f_1(0) = g_1(0), \tag{F.3.6.4e}$$

$$f_2(0) = g_2(0), \tag{F.3.6.4f}$$

$$f_1'(0) = \varepsilon_r g_1'(0), \tag{F.3.6.4g}$$

$$f_2'(0) = \varepsilon_r g_2'(0) . \tag{F.3.6.4h}$$

$$F_1(1) = -\left.\frac{\mathrm{d}w_0^{\mathrm{II}}}{\mathrm{d}y}\right|_{y=1}, \tag{F.3.6.4i}$$

$$F_2(1) = 0, \tag{F.3.6.4j}$$

$$G_1(-h_r) = -h_r \cos\theta \left.\frac{\mathrm{d}w_0^{\mathrm{I}}}{\mathrm{d}y}\right|_{y=-h_r}, \tag{F.3.6.4k}$$

$$G_2(-h_r) = -h_r \sin\theta \left.\frac{\mathrm{d}w_0^{\mathrm{I}}}{\mathrm{d}y}\right|_{y=-h_r}, \tag{F.3.6.4l}$$

$$F_1(0) = G_1(0), \tag{F.3.6.4m}$$

$$F_2(0) = G_2(0), \tag{F.3.6.4n}$$

$$F_1'(0) = \mu_r G_1'(0), \tag{F.3.6.4o}$$

$$F_2'(0) = \mu_r G_2'(0) . \tag{F.3.6.4p}$$

方程（F.3.6.3）的通解为如式（6.1.18）所示．将式（F.3.6.4）代入方程（6.1.18），计算可得

$$A_3 = \frac{K_{21} f_1(1)\sinh(h_r K_{11}) + \varepsilon_r K_{11} g_1(-h_r)\sinh K_{21}}{K_{21}\sinh(h_r K_{11})\cosh K_{21} + \varepsilon_r K_{11}\cosh(h_r K_{11})\sinh K_{21}}, \tag{F.3.6.5a}$$

$$B_3 = A_3, \tag{F.3.6.5b}$$

$$A_4 = \frac{f_1(1) - A_3\cosh K_{21}}{\sinh K_{21}}, \tag{F.3.6.5c}$$

$$B_4 = \frac{K_{21}}{\varepsilon_r K_{11}} A_4, \tag{F.3.6.5d}$$

$$A_5 = \frac{\varepsilon_r K_{11} g_2(-h_r)\sinh K_{21}}{K_{21}\sinh(h_r K_{11})\cosh K_{21} + \varepsilon_r K_{11}\cosh(h_r K_{11})\sinh K_{21}}, \tag{F.3.6.5e}$$

$$B_5 = A_5, \tag{F.3.6.5f}$$

$$A_6 = -A_5 \coth K_{21}\ ,\qquad\text{(F.3.6.5g)}$$

$$B_6 = \frac{K_{21}}{\varepsilon_r K_{11}} A_6\ ,\qquad\text{(F.3.6.5h)}$$

$$C_3 = -\{\lambda\left(B_3\varepsilon_r - A_3\mu_r\right)\cosh\left(\lambda h_r\right)\sinh\lambda - \lambda\sinh\left(\lambda h_r\right)\left(A_3\cosh K_{21} + A_4\sinh K_{21} + F_1\left(1\right)\right) + \sinh\lambda[A_4K_{21}\sinh\left(\lambda h_r\right) - \lambda B_3\varepsilon_r\cosh\left(h_rK_{11}\right) + \lambda B_4\varepsilon_r\sinh\left(h_rK_{11}\right) - B_4K_{11}\varepsilon_r\sinh\left(\lambda h_r\right) - \lambda\mu_rG_1(-h_r)]\} / \{\lambda[\sinh(\lambda h_r)\cosh\lambda + \mu_r\cosh(\lambda h_r)\sinh\lambda]\},\qquad\text{(F.3.6.6a)}$$

$$D_3 = C_3 - A_3 + \frac{\varepsilon_r}{\mu_r}B_3\ ,\qquad\text{(F.3.6.6b)}$$

$$C_4 = \frac{A_3\cosh K_{21} + A_4\sinh K_{21} + F_1\left(1\right) - C_3\cosh\lambda}{\sinh\lambda}\ ,\qquad\text{(F.3.6.6c)}$$

$$D_4 = \frac{\lambda C_4 - A_4K_{21} + K_{11}\varepsilon_rB_4}{\lambda\mu_r}\ ,\qquad\text{(F.3.6.6d)}$$

$$C_6 = \{\lambda B_5\varepsilon_r\coth\lambda[\cosh\left(\lambda h_r\right) - \cosh\left(h_rK_{11}\right)] + B_6\varepsilon_r\coth\lambda[\lambda\sinh(h_rK_{11}) - K_{11}\sinh(\lambda h_r)] - \lambda A_5\mu_r\cosh(\lambda h_r)(\coth\lambda - \cosh K_{21}\operatorname{csc}h\lambda) + A_6[K_{21}\sinh(\lambda h_r)\coth\lambda + \lambda\mu_r\cosh\left(\lambda h_r\right)\operatorname{csc}h\lambda\sinh K_{21}] - \lambda\mu_rG_2(-h_r)\coth\lambda\}/\{\lambda\left[\sinh\left(\lambda h_r\right)\coth\lambda + \mu_r\cosh\left(\lambda h_r\right)\right]\}\ ,\qquad\text{(F.3.6.6e)}$$

$$D_6 = \frac{\lambda C_6 - A_6K_{21} + K_{11}\varepsilon_rB_6}{\lambda\mu_r}\ ,\qquad\text{(F.3.6.6f)}$$

$$C_5 = \frac{A_5\cosh K_{21} + A_6\sinh K_{21} - C_6\sinh\lambda}{\cosh\lambda}\ ,\qquad\text{(F.3.6.6g)}$$

$$D_5 = C_5 - A_5 + \frac{\varepsilon_r}{\mu_r}B_5\ ,\qquad\text{(F.3.6.6h)}$$

F.3.6.3 确定方程（6.1.20）的待定系数

将方程（6.1.19）代入方程（6.1.12），并分离整理可得

$$f_3''(y) - K_2^2f_3(y) = 0\ ,\qquad\text{(F.3.6.7a)}$$

$$f_4''(y) - K_{22}^2f_4(y) = 0\ ,\qquad\text{(F.3.6.7b)}$$

$$f_5''(y) - K_{22}^2f_5(y) = 0\ ,\qquad\text{(F.3.6.7c)}$$

$$g_3''(y) - K_1^2g_3(y) = 0\ ,\qquad\text{(F.3.6.7d)}$$

$$g_4''(y) - K_{12}^2g_4(y) = 0\ ,\qquad\text{(F.3.6.7e)}$$

$$g_5''(y)-K_{12}^2 g_5(y)=0\,, \tag{F.3.6.7f}$$

$$F_3''(y)=-K_2^2 f_3(y)\,, \tag{F.3.6.7g}$$

$$F_4''(y)-4\lambda^2 F_4(y)=-K_2^2 f_4(y)\,, \tag{F.3.6.7h}$$

$$F_5''(y)-4\lambda^2 F_5(y)=-K_2^2 f_5(y)\,, \tag{F.3.6.7i}$$

$$G_3''(y)=-\frac{\varepsilon_r}{\mu_r}K_1^2 g_3(y)\,, \tag{F.3.6.7j}$$

$$G_4''(y)-4\lambda^2 G_4(y)=-\frac{\varepsilon_r}{\mu_r}K_1^2 g_4(y)\,, \tag{F.3.6.7k}$$

$$G_5''(y)-4\lambda^2 G_5(y)=-\frac{\varepsilon_r}{\mu_r}K_1^2 g_5(y)\,, \tag{F.3.6.7l}$$

其中 $K_{22}^2=K_2^2+4\lambda^2, K_{12}^2=K_1^2+4\lambda^2$.

将方程（5.1.24）代入方程（5.1.19），整理可得

$$f_3(1)=-\frac{1}{4}\frac{\mathrm{d}^2\varphi_0^{\mathrm{II}}}{\mathrm{d}y^2}\bigg|_{y=1}-\frac{1}{2}f_1'(1)\,, \tag{F.3.6.8a}$$

$$f_4(1)=-\frac{1}{2}f_2'(1)\,, \tag{F.3.6.8b}$$

$$f_5(1)=\frac{1}{4}\frac{\mathrm{d}^2\varphi_0^{\mathrm{II}}}{\mathrm{d}y^2}\bigg|_{y=1}+\frac{1}{2}f_1'(1)\,, \tag{F.3.6.8c}$$

$$g_3(-h_r)=-\frac{h_r}{2}[\cos\theta g_1'(-h_r)+\sin\theta g_2'(-h_r)]-\frac{h_r^2}{4}\frac{\mathrm{d}^2\varphi_0^{\mathrm{I}}}{\mathrm{d}y^2}\bigg|_{y=-h_r}\,, \tag{F.3.6.8d}$$

$$g_4(-h_r)=-\frac{h_r}{2}[\cos\theta g_2'(-h_r)+\sin\theta g_1'(-h_r)]-\frac{h_r^2\sin 2\theta}{4}\frac{\mathrm{d}^2\varphi_0^{\mathrm{I}}}{\mathrm{d}y^2}\bigg|_{y=-h_r}\,, \tag{F.3.6.8e}$$

$$g_5(-h_r)=-\frac{h_r}{2}[\sin\theta g_2'(-h_r)-\cos\theta g_1'(-h_r)]+\frac{h_r^2\cos 2\theta}{4}\frac{\mathrm{d}^2\varphi_0^{\mathrm{I}}}{\mathrm{d}y^2}\bigg|_{y=-h_r}\,, \tag{F.3.6.8f}$$

$$f_3(0)=g_3(0)\,, \tag{F.3.6.8g}$$

$$f_4(0)=g_4(0)\,, \tag{F.3.6.8h}$$

$$f_5(0)=g_5(0)\,, \tag{F.3.6.8i}$$

$$f_3'(0)=\mu\varepsilon_r g_3'(0)\,, \tag{F.3.6.8j}$$

$$f_4'(0)=\varepsilon_r g_4'(0)\ ,\tag{F.3.6.8k}$$

$$f_5'(0)=\varepsilon_r g_5'(0)\ ,\tag{F.3.6.8l}$$

$$F_3(1)=-\frac{1}{4}\frac{\mathrm{d}w_0^{\mathrm{II}}}{\mathrm{d}y}\bigg|_{y=1}-\frac{1}{2}F_1'(1)\ ,\tag{F.3.6.8m}$$

$$F_4(1)=-\frac{1}{2}F_2'(1)\ ,\tag{F.3.6.8n}$$

$$F_5(1)=\frac{1}{4}\frac{\mathrm{d}w_0^{\mathrm{II}}}{\mathrm{d}y}\bigg|_{y=1}+\frac{1}{2}F_1'(1)\ ,\tag{F.3.6.8o}$$

$$G_3(-h_r)=-\frac{h_r}{2}[\cos\theta G_1'(-h_r)+\sin\theta G_2'(-h_r)]-\frac{h_r^2}{4}\frac{\mathrm{d}^2w_0^{\mathrm{I}}}{\mathrm{d}y^2}\bigg|_{y=-h_r}\ ,\tag{F.3.6.8p}$$

$$G_4(-h_r)=-\frac{h_r}{2}[\cos\theta G_2'(-h_r)+\sin\theta G_1'(-h_r)]-\frac{h_r^2\sin 2\theta}{4}\frac{\mathrm{d}^2w_0^{\mathrm{I}}}{\mathrm{d}y^2}\bigg|_{y=-h_r}\ ,\tag{F.3.6.8q}$$

$$G_5(-h_r)=-\frac{h_r}{2}[\sin\theta G_2'(-h_r)-\cos\theta G_1'(-h_r)]+\frac{h_r^2\cos 2\theta}{4}\frac{\mathrm{d}^2w_0^{\mathrm{I}}}{\mathrm{d}y^2}\bigg|_{y=-h_r}\ ,\tag{F.3.6.8r}$$

$$F_3(0)=G_3(0)\ ,\tag{F.3.6.8s}$$

$$F_4(0)=G_4(0)\ ,\tag{F.3.6.8t}$$

$$F_5(0)=G_5(0)\ ,\tag{F.3.6.8u}$$

$$F_3'(0)=\mu_r G_3'(0)\ ,\tag{F.3.6.8v}$$

$$F_4'(0)=\mu_r G_4'(0)\ ,\tag{F.3.6.8w}$$

$$F_5'(0)=\mu_r G_5'(0)\ ,\tag{F.3.6.8x}$$

方程（F.3.6.7）的通解为如式（6.1.20）所示．将式（F.3.6.8）代入方程（6.1.20），计算可得

$$A_7=\frac{K_2f_3(1)\sinh(h_rK_1)+K_1\varepsilon_r g_3(-h_r)\sinh K_2}{K_2\sinh(h_rK_1)\cosh K_2+K_1\varepsilon_r\cosh(h_rK_1)\sinh K_2}\ ,\tag{F.3.6.9a}$$

$$B_7=A_7\ ,\tag{F.3.6.9b}$$

$$A_8=\frac{f_3(1)-A_7\cosh K_2}{\sinh K_2}\ ,\tag{F.3.6.9c}$$

$$B_8=\frac{K_2}{\varepsilon_rK_1}A_8\ ,\tag{F.3.6.9d}$$

$$A_9 = \frac{K_{22} f_4(1)\sinh(h_r K_{12}) + K_{12}\varepsilon_r g_4(-h_r)\sinh K_{22}}{K_{22}\sinh(h_r K_{12})\cosh K_{22} + K_{12}\varepsilon_r \cosh(h_r K_{12})\sinh K_{22}}, \quad \text{(F.3.6.9e)}$$

$$B_9 = A_9, \quad \text{(F.3.6.9f)}$$

$$A_{10} = \frac{f_4(1) - A_9 \cosh K_{22}}{\sinh K_{22}}, \quad \text{(F.3.6.9g)}$$

$$B_{10} = \frac{K_{22}}{\varepsilon_r K_{12}} A_{10}, \quad \text{(F.3.6.9h)}$$

$$A_{11} = \frac{K_{22} f_5(1)\sinh(h_r K_{12}) + \varepsilon_r K_{12} g_5(-h_r)\sinh K_{22}}{K_{22}\sinh(h_r K_{12})\cosh K_{22} + \varepsilon_r K_{12}\cosh(h_r K_{12})\sinh K_{22}}, \quad \text{(F.3.6.9i)}$$

$$B_{11} = A_{11}, \quad \text{(F.3.6.9j)}$$

$$A_{12} = \frac{f_5(1) - A_{11} \cosh K_{22}}{\sinh K_{22}}, \quad \text{(F.3.6.9k)}$$

$$B_{12} = \frac{K_{22}}{\varepsilon_r K_{12}} A_{12}, \quad \text{(F.3.6.9l)}$$

$$C_7 = \{A_8 h_r\left(\sinh K_2 - K_2\right) + B_7\varepsilon_r[\cosh\left(h_r K_1\right) - 1] - B_8\varepsilon_r[\sinh\left(h_r K_1\right) - h_r K_1] + A_7\left(h_r \cosh K_2 + \mu_r\right) + h_r F_3\left(1\right) + \mu_r G_3\left(-h_r\right)\}/(h_r + \mu_r) \quad \text{(F.3.6.10a)}$$

$$D_7 = C_7 + \frac{\varepsilon_r}{\mu_r} B_7 - A_7 \quad \text{(F.3.6.10b)}$$

$$C_8 = F_3\left(1\right) - C_7 + A_7 \cosh K_2 + A_8 \sinh K_2, \quad \text{(F.3.6.10c)}$$

$$D_8 = \frac{C_8 - K_2 A_8 + \varepsilon_r K_1 B_8}{\mu_r}, \quad \text{(F.3.6.10d)}$$

$$C_9 = -\{2\lambda\cosh\left(2\lambda h_r\right)\sinh\left(2\lambda\right)\left(B_9\varepsilon_r - A_9\mu_r\right) - 2\lambda\sinh\left(2\lambda h_r\right)[A_9\cosh K_{22} + A_{10}\sinh\left(K_{22}\right) + F_4\left(1\right)] + \sinh(2\lambda)[A_{10}K_{22}\sinh(2\lambda h_r) - 2\lambda\varepsilon_r B_9\cosh(h_r K_{12}) + 2\lambda\varepsilon_r B_{10}\sinh\left(h_r K_{12}\right) - K_{12}\varepsilon_r B_{10}\sinh\left(2\lambda h_r\right) - 2\lambda\mu_r G_4\left(-h_r\right)]\}/ \{2\lambda[\cosh(2\lambda)\sinh(2\lambda h_r) + \mu_r\cosh(2\lambda h_r)\sinh(2\lambda)]\}, \quad \text{(F.3.6.10e)}$$

$$D_9 = C_9 - A_9 + \frac{\varepsilon_r}{\mu_r} B_9, \quad \text{(F.3.6.10f)}$$

$$C_{10} = \frac{A_9\cosh K_{22} + A_{10}\sinh K_{22} - C_9\cosh(2\lambda) + F_4(1)}{\sinh(2\lambda)}, \quad \text{(F.3.6.10g)}$$

$$D_{10} = \frac{2\lambda C_{10} - K_{22}A_{10} + \varepsilon_r K_{12} B_{10}}{2\lambda\mu_r}, \quad \text{(F.3.6.10h)}$$

$$C_{11}=-\{2\lambda\cosh(2\lambda h_r)\sinh(2\lambda)(\varepsilon_r B_{11}-A_{11}\mu_r)-2\lambda\sinh(2\lambda h_r)[A_{11}\cosh K_{22}+A_{12}\sinh(K_{22})+F_5(1)]+\sinh(2\lambda)[A_{12}K_{22}\sinh(2\lambda h_r)-2\lambda\varepsilon_r B_{11}\cosh(h_r K_{12})+2\lambda\varepsilon_r B_{12}\sinh(h_r K_{12})-\varepsilon_r B_{12}K_{12}\sinh(2\lambda h_r)-2\lambda\mu_r G_5(-h_r)]\}/\{2\lambda[\cosh(2\lambda)\sinh(2\lambda h_r)+\mu_r\cosh(2\lambda h_r)\sinh(2\lambda)]\},\quad (F.3.6.10i)$$

$$D_{11}=C_{11}-A_{11}+\frac{\varepsilon_r}{\mu_r}B_{11},\quad (F.3.6.10j)$$

$$C_{12}=\frac{A_{11}\cosh K_{22}+A_{12}\sinh K_{22}-C_{11}\cosh(2\lambda)+F_5(1)}{\sinh(2\lambda)},\quad (F.3.6.10k)$$

$$D_{12}=\frac{2\lambda C_{12}-K_{22}A_{12}+\varepsilon_r K_{12}B_{12}}{2\lambda\mu_r}.\quad (F.3.6.10l)$$

F.3.7 第 6.2 节中部分公式及待定系数

F.3.7.1 零阶解的待定系数

$$C_1=\frac{(G^{\mathrm{II}}+2A_1\cosh K_2+2A_2\sinh K_2)h_r+4B_1\varepsilon_r\sinh^2\left(\frac{h_rK_1}{2}\right)-2B_2\varepsilon_r\sinh(h_rK_1)+\mu_r(2A_1+G^{\mathrm{I}}h_r^2)}{2(h_r+\mu_r)},$$

$$D_1=C_1-A_1+\frac{\varepsilon_r}{\mu_r}B_1,\ C_2=\frac{G^{\mathrm{II}}}{2}-C_1+A_1\cosh K_2+A_2\sinh K_2,\ D_2=\frac{C_2}{\mu_r}.\quad (F.3.7.1)$$

F.3.7.2 一阶解的待定系数

$$C_3=\{A_4\sinh(\lambda h_r)\sinh K_{21}-\varepsilon_r\sinh\lambda[B_3\cosh(\lambda h_r)-B_3\cosh(h_rK_{11})+B_4\sinh(h_rK_{11})]+A_3[\sinh(\lambda h_r)\cosh K_{21}+\mu_r\cosh(\lambda h_r)\sinh\lambda]+\sinh(\lambda hr)F_1(1)+\mu_rG_1(-h_r)\sinh\lambda\}/[\sinh(\lambda h_r)\cosh\lambda+\mu_r\cosh(\lambda h_r)\sinh\lambda],$$

$$D_3=C_3-A_3+\frac{\varepsilon_r}{\mu_r}B_3,\ C_4=\frac{A_3\cosh K_{21}+A_4\sinh K_{21}+F_1(1)-C_3\cosh\lambda}{\sinh\lambda},\ D_4=\frac{C_4}{\mu_r},\quad (F.3.7.2)$$

$$C_6=\{\varepsilon_r\coth\lambda[B_5\cosh(\lambda h_r)-B_5\cosh(h_rK_{11})+B_6\sinh(h_rK_{11})]+$$
$$\mu_r[A_5\cosh(\lambda h_r)(\cosh K_{21}\operatorname{csch}\lambda-\coth\lambda)+A_6\cosh(\lambda h_r)\operatorname{csch}\lambda\sinh K_{21}-$$
$$G_2(-h_r)\coth\lambda]\}/[\sinh(\lambda h_r)\coth\lambda+\mu_r\cosh(\lambda h_r)]\text{ ,}$$
$$D_6=\frac{C_6}{\mu_r},C_5=\frac{A_5\cosh K_{21}+A_6\sinh K_{21}-C_6\sinh\lambda}{\cosh\lambda},D_5=C_5-A_5+\frac{\varepsilon_r}{\mu_r}B_5\text{ .}$$
（F.3.7.3）

F.3.7.3 二阶解的待定系数

$$C_7=\frac{A_8h_r\sinh K_2+\varepsilon_rB_7[\cosh(h_rK_1)-1]-\varepsilon_rB_8\sinh(h_rK_1)+A_7(h_r\cosh K_2+\mu_r)+h_rF_3(1)+\mu_rG_3(-h_r)}{h_r+\mu_r},$$
$$D_7=C_7+\frac{\varepsilon_r}{\mu_r}B_7-A_7,C_8=F_3(1)-C_7+A_7\cosh K_2+A_8\sinh K_2,D_8=\frac{C_8}{\mu_r},$$
（F.3.7.4）

$$C_9=\{A_{10}\sinh(2\lambda h_r)\sinh K_{22}-\varepsilon_rB_9\sinh(2\lambda)[\cosh(2\lambda h_r)-\cosh(h_rK_{12})]-$$
$$B_{10}\varepsilon_r\sinh(2\lambda)\sinh(h_rK_{12})+A_9[\sinh(2\lambda h_r)\cosh K_{22}+\mu_r\cosh(2\lambda h_r)\sinh(2\lambda)]+$$
$$\sinh(2\lambda h_r)F_4(1)+\mu_rG_4(-h_r)\sinh(2\lambda)\}/[\cosh(2\lambda)\sinh(2\lambda h_r)+\mu_r\cosh(2\lambda h_r)\sinh(2\lambda)]$$
$$D_9=C_9-A_9+\frac{\varepsilon_r}{\mu_r}B_9,C_{10}=\frac{A_9\cosh K_{22}+A_{10}\sinh K_{22}-C_9\cosh(2\lambda)+F_4(1)}{\sinh(2\lambda)},D_{10}=\frac{C_{10}}{\mu_r},$$
（F.3.7.5）

$$C_{11}=\{A_{12}\sinh(2\lambda h_r)\sinh K_{22}-\varepsilon_rB_{11}\sinh(2\lambda)[\cosh(2\lambda h_r)-\cosh(h_rK_{12})]-$$
$$\varepsilon_rB_{12}\sinh(2\lambda)\sinh(h_rK_{12})+A_{11}[\sinh(2\lambda h_r)\cosh K_{22}+\mu_r\cosh(2\lambda h_r)\sinh(2\lambda)]+$$
$$\sinh(2\lambda h_r)F_5(1)+\mu_rG_5(-h_r)\sinh(2\lambda)\}/[\cosh(2\lambda)\sinh(2\lambda h_r)+\mu_r\cosh(2\lambda h_r)\sinh(2\lambda)],$$
$$D_{11}=C_{11}-A_{11}+\frac{\varepsilon_r}{\mu_r}B_{11},C_{12}=\frac{A_{11}\cosh K_{22}+A_{12}\sinh K_{22}-C_{11}\cosh(2\lambda)+F_5(1)}{\sinh(2\lambda)},D_{12}=\frac{C_{12}}{\mu_r}.$$
（F.3.7.6）

F.3.8 第 7 章中部分公式及待定系数

F.3.8.1 一阶问题的解

首先，利用式（7.2.1）对方程（7.1.13）进行泰勒展开．接着，从泰勒展开后的表达式中，我们找出关于 δ_1 所满足的方程．最后，将这个新得到的方程代入（7.2.9）式，则得到下列常微分方程

$$\frac{\mathrm{d}^2 f_1^{\pm}}{\mathrm{d}z^2}-\gamma_1^2 f_1^{\pm}=0\,, \tag{F.3.8.1a}$$

$$\frac{\mathrm{d}^2 h_1^{\pm}}{\mathrm{d}z^2}-\alpha^2 h_1^{\pm}=0\,, \tag{F.3.8.1b}$$

$$k_1 U_1^{\pm}-k_2 V_1^{\pm}+\frac{\mathrm{d}W_1^{\pm}}{\mathrm{d}z}=0\,, \tag{F.3.8.1c}$$

$$\frac{\mathrm{d}^2 U_1^{\pm}}{\mathrm{d}z^2}-\alpha^2 U_1^{\pm}=-K^2[f_1^{\pm}+k_1 a h_1^{\pm}\phi_0^{\pm}]\,, \tag{F.3.8.1d}$$

$$\frac{\mathrm{d}^2 V_1^{\pm}}{\mathrm{d}z^2}-\alpha^2 V_1^{\pm}=aK^2\beta h_1^{\pm}\phi_0^{\pm}\,, \tag{F.3.8.1e}$$

$$\frac{\mathrm{d}^2 W_1^{\pm}}{\mathrm{d}z^2}-\alpha^2 W_1^{\pm}=aK^2\frac{\mathrm{d}h_1^{\pm}}{\mathrm{d}z}\phi_0^{\pm}\,, \tag{F.3.8.1f}$$

其中 $\alpha^2=k_1{}^2+k_2{}^2$，$\gamma_1{}^2=K^2+\alpha^2$. 方程（F.3.8.1）的边界条件为

$$f_1^{\pm}\big|_{z=1}=-\left.\frac{\mathrm{d}\varphi_0}{\mathrm{d}z}\right|_{z=1}\,, \tag{F.3.8.2a}$$

$$f_1^{\pm}\big|_{z=-1}=\mp\left.\frac{\mathrm{d}\varphi_0}{\mathrm{d}z}\right|_{z=-1}\,, \tag{F.3.8.2b}$$

$$\left.\frac{\mathrm{d}h_1^{\pm}}{\mathrm{d}z}\right|_{z=1}=-k_1\left.\frac{\mathrm{d}\psi_0}{\mathrm{d}x}\right|_{z=1}\,, \tag{F.3.8.2c}$$

$$\left.\frac{\mathrm{d}h_1^{\pm}}{\mathrm{d}z}\right|_{z=-1}=\mp k_1\left.\frac{\mathrm{d}\psi_0}{\mathrm{d}x}\right|_{z=-1}\,, \tag{F.3.8.2d}$$

$$U_1^{\pm}\big|_{z=1}=-\left.\frac{\mathrm{d}u_0}{\mathrm{d}z}\right|_{z=1}\,, \tag{F.3.8.2e}$$

$$U_1^{\pm}|_{z=-1} = \mp \left.\frac{\mathrm{d}u_0}{\mathrm{d}z}\right|_{z=-1}, \tag{F.3.8.2f}$$

$$V_1^{\pm}(1) = 0, \tag{F.3.8.2g}$$

$$V_1^{\pm}(-1) = 0, \tag{F.3.8.2h}$$

$$W_1^{\pm}(1) = 0, \tag{F.3.8.2i}$$

$$W_1^{\pm}(-1) = 0. \tag{F.3.8.2j}$$

从（F.3.8.2）能求出函数$f_1^{\pm}(z)$，$h_1^{\pm}(z)$，$U_1^{\pm}(z)$，$V_1^{\pm}(z)$和$W_1^{\pm}(z)$的表达式，在（7.2.10）–（7.2.14）中给出了这些函数的表达式．将（7.2.10）–（7.2.14）代入边界条件（F.3.8.2），我们得

$$A_1^{\pm} = \frac{1}{2}[f_1^{\pm}(1) + f_1^{\pm}(-1)]\operatorname{sech}\gamma_1, \quad A_2^{\pm} = \frac{1}{2}[f_1^{\pm}(1) - f_1^{\pm}(-1)]\operatorname{csch}\gamma_1. \tag{F.3.8.3}$$

$$B_1^{\pm} = \frac{1}{2\alpha}\left[\left.\frac{\mathrm{d}h_1^{\pm}}{\mathrm{d}z}\right|_{z=1} - \left.\frac{\mathrm{d}h_1^{\pm}}{\mathrm{d}z}\right|_{z=-1}\right]\operatorname{csch}\alpha, \quad B_2^{\pm} = \frac{1}{2\alpha}\left[\left.\frac{\mathrm{d}h_1^{\pm}}{\mathrm{d}z}\right|_{z=1} + \left.\frac{\mathrm{d}h_1^{\pm}}{\mathrm{d}z}\right|_{z=-1}\right]\operatorname{sech}\alpha. \tag{F.3.8.4}$$

$$C_1^{\pm} = \left[\frac{1}{2}(U_1^{\pm}(1) + U_1^{\pm}(-1)) - C_3^{\pm}\cosh(\alpha)\cosh(K) - C_6^{\pm}\sinh(\alpha)\sinh(K) - A_1^{\pm}\cosh(\gamma_1)\right]\operatorname{sech}(\alpha),$$

$$C_2^{\pm} = \left[\frac{1}{2}(U_1^{\pm}(1) - U_1^{\pm}(-1)) - C_4^{\pm}\cosh(\alpha)\sinh(K) - C_5^{\pm}\sinh(\alpha)\cosh(K) - A_2^{\pm}\sinh(\gamma_1)\right]\operatorname{csch}(\alpha),$$

$$C_3^{\pm} = \frac{ak_1K(2\alpha B_0^{\pm}B_2^{\pm} - KA_0^{\pm}B_1^{\pm})}{K^2 - 4\alpha^2}, \quad C_4^{\pm} = \frac{ak_1K(2\alpha A_0^{\pm}B_2^{\pm} - KB_0^{\pm}B_1^{\pm})}{K^2 - 4\alpha^2},$$

$$C_5^{\pm} = -\frac{ak_1KB_0^{\pm}B_1^{\pm} + KC_4^{\pm}}{2\alpha}, \quad C_6^{\pm} = -\frac{ak_1KA_0^{\pm}B_1^{\pm} + KC_3^{\pm}}{2\alpha}, \tag{F.3.8.5}$$

其中 $A_0^{\pm} = \dfrac{1+\zeta}{2\cosh(K)}$，$B_0^{\pm} = \dfrac{1-\zeta}{2\sinh(K)}$.

$$D_1^{\pm} = -[D_3^{\pm}\cosh(\alpha)\cosh(K) + D_6^{\pm}\sinh(\alpha)\sinh(K)]\operatorname{sech}(\alpha),$$

$$D_2^{\pm} = -[D_4^{\pm}\cosh(\alpha)\sinh(K) + D_5^{\pm}\sinh(\alpha)\cosh(K)]\operatorname{csch}(\alpha),$$

$$D_3^{\pm} = \frac{ak_2K(KA_0^{\pm}B_1^{\pm} - 2\alpha B_0^{\pm}B_2^{\pm})}{K^2 - 4\alpha^2},$$

$$D_4^{\pm} = \frac{ak_2K(KB_0^{\pm}B_1^{\pm} - 2\alpha A_0^{\pm}B_2^{\pm})}{K^2 - 4\alpha^2}, \quad D_5^{\pm} = \frac{ak_2KB_0^{\pm}B_1^{\pm} - KD_4^{\pm}}{2\alpha},$$

$$D_6^{\pm} = \frac{ak_2KA_0^{\pm}B_1^{\pm} - KD_3^{\pm}}{2\alpha}. \tag{F.3.8.6}$$

$$E_1^{\pm} = -[E_3^{\pm}\cosh(\alpha)\cosh(K) + E_6^{\pm}\sinh(\alpha)\sinh(K)]\operatorname{sech}(\alpha),$$

$$E_2^{\pm} = -[E_4^{\pm}\cosh(\alpha)\sinh(K) + E_5^{\pm}\sinh(\alpha)\cosh(K)]\operatorname{csch}(\alpha),$$

$$E_3^{\pm} = \frac{a\alpha K(KA_0^{\pm}B_2^{\pm} - 2\alpha B_0^{\pm}B_1^{\pm})}{K^2 - 4\alpha^2},$$

$$E_4^{\pm} = \frac{a\alpha K(KB_0^{\pm}B_2^{\pm} - 2\alpha A_0^{\pm}B_1^{\pm})}{K^2 - 4\alpha^2}, \quad E_5^{\pm} = -\frac{a\alpha KB_0^{\pm}B_2^{\pm} - KE_4^{\pm}}{2\alpha},$$

$$E_6^{\pm} = \frac{a\alpha KA_0^{\pm}B_1^{\pm} - KE_3^{\pm}}{2\alpha}. \tag{F.3.8.7}$$

F.3.8.2 二阶问题的解

从（7.2.6）和（7.2.7），我们得二阶问题的边界条件

$$\varphi_2^{\pm}(x,y,1) = -\frac{1}{4}(1-\cos(2k_1x)-\cos(2k_2y)+\cos(2k_1x)\cos(2k_2y))\left[\frac{\mathrm{d}f_1^{\pm}}{\mathrm{d}z}+\frac{1}{2}\frac{\mathrm{d}^2\varphi_0}{\mathrm{d}z^2}\right]\Bigg|_{z=1}, \tag{F.3.8.8a}$$

$$\varphi_2^{\pm}(x,y,-1) = \frac{1}{4}(1-\cos(2k_1x)-\cos(2k_2y)+\cos(2k_1x)\cos(2k_2y))\left[\mp\frac{\mathrm{d}f_1^{\pm}}{\mathrm{d}z}-\frac{1}{2}\frac{\mathrm{d}^2\varphi_0}{\mathrm{d}z^2}\right]\Bigg|_{z=-1}, \tag{F.3.8.8b}$$

$$\frac{\partial\psi_2^{\pm}}{\partial z}\bigg|_{z=1} = \frac{\sin(2k_1x)}{4}\left[(k_2^2-k_1^2)h_1^{\pm}(1)-\frac{\mathrm{d}h_1^{\pm}}{\mathrm{d}z}\bigg|_{z=1}\right]+\frac{\sin(2k_1x)\cos(2k_2x)}{4}\left[\frac{\mathrm{d}h_1^{\pm}}{\mathrm{d}z}\bigg|_{z=1}+\alpha^2h_1^{\pm}(1)\right], \tag{F.3.8.9a}$$

$$\frac{\partial\psi_2^{\pm}}{\partial z}\bigg|_{z=-1} = \frac{\sin(2k_1x)}{4}\left[(\pm k_2^2\mp k_1^2)h_1^{\pm}(1)\mp\frac{\mathrm{d}h_1^{\pm}}{\mathrm{d}z}\bigg|_{z=1}\right]\pm\frac{\sin(2k_1x)\cos(2k_2x)}{4}\left[\frac{\mathrm{d}h_1^{\pm}}{\mathrm{d}z}\bigg|_{z=1}+\alpha^2h_1^{\pm}(1)\right], \tag{F.3.8.9b}$$

$$u_2^{\pm}(x,y,1) = -\frac{1}{4}(1-\cos(2k_1x)-\cos(2k_2y)+\cos(2k_1x)\cos(2k_2y))\left[\frac{\mathrm{d}U_1^{\pm}}{\mathrm{d}z}+\frac{1}{2}\frac{\mathrm{d}^2u_0}{\mathrm{d}z^2}\right]\Bigg|_{z=1}, \tag{F.3.8.10a}$$

$$u_2^{\pm}(x,y,-1) = \frac{1}{4}(1-\cos(2k_1x)-\cos(2k_2y)+\cos(2k_1x)\cos(2k_2y))\left[\mp\frac{\mathrm{d}U_1^{\pm}}{\mathrm{d}z}-\frac{1}{2}\frac{\mathrm{d}^2u_0}{\mathrm{d}z^2}\right]\Bigg|_{z=-1}, \tag{F.3.8.10b}$$

$$v_2^{\pm}(x,y,1) = -\frac{1}{4}\sin(2k_1x)\sin(2k_2y)\frac{\mathrm{d}V_1^{\pm}}{\mathrm{d}z}\bigg|_{z=1}, \tag{F.3.8.11a}$$

$$v_2^{\pm}(x,y,-1) = \mp\frac{1}{4}\sin(2k_1x)\sin(2k_2y)\frac{\mathrm{d}V_1^{\pm}}{\mathrm{d}z}\bigg|_{z=-1}, \tag{F.3.8.11b}$$

$$w_2^{\pm}(x,y,1) = -\frac{1}{4}(\sin(2k_1x) - \sin(2k_1x)\cos(2k_2y))\frac{\mathrm{d}W_1^{\pm}}{\mathrm{d}z}\bigg|_{z=1}, \tag{F.3.8.12a}$$

$$w_2^{\pm}(x,y,-1) = \mp\frac{1}{4}(\sin(2k_1x) - \sin(2k_1x)\cos(2k_2y))\frac{\mathrm{d}W_1^{\pm}}{\mathrm{d}z}\bigg|_{z=-1}. \tag{F.3.8.12b}$$

由边界条件（F.3.8.8）–（F.3.8.12）知，二阶问题有如下形式的解

$$\varphi_2^{\pm}(x,y,z) = f_2^{\pm}(z) + f_3^{\pm}(z)\cos(2k_1x) + f_4^{\pm}(z)\cos(2k_2y) + f_5^{\pm}(z)\cos(2k_1x)\cos(2k_2y), \tag{F.3.8.13}$$

$$\psi_2^{\pm}(x,y,z) = h_2^{\pm}(z)\sin(2k_1x) + f_3^{\pm}(z)\sin(2k_1x)\cos(2k_2y), \tag{F.3.8.14}$$

$$u_2^{\pm}(x,y,z) = U_2^{\pm}(z) + U_3^{\pm}(z)\cos(2k_1x) + U_4^{\pm}(z)\cos(2k_2y) + U_5^{\pm}(z)\cos(2k_1x)\cos(2k_2y), \tag{F.3.8.15}$$

$$v_2^{\pm}(x,y,z) = V_2^{\pm}(z)\sin(2k_1x)\sin(2k_2y), \tag{F.3.8.16}$$

$$w_2^{\pm}(x,y,z) = W_2^{\pm}(z)\sin(2k_1x) + W_3^{\pm}(z)\sin(2k_1x)\cos(2k_2y). \tag{F.3.8.17}$$

从方程（7.2.15），可得

$$\frac{\mathrm{d}^2 f_2^{\pm}}{\mathrm{d}z^2} = K^2 f_2^{\pm}, \quad \frac{\mathrm{d}U_2^{\pm}}{\mathrm{d}z^2} = -K^2\left[f_2^{\pm} + \frac{ak_1}{4}f_1^{\pm}h_1^{\pm}\right], \tag{F.3.8.18}$$

$$\frac{\mathrm{d}^2 f_3^{\pm}}{\mathrm{d}z^2} = \gamma_3^2 f_3^{\pm}, \quad \frac{\mathrm{d}^2 h_2^{\pm}}{\mathrm{d}z^2} = 4k_1^2 h_2^{\pm}, \quad \frac{\mathrm{d}W_2^{\pm}}{\mathrm{d}z} - 2k_1U_3^{\pm} = 0,$$

$$\frac{\mathrm{d}^2 U_3^{\pm}}{\mathrm{d}z^2} - 4k_1^2U_3^{\pm} = K^2\left[2ak_1\varphi_0 h_2^{\pm} - \frac{ak_1}{4}f_1^{\pm}h_1^{\pm} - f_3^{\pm}\right],$$

$$\frac{\mathrm{d}^2 W_2^{\pm}}{\mathrm{d}z^2} - 4k_1^2W_2^{\pm} = aK^2\left[\varphi_0\frac{\mathrm{d}h_2^{\pm}}{\mathrm{d}z} + \frac{f_1^{\pm}}{4}\frac{\mathrm{d}h_1^{\pm}}{\mathrm{d}z}\right], \tag{F.3.8.19}$$

$$\frac{\mathrm{d}^2 f_4^{\pm}}{\mathrm{d}z^2} = \gamma_4^2 f_4^{\pm}, \quad \frac{\mathrm{d}^2 U_4^{\pm}}{\mathrm{d}z^2} - 4k_2^2U_4^{\pm} = K^2\left[\frac{ak_1}{4}f_1^{\pm}h_1^{\pm} - f_4^{\pm}\right], \tag{F.3.8.20}$$

$$\frac{\mathrm{d}^2 f_5^{\pm}}{\mathrm{d}z^2} = \gamma_5^2 f_5^{\pm}, \quad \frac{\mathrm{d}^2 h_3^{\pm}}{\mathrm{d}z^2} = 4\alpha^2 h_3^{\pm}, \quad 2k_2V_2^{\pm} - 2k_1U_5^{\pm} + \frac{\mathrm{d}W_3^{\pm}}{\mathrm{d}z} = 0,$$

$$\frac{\mathrm{d}^2U_5^\pm}{\mathrm{d}z^2}-4\alpha^2U_5^\pm=K^2\left[2ak_1\varphi_0h_3^\pm-\frac{ak_1}{4}f_1^\pm h_1^\pm-f_5^\pm\right],$$

$$\frac{\mathrm{d}V_2^\pm}{\mathrm{d}z}-4\alpha^2V_2^\pm=-aK^2k_2\left[2\varphi_0h_3^\pm-\frac{1}{4}f_1^\pm h_1^\pm\right],$$

$$\frac{\mathrm{d}^2W_3^\pm}{\mathrm{d}z^2}-4\alpha^2W_3^\pm=aK^2\left[\varphi_0\frac{\mathrm{d}h_3^\pm}{\mathrm{d}z}-\frac{f_1^\pm}{4}\frac{\mathrm{d}h_1^\pm}{\mathrm{d}z}\right],\qquad (\mathrm{F}.3.8.21)$$

其中 $\gamma_3=4k_1^2+K^2$，$\gamma_4=4k_2^2+K^2$，$\gamma_5=4\alpha^2+K^2$.

对应的边界条件为

$$f_2^\pm(1)=-\frac{1}{4}\left[\frac{\mathrm{d}f_1^\pm}{\mathrm{d}z}+\frac{1}{2}\frac{\mathrm{d}^2\varphi_0}{\mathrm{d}z^2}\right]\Bigg|_{z=1},\quad f_2^\pm(-1)=\frac{1}{4}\left[\mp\frac{\mathrm{d}f_1^\pm}{\mathrm{d}z}-\frac{1}{2}\frac{\mathrm{d}^2\varphi_0}{\mathrm{d}z^2}\right]\Bigg|_{z=1},$$

$$U_2^\pm(1)=-\frac{1}{4}\left[\frac{\mathrm{d}U_1^\pm}{\mathrm{d}z}+\frac{1}{2}\frac{\mathrm{d}^2u_0}{\mathrm{d}z^2}\right]\Bigg|_{z=1},\quad U_2^\pm(-1)=\frac{1}{4}\left[\mp\frac{\mathrm{d}U_1^\pm}{\mathrm{d}z}-\frac{1}{2}\frac{\mathrm{d}^2u_0}{\mathrm{d}z^2}\right]\Bigg|_{z=1},\qquad (\mathrm{F}.3.8.22)$$

$$f_3^\pm(1)=-f_2^\pm(1),\quad f_3^\pm(-1)=-f_2^\pm(-1),$$

$$\left.\frac{\mathrm{d}h_2^\pm}{\mathrm{d}z}\right|_{z=1}=\frac{1}{4}\left[(k_2^2-k_1^2)h_1^\pm(1)-\left.\frac{\mathrm{d}^2h_1^\pm}{\mathrm{d}z^2}\right|_{z=1}\right],$$

$$\left.\frac{\mathrm{d}h_2^\pm}{\mathrm{d}z}\right|_{z=-1}=\frac{1}{4}\left[(\pm k_2^2\mp k_1^2)h_1^\pm(-1)\mp\left.\frac{\mathrm{d}^2h_1^\pm}{\mathrm{d}z^2}\right|_{z=-1}\right],\quad U_3^\pm(1)=-U_2^\pm(1),$$

$$U_3^\pm(-1)=-U_2^\pm(-1),\quad W_2^\pm(1)=-\frac{1}{4}\left.\frac{\mathrm{d}W_1^\pm}{\mathrm{d}z}\right|_{z=1},\quad W_2^\pm(-1)=\mp\frac{1}{4}\left.\frac{\mathrm{d}W_1^\pm}{\mathrm{d}z}\right|_{z=-1}.\qquad (\mathrm{F}.3.8.23)$$

$$f_4^\pm(1)=-f_2^\pm(1),\quad f_4^\pm(-1)=-f_2^\pm(-1),\quad U_4^\pm(1)=-U_2^\pm(1),\quad U_4^\pm(-1)=-U_2^\pm(-1),\qquad (\mathrm{F}.3.8.24)$$

$$f_5^\pm(1)=f_2^\pm(1),\quad f_5^\pm(-1)=f_2^\pm(-1),\quad \left.\frac{\mathrm{d}h_3^\pm}{\mathrm{d}z}\right|_{z=1}=\frac{1}{4}\left[\alpha^2h_1^\pm(1)+\left.\frac{\mathrm{d}^2h_1^\pm}{\mathrm{d}z^2}\right|_{z=1}\right],$$

$$\left.\frac{\mathrm{d}h_3^\pm}{\mathrm{d}z}\right|_{z=-1}=\pm\frac{1}{4}\left[\alpha^2h_1^\pm(-1)+\left.\frac{\mathrm{d}^2h_1^\pm}{\mathrm{d}z^2}\right|_{z=-1}\right],\quad U_5^\pm(1)=U_2^\pm(1),$$

$$U_5^\pm(-1)=U_2^\pm(-1),\quad W_3^\pm(1)=-W_2^\pm(1),$$

$$W_3^{\pm}(-1)=-W_2^{\pm}(-1)\,,\quad V_2^{\pm}(1)=-\frac{1}{4}\frac{\mathrm{d}V_1^{\pm}}{\mathrm{d}z}\bigg|_{z=1}\,,\quad V_2^{\pm}(-1)=\mp\frac{1}{4}\frac{\mathrm{d}V_1^{\pm}}{\mathrm{d}z}\bigg|_{z=-1}\,,\tag{F.3.8.25}$$

由方程（F.3.8.18）–（F.3.8.21）能解出函数$f_i^{\pm}(z)$，$h_j^{\pm}(z)$，$U_i^{\pm}(z)$，$V_2^{\pm}(z)$和$W_j^{\pm}(z)$（$I=2,\cdots,5$；$j=2,3$）的表达式．在（7.2.21）–（7.2.24）中给出了这些函数的表达式．利用边界条件（F.3.8.22）–（F.3.8.25）确定函数$f_i^{\pm}(z)$，$h_j^{\pm}(z)$，$U_i^{\pm}(z)$，$V_2^{\pm}(z)$，$W_j^{\pm}(z)$的表达式中的系数

$$A_3^{\pm}=\frac{1}{2}[f_2^{\pm}(1)+f_2^{\pm}(-1)]\operatorname{sech}(K)\,,\quad A_4^{\pm}=\frac{1}{2}[f_2^{\pm}(1)-f_2^{\pm}(-1)]\operatorname{csch}(K)\,,\tag{F.3.8.26}$$

$$C_7^{\pm}=\frac{1}{2}(U_1^{\pm}(1)-U_1^{\pm}(-1))-C_{10}^{\pm}\sinh(\alpha)\cosh(\gamma_1)-C_{11}^{\pm}\cosh(\alpha)\sinh(\gamma_1)+A_4^{\pm}\sinh(K)\,,$$

$$C_8^{\pm}=\frac{1}{2}(U_2^{\pm}(1)+U_2^{\pm}(-1))-C_9^{\pm}\cosh(\alpha)\cosh(\gamma_1)-C_{12}^{\pm}\sinh(\alpha)\sinh(\gamma_1)+A_3^{\pm}\cosh(K)\,,$$

$$C_9^{\pm}=\frac{ak_1(2\alpha\gamma_1A_2^{\pm}B_2^{\pm}-\gamma_6A_1^{\pm}B_1^{\pm})}{4K^2}\,,\quad C_{10}^{\pm}=\frac{ak_1(2\alpha\gamma_1A_2^{\pm}B_1^{\pm}-\gamma_6A_1^{\pm}B_2^{\pm})}{4K^2}\,,$$

$$C_{11}^{\pm}=-\frac{ak_1K^2A_1^{\pm}B_2^{\pm}+4\gamma_6C_{10}^{\pm}}{8\alpha\gamma_1}\,,\quad C_{12}^{\pm}=-\frac{ak_1K^2A_1^{\pm}B_1^{\pm}-4\gamma_6C_9^{\pm}}{8\alpha\gamma_1}\,,\quad \gamma_6=\alpha^2+\gamma_1^2\,.\tag{F.3.8.27}$$

$$A_5^{\pm}=\frac{1}{2}[f_3^{\pm}(1)+f_3^{\pm}(-1)]\operatorname{sech}(\gamma_3)\,,\quad A_6^{\pm}=\frac{1}{2}[f_3^{\pm}(1)-f_3^{\pm}(-1)]\operatorname{csch}(\gamma_3)\,,\tag{F.3.8.28}$$

$$B_3^{\pm}=\frac{1}{4k_1}\left[\frac{\mathrm{d}h_2^{\pm}}{\mathrm{d}z}\bigg|_{z=1}-\frac{\mathrm{d}h_2^{\pm}}{\mathrm{d}z}\bigg|_{z=-1}\right]\operatorname{csch}(2k_1)\,,$$

$$B_4^{\pm}=\frac{1}{4k_1}\left[\frac{\mathrm{d}h_2^{\pm}}{\mathrm{d}z}\bigg|_{z=1}+\frac{\mathrm{d}h_2^{\pm}}{\mathrm{d}z}\bigg|_{z=-1}\right]\operatorname{sech}(2k_1)\,,\tag{F.3.8.29}$$

$$C_{13}^{\pm}=\left[\frac{1}{2}(U_3^{\pm}(1)+U_3^{\pm}(-1))-C_{15}^{\pm}\cosh(\alpha)\cosh(\gamma_1)-C_{18}^{\pm}\sinh(\alpha)\sinh(\gamma_1)\right.$$
$$\left.-C_{15}^{\pm}\cosh(K)\cosh(2k_1)-C_{22}^{\pm}\sinh(K)\sinh(2k_1)+A_5^{\pm}\cosh(\gamma_1)\right]\operatorname{sech}(2k_1)\,,$$

$$C_{14}^{\pm}=\left[\frac{1}{2}(U_1^{\pm}(1)-U_1^{\pm}(-1))-C_{16}^{\pm}\sinh(\alpha)\cosh(\gamma_1)-C_{17}^{\pm}\cosh(\alpha)\sinh(\gamma_1)\right.$$

$$-C_{20}^{\pm}\sinh(2k_1)\cosh(K)-C_{21}^{\pm}\cosh(2k_1)\sinh(K)+A_6^{\pm}\sinh(\gamma_3)\Big]\operatorname{csch}(2k_1),$$

$$C_{15}^{\pm}=\frac{ak_1K^2(\gamma_7A_1^{\pm}B_1^{\pm}-2\gamma_1\alpha A_2^{\pm}B_2^{\pm})}{4\gamma_7^2-16\gamma_1^2\alpha^2},\quad C_{16}^{\pm}=\frac{ak_1K^2(\gamma_7A_1^{\pm}B_2^{\pm}-2\gamma_1\alpha A_2^{\pm}B_1^{\pm})}{4\gamma_7^2-16\gamma_1^2\alpha^2},$$

$$\gamma_7=\gamma_1^2+\alpha^2-4k_1^2,\quad C_{17}^{\pm}=\frac{ak_1K^2A_1^{\pm}B_2^{\pm}-4\gamma_7C_{16}^{\pm}}{8\alpha\gamma_1},$$

$$C_{18}^{\pm}=\frac{ak_1K^2A_1^{\pm}B_1^{\pm}-4\gamma_7C_{15}^{\pm}}{8\alpha\gamma_1},\quad C_{19}^{\pm}=\frac{2ak_1K(KA_0^{\pm}B_3^{\pm}-4k_1B_0^{\pm}B_4^{\pm})}{K^2-16k_1^2},$$

$$C_{20}^{\pm}=\frac{2ak_1K(KA_0^{\pm}B_4^{\pm}-4k_1B_0^{\pm}B_3^{\pm})}{K^2-16k_1^2},\quad C_{21}^{\pm}=\frac{2ak_1KA_0^{\pm}B_4^{\pm}-KC_{20}^{\pm}}{4k_1},$$

$$C_{22}^{\pm}=\frac{2ak_1KA_0^{\pm}B_3^{\pm}-KC_{19}^{\pm}}{4k_1}.\tag{F.3.8.30}$$

$$E_7^{\pm}=\Big[\frac{1}{2}(W_2^{\pm}(1)+W_2^{\pm}(-1))-E_9^{\pm}\cosh(\alpha)\cosh(\gamma_1)-E_{12}^{\pm}\sinh(\alpha)\sinh(\gamma_1)$$

$$-E_{13}^{\pm}\cosh(K)\cosh(2k_1)-E_{16}^{\pm}\sinh(K)\sinh(2k_1)\Big]\operatorname{sech}(2k_1),$$

$$E_8^{\pm}=\Big[\frac{1}{2}(W_2^{\pm}(1)-W_2^{\pm}(-1))-E_{10}^{\pm}\sinh(\alpha)\cosh(\gamma_1)-E_{11}^{\pm}\cosh(\alpha)\sinh(\gamma_1)$$

$$-E_{14}^{\pm}\sinh(2k_1)\cosh(K)-E_{15}^{\pm}\cosh(2k_1)\sinh(K)\Big]\operatorname{csch}(2k_1),$$

$$E_9^{\pm}=\frac{a\alpha K^2(\gamma_7A_1^{\pm}B_2^{\pm}-4\gamma_1\alpha A_2^{\pm}B_1^{\pm})}{4(\gamma_7^2-16\gamma_1^2\alpha^2)},\quad E_{10}^{\pm}=\frac{a\alpha K^2(\gamma_7A_1^{\pm}B_1^{\pm}-4\gamma_1\alpha A_2^{\pm}B_2^{\pm})}{4(\gamma_7^2-16\gamma_1^2\alpha^2)},$$

$$E_{11}^{\pm}=\frac{a\alpha K^2A_1^{\pm}B_1^{\pm}-4\gamma_7E_{10}^{\pm}}{16\alpha\gamma_1},\quad E_{12}^{\pm}=\frac{a\alpha K^2A_1^{\pm}B_2^{\pm}-4\gamma_7E_9^{\pm}}{16\alpha\gamma_1},$$

$$E_{13}^{\pm}=\frac{2ak_1K(KA_0^{\pm}B_4^{\pm}-4k_1B_0^{\pm}B_3^{\pm})}{K^2-16k_1^2},\quad E_{14}^{\pm}=\frac{2ak_1K(KA_0^{\pm}B_3^{\pm}-4k_1B_0^{\pm}B_4^{\pm})}{K^2-16k_1^2},$$

$$E_{15}^{\pm}=\frac{2ak_1KA_0^{\pm}B_3^{\pm}-KE_{14}^{\pm}}{4k_1},\quad E_{16}^{\pm}=\frac{2ak_1KA_0^{\pm}B_4^{\pm}-KE_{13}^{\pm}}{4k_1}.\tag{F.3.8.31}$$

$$A_7^{\pm}=\frac{1}{2}[f_4^{\pm}(1)+f_4^{\pm}(-1)]\operatorname{sech}(\gamma_4),\quad A_8^{\pm}=\frac{1}{2}[f_4^{\pm}(1)-f_4^{\pm}(-1)]\operatorname{csch}(\gamma_4),\tag{F.3.8.32}$$

$$C_{23}^{\pm}=\Big[\frac{1}{2}(U_4^{\pm}(1)+U_4^{\pm}(-1))-C_{25}^{\pm}\cosh(\alpha)\cosh(\gamma_1)$$

$$-C_{28}^{\pm}\sinh(\alpha)\sinh(\gamma_1)+A_8^{\pm}\operatorname{cohh}(\gamma_4)\Big]\operatorname{sech}(2k_2),$$

$$C_{24}^{\pm}=\left[\frac{1}{2}(U_4^{\pm}(1)-U_4^{\pm}(-1))-C_{26}^{\pm}\sinh(\alpha)\cosh(\gamma_1)-C_{27}^{\pm}\cosh(\alpha)\sinh(\gamma_1)+A_8^{\pm}\sinh(\gamma_4)\right]\operatorname{csch}(2k_2),$$

$$C_{25}^{\pm}=\frac{ak_1K^2(\gamma_8A_1^{\pm}B_1^{\pm}-2\gamma_1\alpha A_2^{\pm}B_2^{\pm})}{4\gamma_8^2-16\gamma_1^2\alpha^2},\quad C_{26}^{\pm}=\frac{ak_1K^2(\gamma_8A_1^{\pm}B_2^{\pm}-2\gamma_1\alpha A_2^{\pm}B_1^{\pm})}{4\gamma_7^2-16\gamma_1^2\alpha^2},$$

$$\gamma_8=\gamma_1^2+\alpha^2-4k_2^2,\quad C_{27}^{\pm}=\frac{ak_1K^2A_1^{\pm}B_2^{\pm}-4\gamma_8C_{26}^{\pm}}{8\alpha\gamma_1},$$

$$C_{28}^{\pm}=\frac{ak_1K^2A_1^{\pm}B_1^{\pm}-4\gamma_8C_{25}^{\pm}}{8\alpha\gamma_1}. \tag{F.3.8.33}$$

$$A_9^{\pm}=\frac{1}{2}[f_5^{\pm}(1)+f_5^{\pm}(-1)]\operatorname{sech}(\gamma_5),$$

$$A_{10}^{\pm}=\frac{1}{2}[f_5^{\pm}(1)-f_5^{\pm}(-1)]\operatorname{csch}(\gamma_5), \tag{F.3.8.34}$$

$$B_6^{\pm}=\frac{1}{2\alpha}\left[\left.\frac{\mathrm{d}h_3^{\pm}}{\mathrm{d}z}\right|_{z=1}+\left.\frac{\mathrm{d}h_3^{\pm}}{\mathrm{d}z}\right|_{z=-1}\right]\operatorname{sech}(2\alpha), \tag{F.3.8.35}$$

$$C_{29}^{\pm}=\left[\frac{1}{2}(U_5^{\pm}(1)+U_5^{\pm}(-1))-C_{31}^{\pm}\cosh(\alpha)\cosh(\gamma_1)-C_{34}^{\pm}\sinh(\alpha)\sinh(\gamma_1)\right.$$
$$\left.-C_{35}^{\pm}\cosh(K)\cosh(2\alpha)-C_{38}^{\pm}\sinh(K)\sinh(2\alpha)+A_9^{\pm}\cosh(\gamma_5)\right]\operatorname{sech}(2\alpha),$$

$$C_{30}^{\pm}=\left[\frac{1}{2}(U_5^{\pm}(1)-U_5^{\pm}(-1))-C_{32}^{\pm}\sinh(\alpha)\cosh(\gamma_1)-C_{33}^{\pm}\cosh(\alpha)\sinh(\gamma_1)\right.$$
$$\left.-C_{36}^{\pm}\sinh(2\alpha)\cosh(K)-C_{37}^{\pm}\cosh(2\alpha)\sinh(K)+A_{10}^{\pm}\sinh(\gamma_3)\right]\operatorname{csch}(2\alpha),$$

$$C_{31}^{\pm}=\frac{ak_1(2\gamma_1\alpha A_2^{\pm}B_2^{\pm}-\gamma_9A_1^{\pm}B_1^{\pm})}{4K^2-32\alpha^2},\quad C_{32}^{\pm}=\frac{ak_1(2\gamma_1\alpha A_2^{\pm}B_1^{\pm}-\gamma_9A_1^{\pm}B_2^{\pm})}{4K^2-32\alpha^2},$$

$$\gamma_9=\gamma_1^2-3\alpha^2,\quad C_{33}^{\pm}=-\frac{ak_1K^2A_1^{\pm}B_2^{\pm}+4\gamma_9C_{32}^{\pm}}{8\alpha\gamma_1},$$

$$C_{34}^{\pm}=-\frac{ak_1K^2A_1^{\pm}B_1^{\pm}+4\gamma_9C_{31}^{\pm}}{8\alpha\gamma_1},\quad C_{35}^{\pm}=\frac{2ak_1K(KA_0^{\pm}B_5^{\pm}-4\alpha B_0^{\pm}B_6^{\pm})}{K^2-16k_1^2},$$

$$C_{36}^{\pm}=\frac{2ak_1K(KA_0^{\pm}B_6^{\pm}-4\alpha B_0^{\pm}B_5^{\pm})}{K^2-16k_1^2},\quad C_{37}^{\pm}=\frac{2ak_1KA_0^{\pm}B_6^{\pm}-KC_{36}^{\pm}}{4\alpha},$$

$$C_{38}^{\pm}=\frac{2ak_1KA_0^{\pm}B_5^{\pm}-KC_{35}^{\pm}}{4\alpha}. \tag{F.3.8.36}$$

$$D_7^{\pm}=\left[\frac{1}{2}(V_2^{\pm}(1)+V_2^{\pm}(-1))-D_9^{\pm}\cosh(\alpha)\cosh(\gamma_1)-D_{12}^{\pm}\sinh(\alpha)\sinh(\gamma_1)\right.$$

$$\left.-D_{13}^{\pm}\cosh(K)\cosh(2\alpha)-D_{16}^{\pm}\sinh(K)\sinh(2\alpha)\right]\operatorname{sech}(2\alpha),$$

$$D_8^{\pm}=\left[\frac{1}{2}(V_2^{\pm}(1)-V_2^{\pm}(-1))-D_{10}^{\pm}\sinh(\alpha)\cosh(\gamma_1)-D_{11}^{\pm}\cosh(\alpha)\sinh(\gamma_1)\right.$$

$$\left.-D_{14}^{\pm}\sinh(2\alpha)\cosh(K)-D_{15}^{\pm}\cosh(2\alpha)\sinh(K)\right]\operatorname{csch}(2\alpha),$$

$$D_9^{\pm}=\frac{ak_2(\gamma_9A_1^{\pm}B_1^{\pm}-2\gamma_1\alpha A_2^{\pm}B_2^{\pm})}{4K^2-32\alpha^2},\quad D_{10}^{\pm}=\frac{ak_2(\gamma_9A_1^{\pm}B_2^{\pm}-2\gamma_1\alpha A_2^{\pm}B_1^{\pm})}{4K^2-32\alpha^2},$$

$$D_{11}^{\pm}=\frac{ak_2K^2A_1^{\pm}B_1^{\pm}-4\gamma_9D_{10}^{\pm}}{8\alpha\gamma_1},\quad D_{12}^{\pm}=\frac{ak_2K^2A_1^{\pm}B_1^{\pm}-4\gamma_9D_9^{\pm}}{8\alpha\gamma_1},$$

$$D_{13}^{\pm}=\frac{2ak_2K(4\alpha B_0^{\pm}B_6^{\pm}-KA_0^{\pm}B_5^{\pm})}{K^2-16\alpha^2},\quad D_{14}^{\pm}=\frac{2ak_2K(4\alpha B_0^{\pm}B_5^{\pm}-KA_0^{\pm}B_6^{\pm})}{K^2-16\alpha^2},$$

$$D_{15}^{\pm}=-\frac{2ak_2KA_0^{\pm}B_6^{\pm}+KD_{14}^{\pm}}{4\alpha},\quad D_{16}^{\pm}=-\frac{2ak_2KA_0^{\pm}B_5^{\pm}+KD_{13}^{\pm}}{4\alpha}.\qquad\text{(F.3.8.37)}$$

$$E_{17}^{\pm}=\left[\frac{1}{2}(W_3^{\pm}(1)+W_3^{\pm}(-1))-E_{19}^{\pm}\cosh(\alpha)\cosh(\gamma_1)-E_{22}^{\pm}\sinh(\alpha)\sinh(\gamma_1)\right.$$

$$\left.-E_{23}^{\pm}\cosh(K)\cosh(2\alpha)-E_{26}^{\pm}\sinh(K)\sinh(2\alpha)\right]\operatorname{sech}(2\alpha),$$

$$E_{18}^{\pm}=\left[\frac{1}{2}(W_3^{\pm}(1)-W_3^{\pm}(-1))-E_{20}^{\pm}\sinh(\alpha)\cosh(\gamma_1)-E_{21}^{\pm}\cosh(\alpha)\sinh(\gamma_1)\right.$$

$$\left.-E_{24}^{\pm}\sinh(2\alpha)\cosh(K)-E_{25}^{\pm}\cosh(2\alpha)\sinh(K)\right]\operatorname{csch}(2\alpha),$$

$$E_{19}^{\pm}=\frac{a\alpha(2\gamma_1\alpha A_2^{\pm}B_1^{\pm}-\gamma_9A_1^{\pm}B_2^{\pm})}{4K^2-32\alpha^2},\quad E_{20}^{\pm}=\frac{a\alpha(2\gamma_1\alpha A_2^{\pm}B_2^{\pm}-\gamma_9A_1^{\pm}B_1^{\pm})}{4K^2-32\alpha^2},$$

$$E_{21}^{\pm}=-\frac{a\alpha K^2A_1^{\pm}B_1^{\pm}+4\gamma_9E_{20}^{\pm}}{8\alpha\gamma_1},\quad E_{22}^{\pm}=-\frac{a\alpha K^2A_1^{\pm}B_2^{\pm}+4\gamma_9E_{19}^{\pm}}{8\alpha\gamma_1},$$

$$E_{23}^{\pm}=\frac{2a\alpha K(KA_0^{\pm}B_6^{\pm}-4\alpha B_0^{\pm}B_5^{\pm})}{K^2-16\alpha^2},\quad E_{24}^{\pm}=\frac{2a\alpha K(KA_0^{\pm}B_5^{\pm}-4\alpha B_0^{\pm}B_6^{\pm})}{K^2-16\alpha^2},$$

$$E_{25}^{\pm}=\frac{2a\alpha KA_0^{\pm}B_5^{\pm}-KE_{24}^{\pm}}{4\alpha},\quad E_{26}^{\pm}=\frac{2a\alpha KA_0^{\pm}B_6^{\pm}-KE_{23}^{\pm}}{4\alpha}.\qquad\text{(F.3.8.38)}$$